写真で見る 超分子ポリマーの世界　*Graphical Abstracts*

Part 2

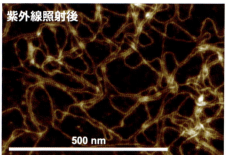

1章　光でほどける超分子ポリマー（p.66 参照）

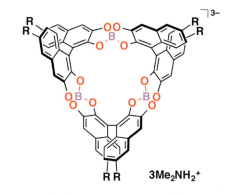
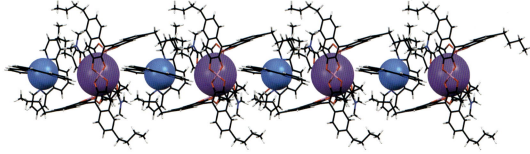

2章　環状スピロボラート（左上）を用いて調製したカリウム－鉄(II)二元金属系超分子ポリマーの結晶構造（下）と薄膜（右上）（p.75 参照）

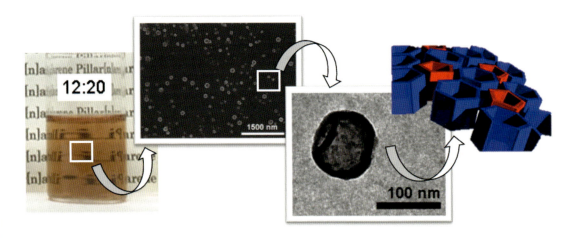

4章　ピラー[n]アレーンの対称構造を利用した三次元構造体の形成（p.91 参照）

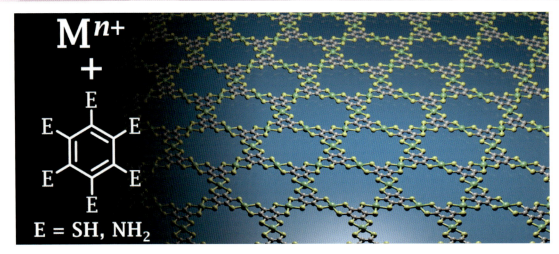

5章　金属イオンとC$_6$E$_6$(E = SH, NH$_2$)配位子からなる配位ナノシート（p.98 参照）

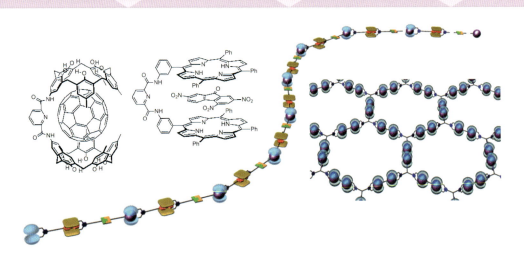

6章　特異な分子認識によって生成する複雑な配列構造をもった超分子ポリマー（p.105 参照）

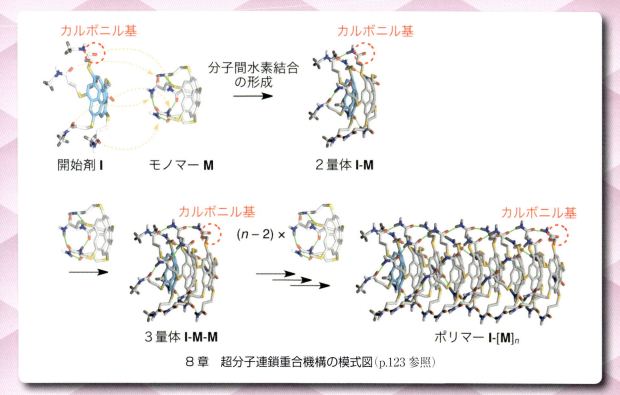

8章　超分子連鎖重合機構の模式図（p.123 参照）

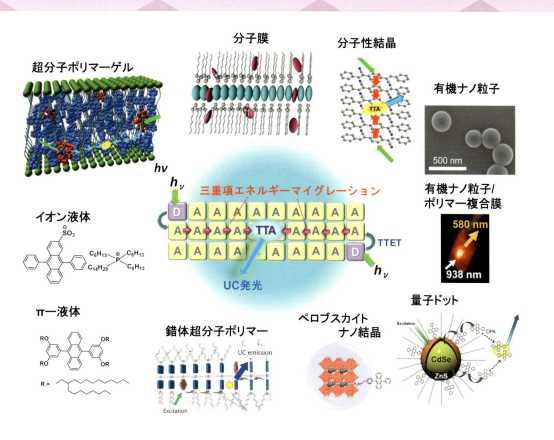

9章　自己組織化を基盤とするさまざまなフォトン・アップコンバージョン分子システム（p.126 参照）

『ＣＳＪカレントレビュー』編集委員会

【委員長】

大 倉 一 郎　東京工業大学名誉教授

【委　員】

岩 澤 伸 治　東京工業大学理学院 教授

栗 原 和 枝　東北大学未来科学技術共同研究センター 教授

杉 本 直 己　甲南大学先端生命工学研究所 所長・教授

高 田 十志和　東京工業大学物質理工学院 教授

南 後　　守　大阪市立大学複合先端研究機構 特任教授

西 原　　寛　東京大学大学院理学系研究科 教授

【本号の企画・編集 WG】

生 越 友 樹　京都大学大学院工学研究科 教授

杉 安 和 憲　物質・材料研究機構機能性材料研究拠点 主幹研究員

髙 島 義 徳　大阪大学高等共創研究院 教授

高 田 十志和　東京工業大学物質理工学院 教授

灰 野 岳 晴　広島大学大学院理学研究科 教授

矢 貝 史 樹　千葉大学グローバルプロミネント研究基幹 教授

総説集『CSJ カレントレビュー』刊行にあたって

これまで㈳日本化学会では化学のさまざまな分野からテーマを選んで，その分野のレビュー誌として『化学総説』50 巻，『季刊化学総説』50 巻を刊行してきました．その後を受けるかたちで，化学同人からの申し出もあり，日本化学会では新しい総説集の刊行をめざして編集委員会を立ちあげることになりました．この編集委員会では，これからの総説集のあり方や構成内容なども含めて，時代が求める総説集像をいろいろな視点から検討を重ねてきました．その結果，「読みやすく」「興味がもてる」「役に立つ」をキーワードに，その分野の基礎的で教育的な内容を盛り込んだ新しいスタイルの総説集『CSJ カレントレビュー』を，このたび日本化学会編で発刊することになりました．

この『CSJ カレントレビュー』では，化学のそれぞれの分野で活躍中の研究者・技術者に，その分野を取り巻く研究状況，そして研究者の素顔などとともに，最先端の研究・開発の動向を紹介していただきます．この 1 冊で，取りあげた分野のどこが興味深いのか，現在どこまで研究が進んでいるのか，さらには今後の展望までを丁寧にフォローできるように構成されています．対象とする読者はおもに大学院生，若い研究者ですが，初学者や教育者にも十分読んで楽しんでいただけるように心がけました．

内容はおもに三部構成になっています．まず本書のトップには，全体の内容をざっと理解できるように，カラフルな図や写真で構成された Graphical Abstract を配しました．

それに続く Part I では，基礎概念と研究現場を取りあげています．たとえば，インタビュー（あるいは座談会），そして第一線研究室訪問などを通して，その分野の重要性，研究の面白さなどをフロントランナーに存分に語ってもらいます．また，この分野を先導した研究者を紹介しながら，これまでの研究の流れや最重要基礎概念を平易に解説しています．

このレビュー集のコアともいうべき Part II では，その分野から最先端のテーマを 12〜15 件ほど選び，今後の見通しなどを含めて第一線の研究者にレビュー解説をお願いしました．この分野の研究の進捗状況がすぐに理解できるように配慮してあります．

最後の Part III は，覚えておきたい最重要用語解説も含めて，この分野で役に立つ情報・データをできるだけ紹介します．「この分野を発展させた革新論文」は，これまでにない有用な情報で，今後研究を始める若い研究者にとっては刺激的かつ有意義な指針になると確信しています．

このように，『CSJ カレントレビュー』はさまざまな化学の分野で読み継がれる必読図書になるように心がけており，年 4 冊のシリーズとして発行される予定になっています．本書の内容に賛同していただき，一人でも多くの方に読んでいただければ幸いです．

今後，読者の皆さま方のご協力を得て，さらに充実したレビュー集に育てていきたいと考えております．

　最後に，ご多忙中にもかかわらずご協力をいただいた執筆者の方々に深く御礼申し上げます．

2010 年 3 月　　　　　　　　　　　　　　　　　編集委員を代表して

　　　　　　　　　　　　　　　　　　　　　　　　　大倉　一郎

はじめに

　超分子とは，水素結合，配位結合などの分子間相互作用により複数の分子が互いを認識することで生じる，秩序のある分子集合体をいう．生命の維持に重要な情報伝達や物質変換などの生体機能をつかさどっている DNA や複合タンパク質なども超分子である．超分子化学は生体の織りなす機能を人工系で模倣することで，特異な機能を示す数多くの超分子システムを世に送り出してきた．現在では，空間結合（トポロジカル結合や機械的結合）や動的共有結合を含む柔らかい結合により形成される分子集合体も超分子に含まれるようになり，超分子化学は大きな広がりを見せている．

　超分子化学の要ともいえる分子間相互作用の物性への寄与は，高分子化学の世界でも古くから議論されてきた．しかし，超分子化学の概念が高分子化学と融合するにはそれなりの時間が必要であった．きっかけとなったのは，1990 年に J.-M. Lehn らが報告した，三重水素結合による一次元の異方的分子集合体である．彼らはこれを超分子ポリマーと呼んだが，これは繰り返し単位が共有結合でつながった大きい分子をポリマーと考えていた当時，革新的であった．

　21 世紀になると多種多様な分子間相互作用を利用した超分子ポリマーが次つぎと開発され，構造の多様性とともに超分子ポリマーの分野は大きく発展していった．超分子ポリマーの物理的および化学的性質は，既存のポリマーでは成しえなかった，柔らかい結合の刺激応答性や，動的可逆性に由来する光や温度，pH などの外部刺激に対する応答性や自己修復性を実現する．そのため超分子ポリマーは，すでに新たなポリマー材料として認知され，その応用の可能性はますます広がっている．

　本レビューは，Part Ⅰ で超分子化学や自己組織化の基礎から，超分子ポリマーの歴史，重要な解析法や技術を解説し，Part Ⅱ で一線で活躍する研究者の最新のトピックを紹介している．初学者も，すでに超分子の研究を始めている人も，楽しんでいただけることだろう．Part Ⅲ では超分子ポリマーの化学を大きく発展させた革新的論文や各研究分野の総説などを紹介した．研究を進めていくなかで，必ず役に立つはずだ．超分子ポリマーの最近の展開を幅広く解説した本レビューが，学生や若手研究者の研究活動に新たな刺激を与え，活躍のきっかけになれば嬉しい．

　最後に，快く座談会に参加いただいた澤本光男先生，相田卓三先生，E. W. Meijer 先生と，ご執筆いただいた方々に厚く御礼申し上げます．

2019 年 7 月

編集ワーキンググループを代表して　　灰野岳晴

（WG メンバー：生越友樹，杉安和憲，

髙島義徳，高田十志和，矢貝史樹）

CONTENTS

Part I 基礎概念と研究現場

1章 Interview
002 フロントランナーに聞く（座談会）
相田 卓三教授，澤本 光男教授，E. W. Meijer 教授，
杉安 和憲博士，矢貝 史樹教授，
高田十志和教授（司会）

2章 ★ Basic Concept
012 超分子化学の基礎：分子認識から
超分子ポリマーまで
秋根 茂久

3章 ★ Elucidation
020 超分子ポリマーとは
灰野 岳晴

4章 ★ Method and Technology
028 ①NMR による超分子ポリマーの
会合評価および分子量決定
河合 英敏

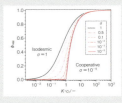

034 ②熱力学モデルによる超分子ポリ
マー形成過程の解析
廣瀬 崇至

039 ③原子間力顕微鏡：超分子ポリマー
を可視化する
吉川 佳広・矢貝 史樹

CONTENTS

Part I 基礎概念と研究現場

042 ④超分子ポリマーにかかわる速度論の研究
　　　　　　　　　　　　　杉安 和憲

046 ⑤蛍光顕微鏡：超分子ポリマーのリアルタイムイメージング
　　　　　　　　　　　窪田 亮・浜地 格

050 ⑥会合様式と吸収・蛍光スペクトル
　　　　　　　　　　　　　大城 宗一郎

053 ⑦超分子ポリマーの線形粘弾性挙動とその解析
　　　　　　　　　　　　　浦川 理

057 ⑧動的架橋ゲルのレオロジー・破壊
　　　　　　　　　眞弓 皓一・伊藤 耕三

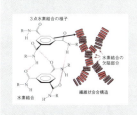

5章 ★ Activities

061 研究会・国際シンポジウムの紹介
　　　　　　　　　　　　　前田 大光

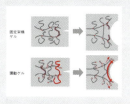

CONTENTS

Part II 研究最前線

1章 超分子ポリマーのトポロジー制御
066
　　矢貝 史樹

2章 環状スピロボラート型分子接合素子を利用した超分子ポリマー作製
075
　　檀上 博史

3章 動的共有結合ポリマー
082
　　大塚 英幸・青木 大輔

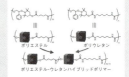

4章 超分子ポリマー，環状ホスト連結体・オリゴマー
091
　　角田 貴洋・生越 友樹

5章 二次元金属錯体ポリマー「配位ナノシート」
098
　　前田 啓明・西原 寛

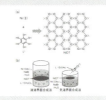

6章 特異な分子認識により形成される超分子ポリマー
105
　　池田 俊明・灰野 岳晴

7章 リビング超分子重合：エネルギーランドスケープの観点から
112
　　杉安 和憲

8章 高分子化学にならう精密超分子重合
119
　　宮島 大吾・相田 卓三

9章 エネルギーランドスケープの分子組織化制御と光エネルギー変換
126
　　君塚 信夫

CONTENTS

Part II 研究最前線

10章 アミロイド線維：変性タンパク質が形成する超分子ポリマー
132　　　　　　　　　　　　　　　　　宗 正智・後藤 祐児

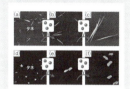

11章 トポロジカルポリマー：高分子鎖のロタキサン連結がもたらす動的機能と物性
138　　　　　　　　　　　　　　　　　　　　高田 十志和

12章 トポロジカルゲル(環動ゲル)の合成，物性と応用
146　　　　　　　　　　　　　　　　　　　　伊藤 耕三

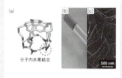

13章 水素結合を活用した超分子材料の合成と機能
151　　　　　　　　　　　　　　　　加藤 隆史・山口 大輔

14章 人工オルガネラとしての超分子ポリマー
158　　　　　　　　　　　　　　　　吉井 達之・浜地 格

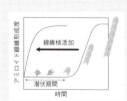

15章 巨視的レベルでの超分子組織体形成
164　　　　　　　　　　　大﨑 基史・髙島 義徳・原田 明

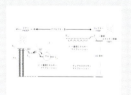

CONTENTS

Part III 役に立つ情報・データ

① この分野を発展させた革新論文 38 *176*

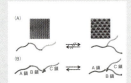

② 覚えておきたい関連最重要用語 *185*

③ 知っておくと便利！関連情報 *188*

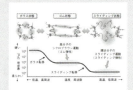

索　引 *192*

執筆者紹介 *195*

★本書の関連サイト情報などは，以下の化学同人 HP にまとめてあります．
→ https://www.kagakudojin.co.jp/search/?series_no=2773

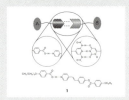

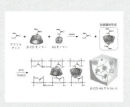

CSJ Current Review

Part I

基礎概念と研究現場

フロントランナーに聞く ▶▶▶▶▶▶ 座談会

（左より）
高田十志和先生（司会），澤本光男先生，杉安和憲先生，相田卓三先生，矢貝史樹先生，E. W. Meijer 先生

異分野融合と若い研究者の活躍でさらなる発展を

Profile

相田 卓三（あいだ たくぞう）
東京大学大学院工学系研究科教授，理化学研究所創発物性化学研究センター副センター長（工学博士）．研究テーマは「超分子重合」「機能性材料」．

澤本 光男（さわもと みつお）
中部大学総合工学研究所教授，京都大学特任教授（産官学連携本部）（工学博士）．研究テーマは「高分子化学」「高分子合成」「精密重合」「機能性高分子」「反応中間体の化学」．

杉安 和憲（すぎやす かずのり）
物質・材料研究機構機能性材料研究拠点主幹研究員〔博士（工学）〕．研究テーマは「共役系ポリマー」「超分子ポリマー」．

高田 十志和（たかた としかず）
東京工業大学物質理工学院教授（理学博士）．研究テーマは「高分子合成」「超分子化学（インターロック分子を中心に）」．

矢貝 史樹（やがい しき）
千葉大学グローバルプロミネント研究基幹教授〔博士（理学）〕．研究テーマは「かたちのある超分子ポリマー」「刺激応答性超分子集合体」．

E. W. Meijer
Eindhoven University of Technology（オランダ）分子科学特別教授・有機化学教授．専門は「超分子構造体の設計・合成・キャラクタリゼーション・応用」．

Chap 1 フロントランナーに聞く

超分子ポリマーはどこへ向かうのか

　その緩やかな結合特性ゆえ，超分子ポリマーは動的な機能を特徴とする材料開発の根幹をなすものとなりうる．また，リビング重合や自己組織化を活用した新しい合成法の開拓によって，より高次で精緻な超分子ポリマーが合成可能となりつつある．こうした超分子系における自己組織化の展開とポリマー合成の最先端は，若い研究者にとって魅力的な分野だ．この躍動感あふれる研究分野で活躍中の研究者にお集まりいただき，超分子ポリマー研究の歴史やそれを取り巻く現状と動向，そしてそれぞれの研究フィロソフィーを語っていただいた．

1 高分子化学の歴史と超分子化学の始まり

超分子化学や超分子重合は，高分子化学と他分野が融合して生まれた

高田　まず，高分子の歴史や超分子化学についてお聞きしたいと思います．

澤本　2020 年はシュタウディンガー[*1]が高分子説を提唱して100周年にあたります．その意味や超分子ポリマーの進歩から見て，今はまさにおもしろい時期．高分子科学の黎明期には，現在「高分子」と呼ばれる物質，つまり共有結合でたくさんの単位が結合した巨大分子は，小さな分子のコロイドあるいは集合体，今でいう「超分子」であると多くの研究者が信じていました．一方，シュタウディンガーはこれに反論するのに苦労し，ようやく共有結合でつくられた高分子が確かに存在すると認められた．時は流れ，今再び超分子ポリマーが脚光を浴びています．そこでは，共有結合に迫る分子間の強い会合相互作用が重要で，粘度や粘弾性といった「高分子らしい」性質を超分子が示すようになってきた．

Meijer　まったく同感です．シュタウディンガーの主張以前には，高分子とされたものは，実は「分子会合」と呼ばれるもので，その性質も会合ゆえと考えられていました．そこにシュタウディンガーが登場し，その性質と溶液や溶融体（メルト）の粘度などは，すべて共有結合性の高分子ではじめて現れると認められるようになった．このような粘性は，高分子の鎖長や動きやすさ（動力学）で変化します．つまり高分子の性質には，高分子鎖の相互作用が非常に重要なのです．その意味で，なぜ当時の研究者が「超分子ポリマー」に思い至らなかったのか不思議です．とりわけ自然界において生物を形づくる高分子は，ほとんどが一列に並んだタンパク質の超分子ポリマー．このことは何十年も前から知られていました．ですから，超分子ポリマーが注目を集めるまで，どうしてこれほど時間がかかったのか．推測ですが，超分子化学は有機化学の一分野ですが，有機化学

[*1] Hermann Staudinger (1881～1965)：ドイツの化学者．高分子化学の創始者ともいわれる．1920年に高分子や重合などの概念を論文で提唱した．高分子研究で1953年にノーベル化学賞を受賞．

| Part I | 基礎概念と研究現場 |

者は高分子を好まず，また高分子化学者も複雑な有機化学を好まなかったためではないかと．もっとも，これらはもともと異なる分野ですが．

相田 Meijer 先生の今の発言は，私がまさに強調したい点です．超分子重合は，高分子化学と有機化学や物理化学といったほかの学問とが融合することで生まれた新しい研究分野です．澤本先生はラジカルを用いたリビング重合の実現に大きく貢献され，分子量の揃った高分子を簡単に得る方法論を開拓されましたが，超分子重合を用いれば構造的により複雑な高分子をかなり簡単に得ることができます．この魅力が超分子重合の認知につながり，高分子化学者だけでなく他分野の研究者も，ようやく重合度や分子量分布を理解するようになってきました．とはいえ私が学生の頃は，これらが重要だとはなかなか理解してもらえず，たとえばアメリカ化学会誌に論文を投稿したときは，「重合度」といわず「繰返し単位の数」と表現したこともあります．そうしないと，論文が受理されなかった．

澤本 もう一つ付け加えると，相田先生の貢献なくして超分子ポリマーは発展しなかったでしょう．つまり，最初の超分子ポリマーが逐次成長重合（縮合重合）に関係していたのに対し，相田先生は連鎖成長重合（付加重合）型の超分子ポリマー系を展開した．この超分子ポリマーにおける逐次重合と連鎖重合との対比は，おもしろい類推といえます．つまり超分子ポリマーをつくり出すのに，開始反応という考え方を導入することで，単に巨大な会合体としての超分子ポリマーに加え，リビング（生きた）超分子ポリマーを合成する重合法が見つかったことを意味するわけです．

2 超分子ポリマー研究に進んだ理由

相互作用を超分子化学的な視点で考える研究者も増えている

高田 相田先生のこれまでの研究のなかで，いつ頃から超分子ポリマーを意識し始めましたか？

澤本 相田さんは，だいぶ前に高分子分野にサヨナラしたのですよ（笑）．

相田 私には，心から尊敬する恩師[*2]がいました．37歳のとき，恩師がもうすぐ引退するところで，私はちょうど研究者として独立し自分の研究計画を立ち上げようとしていました．ある日，呼ばれて先生の居室に伺うと，「相田君，これからの5年間で何をやってみたいですか？」と．当時はビタミン B_{12} の化学に興味をもっていたので，「遷移金属のコバルトをもつ錯体をラジカルと相互作用させ，ラジカル重合を精密制御したい」と答えました．「それはいい考えだね」といわれ，うれしく思いました．が，それも束の間，続けて「しかし，君はまたベビー

[*2] 恩師：井上祥平（1933〜）：1962年 京都大学大学院工学研究科博士課程修了．東京大学名誉教授．専門は高分子化学，有機化学．工学博士．

シッターになるのですか？」と聞かれました．つまり，重合の精密制御は「できがよくない子どものしつけを行うようなもの」で，「まったく新しい何かをつくる行為」ではないと．がっかりして返す言葉を失いました．なにしろ，それまでの15年間，私は恩師とともに精密重合の開発をずっと続けてきたので(笑)．

澤本 重合のしくみは解明されていて，精密重合の開拓は既知の事象を改良しているにすぎないと．井上先生は不可能といわれていることに挑戦してほしいと思われたのでしょう．つまり，1を1.5に「改良」することに比べると，0を1に「革新」させるほうがはるかに重要だというわけです．ですから，確かにそのとき相田さんは重合化学にサヨナラして，デンドリマーの分野へ進んだのです．

相田 井上先生は重合を進歩させることを批判したわけではなく，これまでと違う研究をすべきという意味だと解釈しています．強調するために，あえてベビーシッターと表現されたのでしょう．そういわれても，その頃は依然高分子化学にとても興味があって，ふとしたきっかけから，シリカ粒子（メゾ多孔性ゼオライト）を反応容器とした「押出重合[*3]」を手がけたこともありました．そのうち，高分子化学には超分子化学的な感覚が非常に重要だと確信するようになり，徐々に自分の研究分野を変え始めました．高分子化学そのものから，もっとかけ離れた分野へ…．

高田 Meijer先生は，なぜ超分子をつくろうと？

Meijer 相田先生とちょうど時を同じくして，私もデンドリマーと超分子ポ

リマーの研究を始めました．当時，DSM社[*4]に入社3年目で，二つの研究を同時に始めました．もともとは有機化学出身です．博士課程の指導教授ハンス・ワインバーグ先生は，ノーベル賞化学者のベン・フェリンガ[*5]の指導教授でもありました．ワインバーグ先生は，博士になった以上，これまで手がけたものとはまったく違う研究をせよ，前にやった研究には二度と手をつけるな，と日頃からいわれていました．恩師の死後，フィリップス社[*6]に就職し，発光ダイオード(LED)や電界効果抵抗素子に用いる複雑な高分子の開発を担当するようになりました．とはいえ有機化学出身ですから，いつもキラリティー（光学異性）や立体化学には興味をもち続け，薄膜中で分子がいかに相互作用するかを追跡するのに立体化学的手法を用いたりしました．ほどなくして，フィリップス社の研究担当取締役から，「*New Scientists*という雑誌をよく読むが，なんでも超分子化学が重要になってきているらしい．それを調べて報告してくれますか．」といわれました．正直なところ，その頃は「超分子」の存在すら知らず，何をいわれているのか，さっぱりわかりませんでした．

高田 おいくつでしたか？

[*3] 押出重合(extrusion polymerization)：メタロセン型チタン触媒で修飾した，内径約3 nmのメゾポーラスシリカの空孔内でエチレンを重合させると，生成した高分子鎖が折りたたまずに伸びきったまま連続的に押し出され，強靭な結晶性のファイバーを与える現象で，配位重合の一方法．相田卓三らがはじめて報告した〔K. Kageyamaら, *Science*, **285**, 2113(1999)〕．

[*4] DSM社：オランダの化学企業．現在ではライフサイエンス分野まで手掛ける．オランダ政府が経営する国営企業として設立されたが，1996年に民営化．

[*5] Benard L. Feringa (1951〜)：オランダの化学者．有機合成化学，分子ナノテクノロジーなどが専門．分子マシンの設計と合成で2016年ノーベル化学賞を受賞．

[*6] フィリップス社：オランダが本拠地を置く電気機器関連機器メーカー．日本では，電気カミソリや電動歯ブラシなどで知られている．

*7 Jean-Marie Lehn (1939～)：フランスの有機化学者，超分子化学者．超分子化学の業績で，1987年にノーベル化学賞を受賞．著書に"Supramolecular chemistry(邦訳：『超分子化学』，化学同人)".

*8 Charles J. Pedersen (1904～1989)：アメリカの化学者．父はノルウェー人，母は日本人．デュポン社に研究員として勤務．クラウンエーテルの存在と合成法を明らかにしたことで，1987年にノーベル化学賞を受賞．

*9 Donald J. Cram (1919～2001)：アメリカ合衆国の化学者．自然分子の機能を模倣することのできる三次元分子の合成の業績で1987年にノーベル化学賞を受賞．

*10 生体超分子化学(Biosupramolecular Chemistry)：生命活動における生体分子・高分子の集合・組織化などの超分子相互作用化学のこと．生体超分子科学(Biosupramolecular Science)ともいう．生命・生体分子化学(科学)分野で超分子化学に関する研究が盛んなのは，細胞膜やタンパク質などにおいて，分子の秩序的集合・組織化がその機能に直接かかわるからである．日本で「生体超分子」という言葉が最初に用いられたのは1970年代後半と考えられるが，超分子生物学(Supramolecular Biology)という言葉は，佐藤了先生(大阪大学)により1978年につくられている．

Meijer たぶん29歳で，研究担当の重役から超分子化学についての報告書を要請されたわけです．それで文献を調べ，古くからの友人レーン*7のいるフランスのストラスブールを訪ねました．クラウンエーテルはペダーセン*8が最初に合成したが，最も重要な研究を行ったのはレーンとクラム*9だと報告しておきました．先輩のレーン先生たちには気に入ってもらえる報告だったでしょうが，当時，この三人がそろってノーベル化学賞を受賞するとは誰も思いませんでした．その頃から，超分子化学はおもしろそうだと思うようになりましたね．化学系のDSM社に移籍後は，何か新しいことを始めるようにいわれ，それでデンドリマーと高分子材料をやりたいと．高分子同士の超分子相互作用を調べたり，デンドリマーから高分子をつくったりしました．

澤本 ということは，先生の意識ではデンドリマーと超分子ポリマーは互いに関係し合うと．

Meijer まあ，ある意味でそうですね．

澤本 高田先生も重合分野から超分子へ転向されましたが，いかがでしょう．

高田 幸い，私は最初に物理有機化学の教育を受けたので，もともと超分子化学にかなり近くからスタートしたといえます．杉安先生，せっかくですから聞いてみたいことは？

杉安 Meijer先生は有機化学，相田先生は高分子化学を背景にされていますが，澤本先生は…？

澤本 私の場合，超分子化学はある種，傍観者であるわけです．とはいえ，相田さんから超分子化学の魅力を聞く機会が多く，興味をもっていましたが，直接その分野に進もうとは思いませんでした．たぶん自分にはそんな途はないのかと．

杉安 超分子化学は，ホスト-ゲスト化学や分子認識化学として始まりました．いまやホスト-ゲスト化学は当たり前の分野です．その後2000年頃から超分子化学の状況は急速に変わりつつあり，その概念はさまざまな分野に拡がっています．きっかけは何だったのでしょう．

Meijer とても難しい質問ですね．超分子化学はレーンがいい始めた分野名で，有機化学に基づいています．しかし生化学では，生体分子間の相互作用に関心をもちながら，だれも決して超分子化学とは呼ばなかった．

高田 今では生体超分子化学*10という言葉が使われることが多いようです．

Meijer そう，どの分野もそんな状況ですから，超分子化学は典型的には有機化学や無機化学の一部にすぎないと考えておくとよいでしょうね．つまり超分子(化学)を述べるときには，それなりに注意すべきだということ．一方で，分子の相互作用やその制御について今得られている知見は，さまざまな分野に幅広く重要です．タンパク質の相互作用を超分子化学的な視点で考える研究者も増えている．よりしっかりと用語を定義すべきかもしれません．

Chap 1 フロントランナーに聞く

❸ 超分子化学研究の現状 ··

研究を体系化できれば，超分子ポリマーの次の展開につながる

高田 高分子科学や科学全体における「超分子化学」の現状はいかがでしょう.

澤本 高分子科学の分野では，ごく近い将来に驚くほど革新的な展開は，もはや起こらないだろうという意見があります. 新しい重合反応を見ても，縮合重合，配位重合，ラジカル重合などに匹敵するスケールや拡張性のある有用で新しい発見は期待しにくく，ごく限定的な進歩しかないように思えます. しかし超分子ポリマーの化学には，ある種のフロンティアを見いだせそうです. 共有結合による高分子と非共有結合による超分子ポリマーという異分野の融合によって，まったく新しい高分子の分野が現れるでしょう. もう一つ，とくに超分子化学は生化学と密接に関連しています. 生命とは何か，生体ではなぜあれほど見事に分子が自己組織化して機能を発現できるかなど，ここにもフロンティアがありそうです.

Meijer 高分子化学では，連鎖制御のような課題がまだ数多く残っています. 連鎖制御は 20 年以上も検討されながら，これといった進歩がない. 実用面での高分子，とくにプラスチックは，環境問題が最大の課題. ごみ問題はとくにヨーロッパで深刻です. 生体系での研究が進むのと並行して，超分子ポリマーの知見が急速に蓄積されつつある. これらの要素をどう分類・整理していくかが課題でしょう.

　化学の世界では，だれもが新しいことを発見したいわけですが，報告された研究は何らかのかたちで体系化すべきです. そうすれば超分子ポリマーの特徴がわかるでしょう. たぶん 4〜5 年のうちに体系化されれば，何が重要なのかがわかってくる. そして研究は新しい方向へ進み，再生医療のための生体高分子とか，化粧品やゲルといった応用へ向かう. いずれにせよ問題は，これまでに解明した事柄をいかに使いやすい構成要素で単純化するかということ. 一方で，達成したい目標を設定し直す必要もでてくる. ですから，今後 5 年間は，きわめて特殊でよくわからない事柄と，一般的な事柄とを分類・区別していくことになります. 高分子化学や有機化学の分野では，これまで重合によってさまざまな高分子が得られましたが，多くは使い道がなく，一部のみが非常に重要なものでした. 超分子ポリマーも同様でしょう.

高田 つまり体系化できれば，超分子ポリマーの次の展開につながると.

Meijer そうです. 超分子ポリマーの動的な挙動や構造がわかれば，環境によっては安定したものも可能かもしれない. そして，こうした研究を蓄積すれば，超分子ポリマーも高分子化学と同様，成書としてまとめられるでしょう. もう一つ，超分子ポリマーの動的挙動の速度論だけではなく，超分子ポリマー生成の速度論により注目すべきだということ. 熱力学的な動的挙動や形などについ眼が行きがちですが，超分子ポリマーが形づくられる道筋や動的な振る舞いがどう進むかに，もっと注意すべきでしょう.

高田 確かに基礎研究は重要です. 相田先生はいかがですか？　現状を見据

7

| Part I | 基礎概念と研究現場 |

えながら．

Meijer たぶん，相田さんは私の意見に反対ですよ（笑）．

相田 いえいえ，まったく同感です．歴史的に見て，超分子化学は熱力学的に平衡にある系を対象としてきました．非平衡系に注目すると，それらには対称性がなく，きわめて非等方的です．ある特殊条件下では安定ですが，決して静的で擾乱もない系ではありません．さまざまな物理的な摂動がかかっていても，自己組織化は起こる．その意味で，超分子ポリマーの動的な構造を外部環境で制御するという発想をもつべきでしょう．もちろん外部環境により構造が変化しても，またもとの平衡状態に戻るだけだと思いがちですが，最近の研究結果では，環境や条件を変化させると，実にさまざまな構造が生まれることがわかりつつあります．ですから，超分子ポリマーの分野は共有結合による高分子とも密接に関係していて，両分野には幅広い相乗効果が期待できる．基礎研究の立場からも，この点は非常に重要だと思います．

澤本 今の意見を聞くと，従来の化学の分野，とくに超分子化学が動的であると改めて気づかされます．相田さんがいわれたように，生命は超分子のように非平衡状態できわめて壊れやすく脆弱です．こうした動的な性質を細やかに制御するのはとても重要．とくに強い非結合相互作用でつくられた超分子ポリマーは，化学物質全般がいかに動的かを理解するうえで非常に興味深い例でしょう．つまり共有結合も微視的可逆性の原理に基づくと，かなり長い時間尺度では動的です．地球のマントルが液体として振る舞うように，ポリエステルも1万年待てば，その動的

挙動が垣間見えるでしょう．

Meijer 以前 DSM 社にいたとき，水で剥がせるマニキュアは可能かと聞かれました．洗剤で皿洗いをしても2週間剥がれず，好きなときに水で剥がせるもの．私は不可能だといいましたが，可能だという．特殊な超分子型マニキュアは普通の水で皿洗いをしても剥がれないが，ある種の添加物を水に加えると，マニキュアと添加物とのあいだで水との相互作用が起こり，マニキュアを剥がせるようになると．つまり，ある条件下では非常に安定で，別の条件では分解するような動的超分子ポリマーが必要というわけです．微小プラスチック[*11] が問題になっていますが，今述べたような動的な超分子ポリマーにもっと眼を向けてほしい．ヘアケア製品やマニキュアでもそうですが，使うときは安定で，使った後で自然に分解するような超分子ポリマー製品がもうすぐ実用化するでしょう．ポリプロピレンは微生物で分解されずいつまでも残りますが，微小な粒子にすると微生物が分解できるようになる．すると，生体材料で実現しているような生分解が通常のプラスチック材料も可能になります．

澤本 非共有結合でできた超分子ポリマーは，共有結合型の生分解材料に比べ，生分解性の面で環境により優しいプラスチックといえます．

Meijer 何といおうと，自然はいつも超分子化学を利用しているのです（笑）．

澤本 あえていうと，共有結合でできているポリペプチド（タンパク質）は微生物で分解できるように，最初から自然界に組み込まれています．生分解を実現するのに超分子化学は必ずしも必要ないわけです．ですが，超分子化学

*11　微小プラスチック（microplastics）：一般に，直径5 mm以下のプラスチックの破片を指し，海洋プラスチック，プラスチックごみなどとも呼ばれる．不用意に捨てられたポリエチレン製レジ袋などが河川から海に流れ込み，海流に乗って移動するうちに，波，紫外線，酸素，微生物などにより微小な破片となったもの．毎年900万トンを越すプラスチック廃棄物による海洋・環境汚染が世界的な問題となっており，プラスチックの使用規制，回収と再生，再利用など，持続型発展目標（SDGs）や循環型社会と関連させて，微小プラスチック問題への対応が産官学で急速に議論されている．

に基づく何らかの材料をこれからは考えたほうがよいでしょう．

Meijer たとえば相田先生の自己修復型ガラスは小さな分子からできているのにガラスのように振る舞い自己修復します．つまり超分子材料では，低分子でできたプラスチックも可能なわけです．いったん自然環境に戻すと，1年ほどで分解する．自然に分解するなら酵素は不要ですが，共有結合型プラスチックを分解するには酵素がいります．自然環境で分解する超分子材料が重要になることを期待したいです．

4 新しい研究を生み出す秘訣

うまくいったことよりも，間違いから得られることのほうが多い

高田 新しい研究を生み出すために重要なことは何でしょう？

矢貝 若い研究者は，より優れた超分子を見つけるために多様なタイプの分子を扱って，そのなかから飛び抜けて優れた分子が見つけられればいいと思います．有機化学に眼を向けるのもいいでしょう．

Meijer 超分子ポリマーの分野では，どのような構造や機構が重要で，何が重要でないかを今後5年間で明らかにする必要があります．同時に新しい研究の流れもつくる．この二つが大切です．ある分野に多くの研究者がこぞって参加することがあります．すると，その分野の花はすべて摘み取られてしまい，もはや美しい花は見つかりません．つまり誰もが同じ目標を目指しても，花を見つけられるとは限らないのです．矢貝さんや杉安さんのような若い研究者は，花の咲き乱れる新しい分野へ進むべきです．そこへ足を踏み入れれば，きっと何かが見つかる．何年か経って，予期しなかったことに出会うでしょう．若い世代が何か新しく始めることで，新分野が見つかるのです．超分子ポリマー分野がそうであったように．注目される分野に参入して競争するのも大事ですが，発見は好奇心とちょっとした幸運でもたらされるでしょう．

杉安 超分子化学は，ますます理解しにくくなると思います．論文を読んでも，すべてを理解するのは難しい．人工知能（AI）のような新分野も数多く，最近ではゲノムの編集さえできる．今後，超分子化学がどう進展していくのか，想像できません．Meijer先生は飛躍的な発見は偶然に起こるといわれましたが，偶然が起こるように仕向けることはできません．私はいまだに次に何をすべきか考えあぐねいて，何ができるかもはっきりとわかりません．

澤本 パスツール[*12]の名言に「幸運の女神は心構えのできた人にしか微笑まない」というものがあります．偶然はつくり出せないと今いわれましたが，集中して何かを見つけようとしない限

[*12] Louis Pasteur（1822～1895）：フランスの生化学者・細菌学者．コッホとともに，近代細菌学の開祖と呼ばれる．ワクチンでの予防接種を開発し，狂犬病やコレラのワクチンを発明．酒石酸の性質の解明など，数々の業績を残す．原文は仏語で，英語は"Chance favors the prepared mind."

*13 "People don't make mistakes; Mistakes make the people."

り，偶然をうっかり見落とすでしょう．

杉安 一度も発見に恵まれない人もいれば，先生がたのように次つぎと新しいことを見つけられる人もいるのは興味深いです．何か秘訣があるように思いますが．

Meijer 誰もが新しいことに巡り会うと思いますが，科学ではそれに気づき，時間をかけて証明する必要があります．私の研究室の学生も，予想外のことを見つけても，それを失敗であると思い込み，誰にも打ち明けずに最初からやり直す人が多い．しかし，予想通りに進まないのは，何か新しいことがあるからです．超分子ポリマーの場合は偶然だったかもしれませんが，たぶんおもしろいことが見えてくるだろうと考え，研究を続けたわけです．この点が大切でしょう．先ほどのパスツールの名言に付け加えると，「人が間違うのではない．間違いが人を成長させるのだ[*13]」というものがあります．

澤本 なんだか年寄りじみてきたような…（笑）．

Meijer いつも学生にいっていることです．うまくいったことよりも，間違いから得られることのほうが多い．

矢貝 ともすれば，日頃から将来について悲観的になりつつあります．たとえば高分子鎖の形態（トポロジー）を制御しようとしていますが，この先何も見つからないのではと思ったり．その意味でも，若手には教育が重要だと思います．

澤本 少なくとも超分子ポリマーについては，そんなに悲観的にならなくてもよいのでは．美しい分子がつくり出されているので，若い世代もきっと興味をもつでしょう．

相田 矢貝さんは，超分子重合や超分子ポリマーは確かに魅力的だけれど，一から始める人たちにとってはかなり複雑だといいたいのでしょう．本質を理解するには物理化学や有機化学など学ぶべき内容が多く，また研究費を得るのもそう簡単ではないと．

5 次世代に伝えたいこと

専門性と幅広い知識には適度なバランスが必要

高田 最後に，若い学生に何を伝えたいですか．

Meijer 異分野の研究者と仕事をするのが大切ですね．これまでは特定の分野に通じていれば問題を解決できましたが，今後は理論面では物理学，分子設計では生物学というように，超分子化学とは違う分野の研究者によって課題が解決されていくでしょう．こうした異分野融合を実現すべきとはいいながら，大学ではそれほど幅広い科目をまとめて教えてはくれません．確かに超分子ポリマーは魅力的な分野ですが，こうした統合を実現するには，たとえばシミュレーションには数学とか，自然界と超分子ポリマーとの関係を解明

するために，生物学にも手を伸ばす必要がありますね．

高田 美しいというのは超分子科学の一つの特徴ですね．相田先生，この点についてはいかがでしょう．

相田 超分子化学には，若い研究者を魅了するスーパースターが必要です．そして，リーダーがのびのびと毎日笑顔で研究を楽しむ環境が必要ですね．私もぜひそうありたいのですが．

澤本 美しさへの感性に加え，新しい研究を生み出すには，好奇心を持ち続けることが大事．確かに人は予想外の結果を失敗と思いがちです．でも，それをもっとおもしろい別の側面に関係づけることはできる．

相田 確かにそうですが，若い世代に予想外の結果が興奮をそそると納得してもらうのは簡単ではありません．とりわけスマートフォンで育った世代には，少し不安を感じます．彼らに必要なのは，「XX が重要」といった格言ではなく，実際に予想外の結果を楽しみながら楽観的に研究生活を送っている生身のスターの存在だと思います．

Meijer 二人とも悲観的で，正直驚きました．二人の研究はよく知っていますし，世界中の研究者にもよく知られ，高く評価されています．もっと楽しむべきです．もっと楽観的に，楽しく研究を続けていけばよいのでは．ある局面では，もう少しうまくできたのにと思うこともあるかもしれませんが，私自身は年を取りすぎて，いつまでも研究を続けられません．それこそ悲観的かもしれませんが，二人には明るい未来がある．いつでも，楽観的な人が成功するのです．

高田 若い学生に超分子科学の魅力をどう伝えますか？

相田 「ボクを見てみろ，研究楽しんでいるだろう」って（笑）．

澤本 ほかの分野に比べ，超分子化学や超分子ポリマーは美的にも説得力がある．この点は魅力的です．もう一方で，若いときにはより広い基礎分野に興味をもってほしい．あれもこれもと聞きかじっているだけでは，単なる物知りにすぎないといわれるかもしれませんが，専門性と幅広い知識には適度なバランスが必要です．いわゆるＴ字型の修練を目指してほしい．

相田 澤本先生とは長年のつきあいで，カチオン重合からラジカル重合へ研究を移ろうとした過渡期のことをよく覚えています．いつも会うたびに「何か新しいことをやらなければ」と．そうこうしているうちに，遷移金属触媒という新しい系を見つけられた．もっとも，「相田さん，次に会うときには何か生物学的な展開を」といいながら，結局何も提案してくれませんでしたが（笑）．いずれにせよ長い雌伏の時を経た，この姿勢が重要でしょう．

Meijer よい仲間がいるのはいいことです．私もその一員でありたい．また，研究については真剣ですが，自分自身については深刻に考えていません．互いによく笑い，人生を楽しみましょう．

高田 いつも次の二つを伝えています．一つは私の情熱，もう一つは新しい研究分野の可能性．どんな分野であれ，学生はこうした新たな可能性に動かされます．超分子化学や高分子化学に触れることも多いですね．

　今日は世界を代表する三人の先生方と気鋭の二人の先生方に，超分子ポリマーと超分子科学について語っていただき，非常に中身の濃い座談会となりました．ありがとうございました．

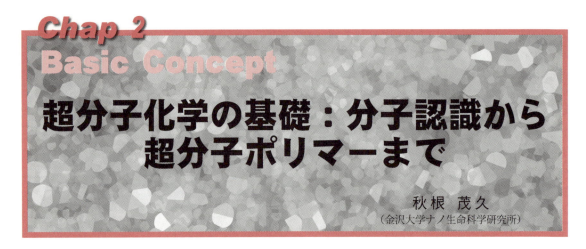

Chap 2 Basic Concept
超分子化学の基礎：分子認識から超分子ポリマーまで

秋根 茂久
（金沢大学ナノ生命科学研究所）

1 超分子化学とは

　超分子化学（Supramolecular chemistry）は，分子間に働く「非共有結合性相互作用」（non-covalent interaction）と，それにより生成する分子の集合体の化学である[1]．これは分子化学と対比させて考えるとわかりやすい（図1）．メタン，アンモニア，水などの分子は，いくつかの原子がまとまって一つの粒子となっており，そのまとまりをつくる力は共有結合である．これに対し超分子は，いくつかの分子がまとまって一つの粒子となっているもので，このときの分子同士のまとまりをつくる力は非共有結合性相互作用，すなわち超分子化学的な相互作用である．原子から分子，そして分子から超分子という組み立てを見ていくと，化学を理解するうえで，超分子は分子の一つ上の階層に位置するものであることがわかる．生体では，タンパク質の高次構造，DNAの二重らせん，脂質二重膜など，このような「分子の一つ上の階層」に相当する構造が普遍的に見られる（図2）．このことからも，超分子化学が生体モデル分子の研究において重要な位置を占めていることは明白である．
　超分子化学の概念を提唱し，いち早く体系づけたのはJ.-M. Lehn（1987年ノーベル化学賞受賞）である．彼は，超分子化学を「分子集合体と分子間相互作用の化学」と定義した[2]．また超分子化学は，生体類似機能への挑戦をはじめとした，高度な分子機能を目指した研究において発展してきた．多くの研究で構成要素となる分子のみではなし得ない機能に焦点が当てられてきたことから，機能がなければ超分子に含めるべきではない[3]とする考え方があった．しかし近年では，超分子化学が包含する概念は広がりつつある．機能の有無にかかわらず分子が分子であるように，分子間相互作用によって形成される秩序ある構造体のほとんどを超分子と見なすという広い意味の定義が，現在では受け入れられている．もちろん，分子の性質や働きが個々の原子のみでは発現しないように，分子が秩序立って集まり超分子を形成することで新しい機能が生み出される．それが超分子化合物のおもしろさである．新しい超分子を創製し，超分子の形成過程やその性質・機能を明らかにするのが超分子化学の研究である．

2 非共有結合性相互作用と分子認識

　前述のように，分子同士，あるいは分子とイオンがまとまって超分子をつくる．このとき超分子をつくる非共有結合性相互作用にはさまざまあり，代表的なものに静電相互作用（クーロン力），疎水効果，水素結合，配位結合，π-π相互作用がある．これらの相互作用を巧みに組み合わせることで，ある特定の分子やイオンを選択的に認識する分子構造をつくることができる．このとき，認識する側の分子をホスト，認識される側の分子やイオンをゲストと呼ぶ（図3）．ホストとゲストが結合する現象を研究対象とする化学がホスト-ゲスト化学あるいは分子認識化学である[4]．
　C. J. Pedersen（1987年ノーベル化学賞受賞）が1967年に発表したクラウンエーテルは，このようなホスト-ゲスト化学の研究が飛躍的に発展する契

Chap 2 超分子化学の基礎:分子認識から超分子ポリマーまで

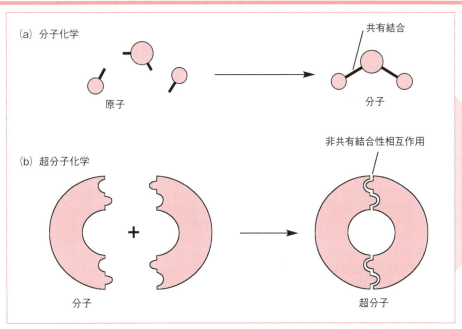

図1 分子化学と超分子化学

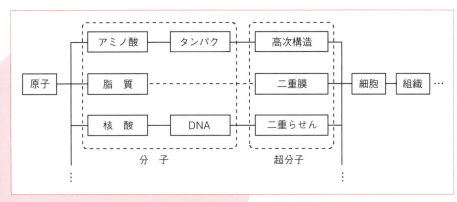

図2 生体分子に見られる階層構造

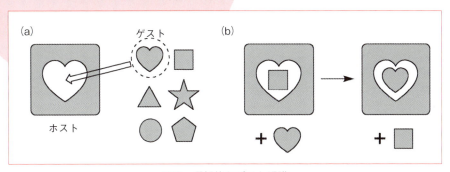

図3 選択的なゲスト認識
(a)ホストは最適なゲストを選択し,その認識部位に捕捉する.(b)最適でないゲストが一旦結合したとしても,この結合は可逆な平衡過程であるので,最適なゲストとの交換が可能である.

| Part I | 基礎概念と研究現場 |

機となった最初の人工分子である[5]. 18員環の大環状化合物である18-crown-6〔図4(a)〕は，この空孔にフィットするサイズをもつカリウムイオンをその空孔に強く取り込む. このとき6個のエーテル酸素すべてが同時にカリウムイオンと相互作用することが重要であり，エーテル酸素がもつ双極子とカチオンのあいだに働く静電相互作用（イオン-双極子相互作用）が超分子形成の原動力となっている.

疎水効果も分子認識の主たる原動力として知られている. シクロデキストリン〔CD, 図4(b)〕は，疎水効果により水溶液中で有機分子を空孔内に取り込む[6]. シクロデキストリンはデンプンの酵素分解により工業的に大量生産できる有用な天然由来のホストである. この骨格をもつさまざまな誘導体がこれまでに合成され，その分子認識能や酵素類似機能などが調べられている.

また，水素結合を使った精密な分子認識も注目を集めている. 生体内において，DNAの核酸塩基間の相補的な水素結合が遺伝情報の保存や複製において重要な働きを担っていることは有名であるが，人工ホスト分子においても水素結合による精密分子認識が多数研究されている. たとえばA. D. Hamiltonにより合成されたホスト分子は，向精神薬として知られるバルビツール酸誘導体を六重の水素結合により非常に強く認識する〔図4(c)〕[7].

ほかにも，ホスト分子とゲスト分子のあいだに働く非共有結合性相互作用として，π–π相互作用，カチオン-π相互作用，CH…O相互作用などが知られている. これらの相互作用は単独では弱いが，複数同時に働くことで，トータルとしての相互作用は十分に強くなる. さらに，非共有結合性相互作用が働く部位がホスト分子の適切な場所に配置されることで，分子のかたちを見分けて認識する選択的分子認識が可能となる.

選択性の発現において，ホスト-ゲスト錯体の形成が可逆な平衡過程になっていることも重要である〔図3(b)〕. もしこれが不可逆な過程であれば，最適でないゲストが一旦捕捉されてしまうと，最適なゲストは結合できなくなってしまう. このような熱力学的な平衡過程により支配される精密な分子認識は，酵素の基質特異性の発現（鍵と鍵孔）と密接に関連するものであり，酵素類似機能を人工分子で実現

するための重要な要素であるといえる.

超分子自己集合

非共有結合性相互作用は，分子認識に見られるような認識する側とされる側という非対等な関係においてだけでなく，対等な分子同士でも働く. これは生体分子において普遍的に見られ，DNAの二重らせん構造の形成やタンパク質のサブユニット同士の会合体形成はその代表例である（図2）. 分子同士が自発的に集合して一つの超分子をつくるという意味で，超分子自己集合と呼ばれている[8].

水素結合を原動力とする超分子自己集合の例として，J. Rebek, Jr.による「テニスボール」分子がある[9]（図5, p. 17）. この分子は，同じ種類の分子が2個集まることで，2枚の皮をはり合わせたテニスボールのような球状の二量体を形成する. 構成要素となる分子にはNH基とC＝O基がそれぞれ4個ずつ配置されている. これらが八重の水素結合を形成することで，2分子がかみ合うように会合し，安定な二量体となる.

超分子自己集合の原動力として，遷移金属-配位子間の配位結合も多用されている. 藤田らは，4,4'-ビピリジン4分子と[Pd(en)(NO₃)₂]（en＝エチレンジアミン）を反応させると，正方形錯体が自発的・定量的に得られることを見いだした（図6）[10]. ここでは，金属-配位子間の結合・解離に可逆性があることが重要で，仮に一旦直鎖状のエフー分子ができたとしても，エントロピー的に有利な最小の環状構造に収束する. 配位部位の種類や数などが異なるさまざまな有機分子を適切な配位構造の金属イオンと組み合わせることで，環状だけでなく，かご状，球状などさまざまな構造がこれまでに合成されており[11]，いまや自己集合錯体の化学は超分子化学の一大研究分野となっている.

分子集合の次元性と超分子

ここまで，超分子形成の原動力となる非共有結合性相互作用の例と，それにより生成する超分子について述べてきた. これらの非共有結合性相互作用は普遍的なものであり，分子やイオンが集まって分子

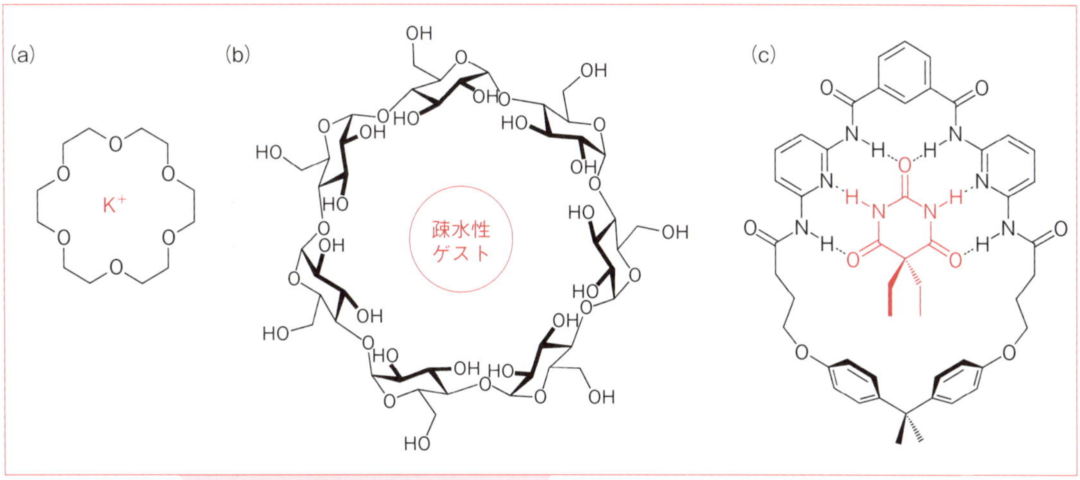

Chap 2 超分子化学の基礎：分子認識から超分子ポリマーまで

図4 ホスト分子とそれに包接されたゲスト分子の例

（a）クラウンエーテルによる K⁺ の認識，（b）シクロデキストリンによる疎水性ゲストの認識，（c）水素結合性レセプターによるバルビツール酸誘導体の認識．

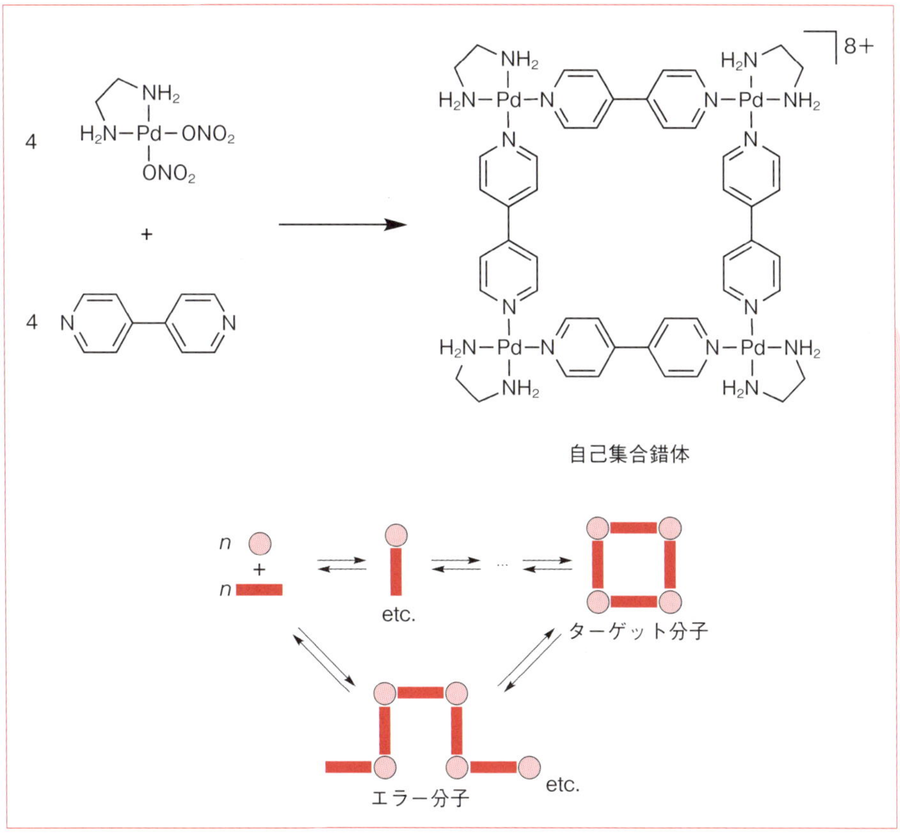

図6 金属-配位子間の配位結合を利用した自己集合錯体の例

15

| Part I | 基礎概念と研究現場 |

結晶ができるときに働く力と本質的には同じである．分子結晶と超分子の違いは，集合の次元性（生じる「粒子」の大きさ）にある．分子結晶は，構成要素が非共有結合性相互作用により x,y,z 三次元方向に無限に集合して，人間の手に取れるサイズの粒子となったものである〔図 7(a)〕（分子結晶や液晶を超分子に含めるという考え方もある）．一方，ここまで述べてきた超分子は，前述のようにいくつかの分子がまとまって一つの粒子となっているものであり，どの方向にも無限に集合しない〔図 7(d)〕．その意味で，ディスクリート（discrete）な超分子と呼ぶことができる．生成する粒子は分子の大きさとそれほど違わないナノメートルスケールのサイズである．このとき，集合する構成分子の数には，ある程度の分布をもっていてもよいとするのが一般的であり[1f]，これが初期の意味の超分子である．

分子が三次元的ではなく，二次元的に集合した構造も超分子構造として分類できる．これは，厚さがナノメートルスケールのシート状構造を与えることになる〔図 7(b)〕．代表的な例に，生体内で重要な働きをもつ脂質二重膜がある．脂質分子は親水基を水溶液側に向け，疎水基同士が疎水効果により集まることで，二次元的に集合する．界面上の単分子膜なども二次元的な超分子である．

同様に，分子が非共有結合性相互作用により一次元的に集合した構造も超分子に分類できる．この場合，生成する構造は，太さがナノメートルスケールのファイバー状となる〔図 7(c)〕．分子化学（共有結合の化学）では，共有結合のみで分子を一次元的に無限に連結したものを高分子（ポリマー）と呼ぶ．冒頭で述べた分子化学と超分子化学の対応関係を踏まえると，超分子化学（非共有結合性相互作用の化学）において，分子を一次元的に集合させた構造は，超分子ポリマー（supramolecular polymer）と呼ぶことができる[12]．

超分子ポリマー

超分子ポリマーの構造や特徴は，共有結合のみで構成される通常のポリマーと対応させると理解しやすい（図 8）．ポリスチレンなどの通常のポリマーは，モノマー（単量体）を共有結合により重合させて合成する．それに対し，超分子ポリマーはモノマーを非共有結合性相互作用により一次元的に集合させて合成する．ここで用いられる非共有結合性相互作用は分子認識や自己集合に用いられるものと同じで，水素結合，疎水効果，π-π 相互作用などである（金属配位結合を利用したものは，配位高分子と呼ばれることが多い）．構成ユニット（モノマー）の構造は，相互作用部位が互いに反対方向を向いている必要がある．これは，U 字型構造をとる分子では，二量体のような閉じた環状構造の自己集合超分子が生成してしまうためである〔図 7(d)〕．

超分子ポリマーと通常のポリマーの違いのうち最も特徴的なのは，「重合」が非共有結合性相互作用によってなされることである．この重合は基本的には速い平衡過程であるため，モノマーを混合するだけで自発的に超分子ポリマーが生成する．E. W. Meijer らは，2-ウレイド-4-ピリミジノン部位を二つもつ分子を合成し，これを溶解させるだけで超分子ポリマーとなることを見いだした（図 9）[13]．これは超分子形成が高分子量の物質を簡便に合成する有用な手法であることを示す好例であり，超分子ポリマー研究の基礎を築いた化合物であるといえる．この分子において，モノマー間を連結する非共有結合性相互作用は四重の水素結合である．この 2-ウレイド-4-ピリミジノン間の四重水素結合は，低濃度条件でも二量体形成側に平衡がほぼ 100%偏るほど強く，これが重合度の高い超分子ポリマーを与える原動力となっている．

超分子ポリマーは，レオロジー特性など，通常のポリマーと共通の特徴も見られる一方で，機械的強度が一般に低く，通常のポリマーの代替とはなり難い．また，超分子ポリマーは，非共有結合性相互作用が不利となる条件では，ポリマー鎖の切断やモノマーへの解離が起こる．この特性のため，一旦生成したポリマーの重合度は動的に変化する．分子量分布は平衡で決まるため，分子量分布を揃えたポリマーの合成は一般には困難とされている．

一方で，可逆な重合により形成される構造だからこそ，従来のポリマーにない特性も生み出される．実際に，超分子ポリマーの機能的なおもしろさは，おもにこのような動的特性に基づいている．刺激応答特性はその一つであろう．刺激応答性は共有結合

Chap 2 超分子化学の基礎：分子認識から超分子ポリマーまで

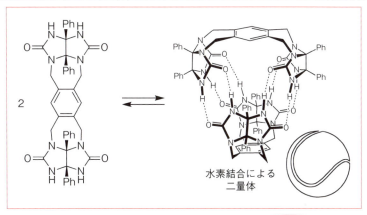

図5 水素結合による自己集合で形成されるカプセル状二量体

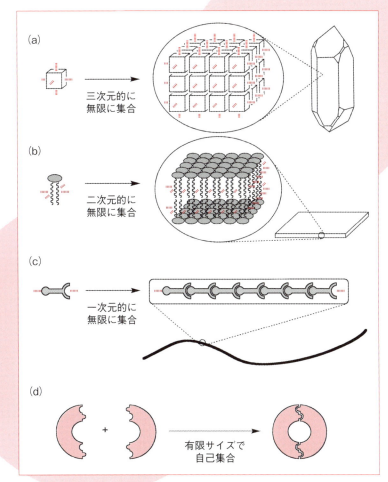

図7 無限の自己集合の次元性
(a)分子結晶，(b)シート状超分子，(c)ファイバー状超分子(高分子ポリマー)，(d)ディスクリートな(無限構造をもたない)超分子．

17

| Part I | 基礎概念と研究現場 |

から成るポリマーでも実現できるが，超分子ポリ
マーでは，ポリマーの生成／消滅（ポリマー／モノ
マー間の変換やゾル／ゲル転移など）が，温度変化
や溶媒条件の変化により，いとも簡単に可逆な過程
として実現できるのである．また，モノマーに酸化
還元，光反応部位などの刺激応答部位を導入すれば，
重合度の動的制御が可能な超分子ポリマーも実現で
きる．超分子ポリマーはポリマー主鎖の伸長／切断
が可逆反応であるという特徴があるため，一旦切断
しても再接合が可能な自己修復材料の創製の面でも
注目を集めている．

　超分子ポリマーの研究は既成の固定観念を打ち破
ることで多大な進歩を遂げてきた．近年では，ロタ
キサン構造を組み込んだトポロジカルゲル[14]，三
次元的なネットワーク構造に拡張したポリマーゲ
ル[15]，動的共有結合に基づくポリマー[16]など，超
分子ポリマーが包含する領域はますます広がりつつ
ある．また，超分子ポリマーは平衡反応で生成する
ため，常に熱力学的に最安定であることを前提にそ
の性質が議論されてきたが，最近になって，速度論
的に生成する準安定な状態から最安定な状態への移
行など，非平衡の過程によって生み出される新しい
現象も見いだされており，興味深い．超分子ポリ
マーにはまだまだ新しい機能が隠れており，それを
生かした独創的な新素材が生み出されるのが楽しみ
である．

◆　文　献　◆

[1] (a) J.-M. Lehn, "Supramolecular Chemistry : Concepts and Perspectives," VCH (1995) ; (b) 竹内敬人 訳，『レーン超分子化学』，化学同人 (1997) ; (c) 妹尾 学，荒木孝二，大月 穣，『超分子化学』，東京化学同人 (1998) ; (d) 齋藤勝裕，『超分子化学の基礎』，化学同人 (2001) ; (e) 中嶋直敏 編著，『超分子科学 ──ナノ材料創製に向けて』，化学同人 (2004) ; (f) 菅原 正，木村榮一 編，〈化学の指針シリーズ〉『超分子の化学』，裳華房 (2013).

[2] (a) J.-M. Lehn, *Acc. Chem. Res.,* **11**, 49 (1978) ; (b) J.-M. Lehn, *Pure Appl. Chem.,* **50**, 871 (1978) ; (c) J.-M.

Lehn, *Science,* **227**, 849 (1985) ; (d) J.-M. Lehn, *Angew. Chem. Int. Ed. Engl.,* **27**, 89 (1988) ; (e) J.-M. Lehn, *J. Incl. Phenom.,* **6**, 351 (1988) ; (f) J.-M. Lehn, *Angew. Chem. Int. Ed. Engl.,* **29**, 1304 (1990).

[3] 村上幸人，〈季刊化学総説31〉『超分子をめざす化学』，日本化学会 編，学会出版センター (1997)，p. 3.

[4] 築部 浩 編著，『分子認識化学──超分子へのアプローチ』，三共出版 (1997).

[5] C. J. Pedersen, *J. Am. Chem. Soc.,* **89**, 7017 (1967).

[6] (a) 桑原哲夫，化学と教育，**56**, 64 (2008) ; (b) 池田 博，戸田不二緒，有機合成化学協会誌，**47**, 503 (1989).

[7] S.-K. Chang, A. D. Hamilton, *J. Am. Chem. Soc.,* **110**, 1318 (1988).

[8] 藤田 誠，有機合成化学協会誌，**53**, 432 (1995).

[9] (a) R. Wyler, J. de Mendoza, J. Rebek, Jr., *Angew. Chem. Int. Ed. Engl.,* **32**, 1699 (1993) ; (b) N. Branda, R. Wyler, J. Rebek, Jr., *Science,* **263**, 1267 (1994).

[10] (a) M. Fujita, J. Yazaki, K. Ogura, *J. Am. Chem. Soc.,* **112**, 5645 (1990) ; (b) M. Fujita, O. Sasaki, T. Mitsuhashi, T. Fujita, J. Yazaki, K. Yamaguchi, K. Ogura, *J. Chem. Soc., Chem. Commun.,* **1996**, 1535.

[11] (a) D. Fujita, Y. Ueda, S. Sato, H. Yokoyama, N. Mizuno, T. Kumasaka, M. Fujita, *Chem,* **1**, 91 (2016) ; (b) D. Fujita, Y. Ueda, S. Sato, N. Mizuno, T. Kumasaka, M. Fujita, *Nature,* **540**, 563 (2016).

[12] (a) L. Brunsveld, B. J. B. Folmer, E. W. Meijer, R. P. Sijbesma, *Chem. Rev.,* **101**, 4071 (2001) ; (b) 原田 明，有機合成化学協会誌，**62**, 464 (2004) ; (c) 矢貝史樹，オレオサイエンス，**9**, 3 (2009).

[13] R. P. Sijbesma, F. H. Beijer, L. Brunsveld, B. J. B. Folmer, J. H. K. K. Hirschberg, R. F. M. Lange, J. K. L. Lowe, E. W. Meijer, *Science,* **278**, 1601 (1997).

[14] (a) 眞弓皓一，伊藤耕三，日本物理学会誌，**68**, 158 (2013) ; (b) 眞弓皓一，伊藤耕三，波紋，**23**, 50 (2013).

[15] (a) 灰野岳晴，高分子，**60**, 437 (2012) ; (b) 灰野岳晴，*Organometallic News,* **2**, 54 (2013).

[16] 大塚英幸，後関頼太，今任景一，化学と教育，**64**, 98 (2016).

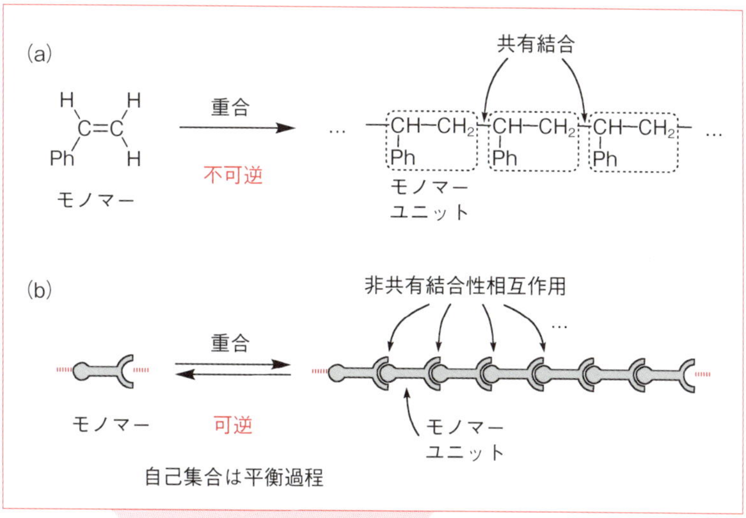

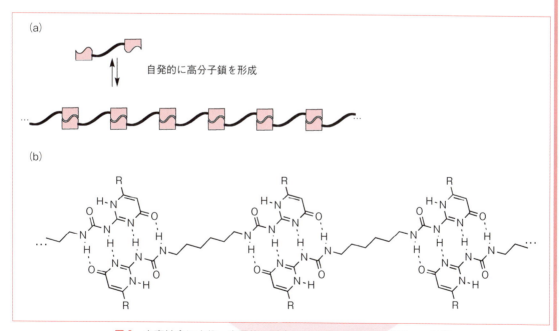

図8 ポリマーと超分子ポリマーの違い
(a)共有結合性のポリマーと(b)非共有結合性の超分子ポリマー．超分子ポリマーの生成反応の多くは可逆であり，外部刺激や環境の変化に応じて重合と解離によってポリマーの生成／消滅をスイッチングすることが可能である．

図9 水素結合により一次元的に重合して生成する超分子ポリマーの例
(a)概念図．(b)超分子ポリマーの構造の一例．

超分子ポリマーとは

灰野 岳晴
(広島大学大学院理学研究科)

1 はじめに

　高分子は，1種類以上のモノマーが共有結合により繰り返し結合した構造から成る巨大な分子である．堅さ，透明度，弾性，可塑性などの高分子特有の性質は高分子構造に固有のもので，これらの機能を制御するために多様な構造をもつ高分子構造が合成されてきた．近年，既存のポリマーとは異なる，モノマーが非共有結合性分子間相互作用で集合した分子集合体が，新たなポリマー構造として認知されるようになってきた．超分子ポリマーと呼ばれるこのポリマー構造の形成と分解は，一般に可逆的である．高分子材料の性質を決定する重合度や高分子鎖の緩和，主鎖の柔軟性が，濃度や温度などの環境により大きく変化するため，超分子ポリマーは外部刺激応答型の新しい高分子材料として注目されている．

　超分子化学の概念が高分子化学に拡張されることで生み出された超分子ポリマーは，ホスト-ゲスト構造を組み込んだモノマーを混合するだけで合成される．したがってホスト部位とゲスト部位を連結した最も単純なモノマーは，一次元に配列した超分子ポリマーを与える．重合構造を維持するホスト-ゲスト構造は自在に選ぶことができるため，複雑な繰り返し構造をもつポリマー構造も簡単につくり出すことができる．また，一次元超分子ポリマーだけでなく，交互共重合ポリマー，ネットワークポリマー，デンドリマーなどの多様な構造を同じホスト-ゲスト構造からつくり出すことができる高い設計性が，超分子ポリマーの特徴である．

2 超分子ポリマーの重合度

　ホスト分子とゲスト分子の会合により多量体が生成すれば，超分子ポリマーと呼ぶことができる．しかし，溶液中で十分に成長した超分子ポリマーを得るために，どのようなホスト分子とゲスト分子を選択するかは難しい問題である．溶液物性を支配する重要な因子である超分子ポリマーの重合度は，用いるホスト-ゲスト錯体の会合定数によりおおむね決まる．つまり，重合度の高い超分子ポリマーを得るためには，会合定数の大きなホスト-ゲスト錯体を選べばよい．ここで，超分子ポリマーの合成に用いるホスト-ゲスト錯体の会合定数とポリマーの重合度について，最も一般的な isodesmic association (multistage open association) を用いて考察してみる[1]．モノマー (M) の会合が逐次的に進行し，会合定数 (K_a) が重合度に依存しない場合，逐次会合に伴う会合定数は以下のように表される．なお，C_n は M_n の濃度を表す．

$$M_1 + M_1 \rightleftarrows M_2, K_a = \frac{[M_2]}{[M_1][M_1]}, C_2 = K_a C_1^2 \quad (1)$$

$$M_2 + M_1 \rightleftarrows M_3, K_a = \frac{[M_3]}{[M_2][M_1]},$$
$$C_3 = K_a C_2 C_1 = K_a^2 C_1^3 \quad (2)$$

$$M_3 + M_1 \rightleftarrows M_4, K_a = \frac{[M_4]}{[M_3][M_1]}, C_4 = K_a^3 C_1^4 \quad (3)$$

⋮

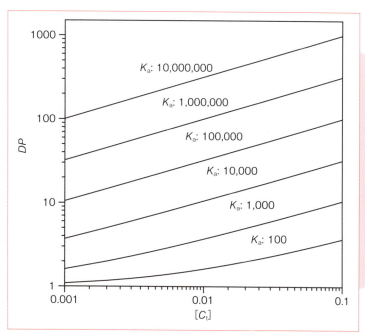

図1 会合定数の違いによる重合度とモノマー濃度の関係

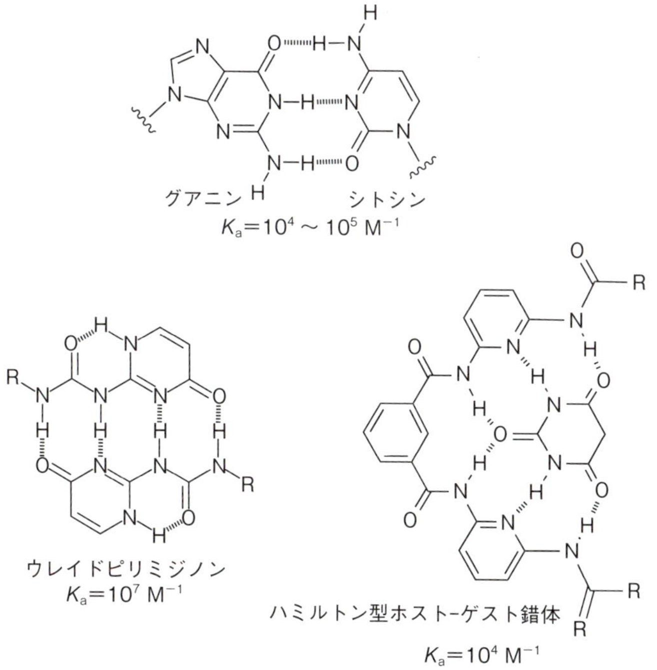

図2 多重水素結合により形成される超分子錯体とクロロホルム中における会合定数

| Part I | 基礎概念と研究現場 |

$$M_{n-1} + M_1 \rightleftarrows M_n, \, K_a = \frac{[M_n]}{[M_{n-1}][M_1]},$$
$$C_n = K_a^{-1}(K_a C_1)^n \tag{4}$$

このような会合系では，重合度(degree of polymerization；DP)は会合しているモノマーのモル分率(p)，または会合していないモノマーのモル分率(α)を用いて表すことができる．したがって，超分子ポリマーの DP は式(5)を用いて求めることができる．また，モノマーの全濃度(C_t)と会合定数を乗じたものが 1 より十分に大きければ，式(5)は式(6)や式(7)のように簡略化できる[2]．

$$DP = \frac{1}{1-p} = \frac{1}{\alpha} = \frac{2K_a C_t}{\sqrt{4 K_a C_t + 1} - 1} \tag{5}$$

$$4 K_a C_t \gg 1 \text{ ならば} = \frac{2 K_a C_t}{\sqrt{4 K_a C_t} - 1} \tag{6}$$

$$\sqrt{4 K_a C_t} \gg 1 \text{ ならば} = \sqrt{K_a C_t} \tag{7}$$

ここで，式(5)により得られた会合定数の違いによる重合度と濃度の関係を図1に示す．これより超分子ポリマーの重合度がモノマーの全濃度に依存していることがわかる．たとえば会合定数が 100 M^{-1} 程度のホスト–ゲスト錯体を用いて超分子ポリマーをつくるとき，モノマーの全濃度が 0.1 M になっても四量体程度しか生成しない．一方，同じ濃度でも会合定数が 10^4 M^{-1} のホスト–ゲスト錯体を用いると 30 量体以上のポリマーが得られる．つまり，会合定数の増加とともに，同じ濃度における重合度が飛躍的に増加するわけである．重合度が十分に高い超分子ポリマーを得るためには，会合定数が 10^5 M^{-1} 以上あるホスト–ゲスト錯体を用いることが望ましい．

3 分子間相互作用と超分子ポリマー

3–1 水素結合

　超分子ポリマーの合成には多種多様なホスト–ゲスト錯体が利用できる．そのため，望む条件に最も適したホスト–ゲスト構造を選択することが，重要である．水素結合は最もよく知られた分子間相互作用であり，DNA の二重らせん構造に見られるように指向性が高く，高い相補性を実現できるという特徴がある．基本的な水素結合の強さは，水素結合ド

ナー(D)とアクセプター(A)の酸性度と塩基性度，および構造に大きく影響される．1 本の水素結合はそれほど大きなエネルギーをもたないが，多重水素結合を用いることで大きな結合エネルギーを実現できる．図2に示すように，グアニン(G)とシトシン(C)の塩基対は高い会合定数と特異性を示すが，これはそれぞれの塩基がもつ水素結合性官能基の配列が ADD・DAA のように相補的であり，互いにマッチすることで生み出される．この水素結合の相補性は設計可能であり，Hamilton[3]や Meijer[4]らにより非常に高い会合定数と相補性をもつ多重水素結合ペアが開発されている．

　超分子ポリマーの開発においても，水素結合が最初に用いられた(図3)．2,6-アセチルアミノピリジン(AcPy)とウラシル(U)のホスト–ゲスト錯体は DAD・ADA 型の相補的三重水素結合を形成する．AcPy と U をそれぞれ二つずつ組み込んだモノマー **1** と **2** は，らせん共重合超分子ポリマーを生じる[5]．このポリマーのらせんの巻き方向は，L-体と D-体のモノマーで変わる．つまり，モノマーの構造を使い分けることで，生じる超分子ポリマーの構造を自在に制御できる．これが超分子ポリマーの特徴である．しかし，AcPy と U の会合定数は溶液中で > 10^2 M^{-1} とそれほど大きくない．したがって，溶液中で十分に高い重合度を達成するためには，もう少し会合定数の高いホスト–ゲスト錯体を用いることが必要である．

　より高い会合定数を得るためには，水素結合の数を増やすことが有効な手段である．そこで開発されたのが，DDAA・AADD 型の水素結合を形成するウレイドピリミジン(UPy)である．UPy の会合定数はクロロホルム中で 10^7 M^{-1} 以上と非常に高く，低濃度でも高い重合度を達成できる[6]．会合定数をもとに重合度を計算すると，UPy を 2 分子組み込んだモノマー **3** は 1 mM の濃度で 200 量体以上のポリマーを形成することになる．超分子ポリマーの場合，重合度を正確に決定することは難しいが，十分に成長したポリマー構造が生成しているのであれば，溶液粘度や粘弾性を評価することでポリマーとしての性質を確認することができる．この超分子ポリマーは弾性のある自立膜を与え，非共有結合で形成されていても共有結合をもつ既存のポリマー材料とよく似た性質を示す．また熱可塑性に優れ，有機溶剤を

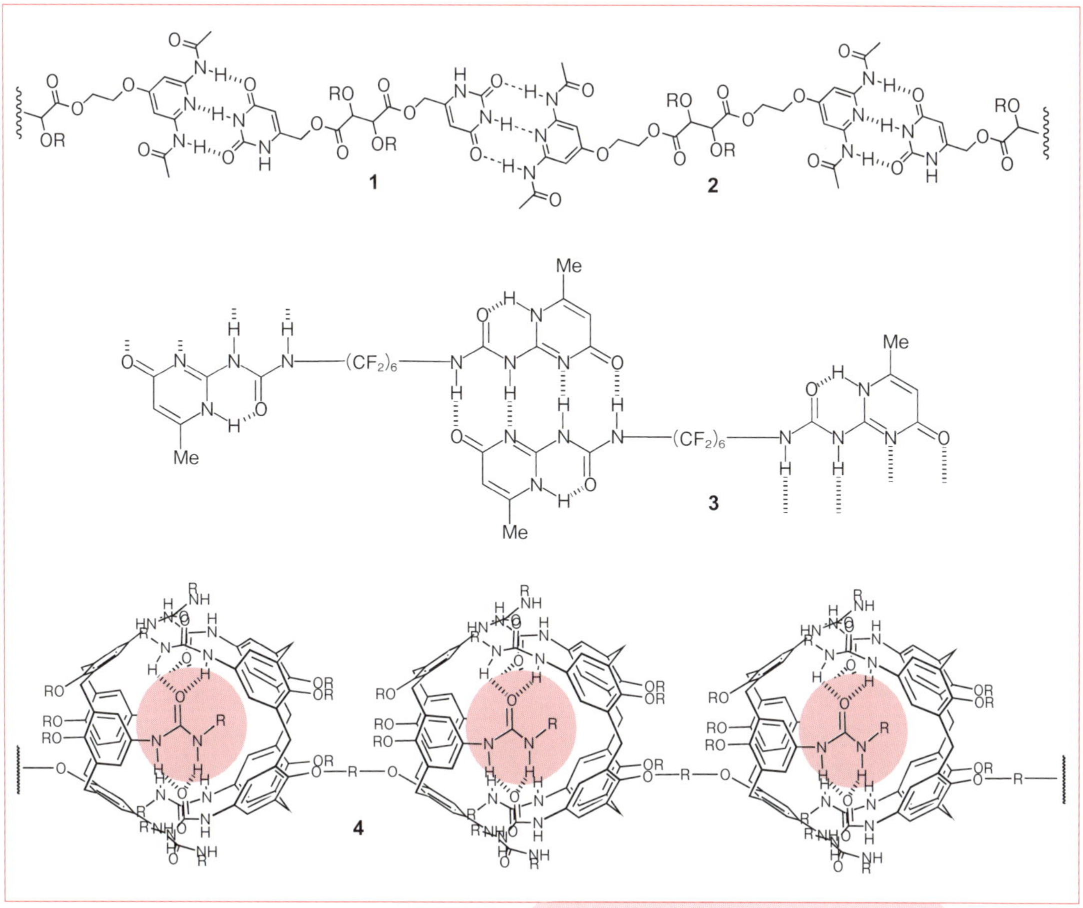

Chap 3 超分子ポリマーとは

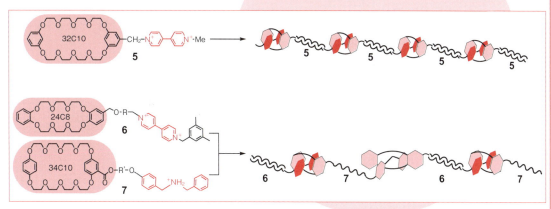

図3 多重水素結合により形成される超分子ポリマー

図4 クラウンエーテルの分子認識により形成される超分子ポリマー

| Part I | 基礎概念と研究現場 |

添加すると溶液となるので成形が容易なため，新しい高分子材料として期待されている[7].

さらに水素結合の数を増やせば，より安定な超分子構造をつくり出すことができる．4個のウレア部位をもつカリックス[4]アレーンは水素結合を介して二量体カプセルを形成する[8]．この二量体は16個の水素結合が環状に配置されており，希釈しても安定で単量体にならない．このカリックス[4]アレーンを2個つないだモノマー4はカプセル構造を形成して超分子ポリマー "polycap" を形成する．二量体構造には空孔が存在し，このなかに溶媒やゲスト分子が包接される．フルオロベンゼンなどの有機小分子が包接されることで，ポリマー構造が安定化されることもこのポリマーの特徴である．一方で，少量のプロトン性溶媒を添加すると，カプセル構造を維持する水素結合が破壊されて，溶液粘度が劇的に減少する．しかし，プロトン性溶媒を留去すると溶液粘度は再び回復する．分子の構造変化に由来する顕著な刺激応答性も，このポリマーの特徴である．

以上のように，水素結合の指向性，特異性，安定性は設計可能である．したがってモノマー分子を精密に分子設計することで超分子ポリマーの物性まで設計することができる．既存のポリマー材料との複合化により，多様な機能をもつ高分子材料が開発されており，水素結合を駆動力とした超分子ポリマー材料の開発は大きな進歩をみせている．

3-2　非水素結合性ホスト-ゲスト相互作用

水素結合を用いないホスト-ゲスト構造も数多く報告されている．たとえばクラウンエーテル(Cr)やククビットウリル(CB)，カリックスアレーン(CA)は，多様なゲスト分子を包接するホスト分子としてよく知られている．これらの包接構造は水素結合ではできない包接構造をつくり出すことができるため，超分子ポリマーの合成に利用されている．

ビス(フェニレン)-32-Cr-10 はパラクワットをイオン-ダイポール相互作用により包接する．クラウンエーテルとパラクワットをメチレンでつないだモノマー5はアセトン中で逐次会合し，超分子ポリマーを与える[9]．会合定数がそれほど大きくないので，十分な重合度を得るためにはかなり濃縮する必要があるが，2M溶液で50量体程度のポリマーが生成する(図4)．また，クラウンエーテルが大きさの違いによりゲスト分子を精密に識別することを利用して，超分子交互共重合体を合成することもできる．ビス(p-フェニレン)-34-Cr-10 はパラクワット誘導体と，ジベンゾ-24-Cr-8 はアンモニウムと，それぞれ選択的に包接錯体を形成するが，このような互いに相補的でないホスト部位とゲスト部位を連結したヘテロジトピックなモノマー6と7を用いれば，超分子交互共重合体をつくることも簡単にできる[10].

ククビットウリルは，疎水性相互作用などを駆動力に，空孔にゲスト分子を非常に強く包接する．なかでもCB[8]がもつ大きな空孔は，電子不足芳香族分子と電子供与性芳香族分子により形成される電荷移動錯体を安定化させる．分子内に2個のパラクワットとアントラセン部位をもつモノマー8は，このままでは重合構造を形成しないが，CB[8]を添加するとアントラセン部位とパラクワット部位の電荷移動錯体がCB[8]に包接されることで大きく安定化され，十分に成長した超分子ポリマーが生じる(図5)[11]．濃紫色の刺激応答性ヒドロゲルが得られれば，超分子ポリマーが十分に成長しているといえる．

カリックスアレーン類は最もよく知られた環状ホストである．芳香環に囲まれた空孔をもつこれらの分子は，スタッキング相互作用や，CH／π相互作用，水素結合，ファンデルワールス力などの分子間相互作用により，多様なゲスト分子を比較的強く包接する．ホスホン酸架橋されたカリックスアレーンキャビタンドはピリジニウム塩と強く会合する(log K_a：7〜9)．これらを連結したモノマー9は会合定位数が大きく，比較的低濃度でも超分子ポリマーを与える(図6)[12].

非水素結合性ホスト-ゲスト錯体は数多く報告されており，これらのいくつかは超分子ポリマーを合成するために十分な，高い会合定数を示す．多様な包接構造を利用した超分子ポリマー構造が，現在盛んに開発されている．

機能性超分子ポリマー材料

4-1　多色発光する超分子ポリマー

超分子ポリマーの配列構造はモノマー同士の分子認識の特異性により決定される．つまり，分子認識

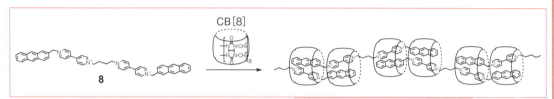

図5　CB[8]により安定化された電荷移動相互作用により形成される超分子ポリマー

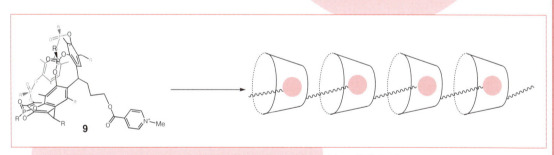

図6　ホスト-ゲスト相互作用により形成される超分子ポリマー

| Part I | 基礎概念と研究現場 |

をつかさどる部位を適切に選択すれば，どのような
機能部位を組み込んでも同じように超分子ポリマー
構造が形成する．これを利用した超分子共重合体に
基づく RGB 型発光材料の合成が Meijer と
Schenning らによって報告されている（図7）[13]．3
色の光を発する発光団（青：オリゴフルオレン，
緑：オリゴフェニレンビニレン，赤：ペリレンビス
イミド）に水素結合部位 UPy を導入したモノマー
10-12 を混合すると，UPy の二量化により超分子ラ
ンダム共重合体が形成する．このランダム共重合体
においてのみ，エネルギードナー部位をもつ 10 か
らアクセプター部位をもつ 11 と 12 へのエネルギー
移動が観測される．このエネルギー移動の程度は，
単量体 10-12 の混合比を変えることにより制御可能
であり，84：10：6 の共重合体から白色の蛍光を生
み出すことに成功している．この超分子共重合体は，
発光色を調整できる超分子有機 EL 材料として実際
に応用されている．

4-2　自己修復超分子材料

　自己修復材料の開発は高分子化学のトピックの一
つである．超分子ポリマー材料は結合の形成と切断
が可逆的であるため，材料の損傷により切断される
結合を容易に再構成できる．そのため，強度の問題
が解決できれば，自己修復材料としてきわめて有望
である．Rowan と Weder らは，光により修復でき
る自己修復超分子ポリマー材料を開発した（図8）[14]．
両端にビス（ベンズイミダゾリル）ピリジン（Medip）
をもつポリエチレンブチレン共重合体 13 と，亜鉛
二価イオンまたはランタニドイオンを反応させて得
られる配位超分子ポリマー（13・Zn^{2+}）$_m$ は，無色の
弾性のある自立膜を与え，紫外線を照射するとナイ
フでつくった傷が修復される．この自己修復は，紫外
線の照射により，ポリマー膜の局所的な発熱が誘発
され，それにより配位結合の解離と再結合によりポ
リマー構造が組み変わることで起こる．超分子ポリ
マーの可逆的性質に基づく自己修復は，超分子ポリ
マーを用いた新たな材料開発の大きな一歩といえる．

おわりに

　超分子ポリマーの最近の進歩について概観してき

た．モノマー分子の会合により形成される異方的重
合構造である超分子ポリマーは，分子の集合体であ
るため，ポリマーに分類されるべきか議論もあった．
しかし，超分子ポリマーの開発が進むにつれ，その
構造が既存のポリマーに類似しているだけでなく，
その物性もよく似ていることがわかってきた．現在
では超分子ポリマーはポリマー材料の一種として認
知されるようになり，超分子ポリマーを基盤とした
新たな材料科学が展開されつつある．超分子ポリ
マーを利用した高分子材料が身の回りに提供される
日を期待してやまない．

◆　文　献　◆

[1] R. B. Martin, *Chem. Rev.*, **96**, 3043 (1996).

[2] F. H. Huang, D. S. Nagvekar, X. C. Zhou, H. W. Gibson, *Macromolecules*, **40**, 3561 (2007).

[3] S.-K. Chang, A. D. Hamilton, *J. Am. Chem. Soc.*, **110**, 1318 (1988).

[4] F. H. Beijer, R. P. Sijbesma, H. Kooijman, A. L. Spek, E. W. Meijer, *J. Am. Chem. Soc.*, **120**, 6761 (1998).

[5] T. Gulikkrzywicki, C. Fouquey, J. M. Lehn, *Proc. Natl. Acad. Sci. USA*, **90**, 163 (1993).

[6] R. P. Sijbesma, F. H. Beijer, L. Brunsveld, B. J. B. Folmer, J. H. K. K. Hirschberg, R. F. M. Lange, J. K. L. Lowe, E. W. Meijer, *Science*, **278**, 1601 (1997).

[7] T. F. A. de Greef, E. W. Meijer, *Nature,* **453**, 171 (2008).

[8] R. K. Castellano, R. Clark, S. L. Craig, C. Nuckolls, J. Rebek, Jr., *Proc. Natl. Acad. Sci. USA*, **97**, 12418 (2000).

[9] N. Yamaguchi, D. S. Nagvekar, H. W. Gibson, *Angew. Chem. Int Fd.*, **37**, 2361 (1998).

[10] F. Wang, C. Han, C. He, Q. Zhou, J. Zhang, C. Wang, N. Li, F. Huang, *J. Am. Chem. Soc.*, **130**, 11254 (2008).

[11] Y. L. Liu, Y. Yu, J. A. Gao, Z. Q. Wang, X. Zhang, *Angew. Chem. Int. Ed.*, **49**, 6576 (2010).

[12] E. Dalcanale, R. M. Yebeutchou, F. Tancini, N. Demitri, S. Geremia, R. Mendichi, *Angew. Chem. Int. Ed.*, **47**, 4504 (2008).

[13] R. Abbel, C. Grenier, M. J. Pouderoijen, J. W. Stouwdam, P. E. L. G. Leclere, R. P. Sijbesma, E. W. Meijer, A. P. H. J. Schenning, *J. Am. Chem. Soc.*, **131**, 833 (2009).

[14] M. Burnworth, L. Tang, J. R. Kumpfer, A. J. Duncan, F. L. Beyer, G. L. Fiore, S. J. Rowan, C. Weder, *Nature*, **472**, 334 (2011).

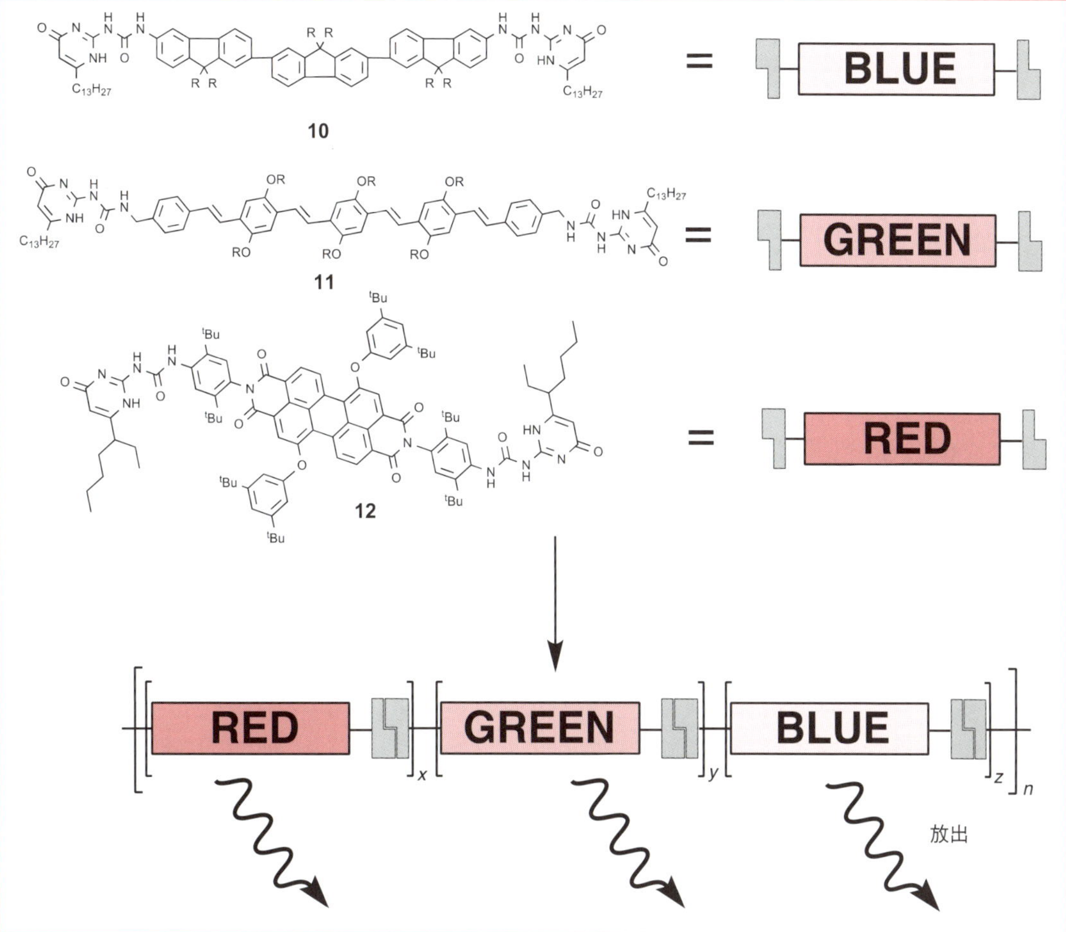

Chap 3 超分子ポリマーとは

図7 多色発光を可能にする超分子共重合体

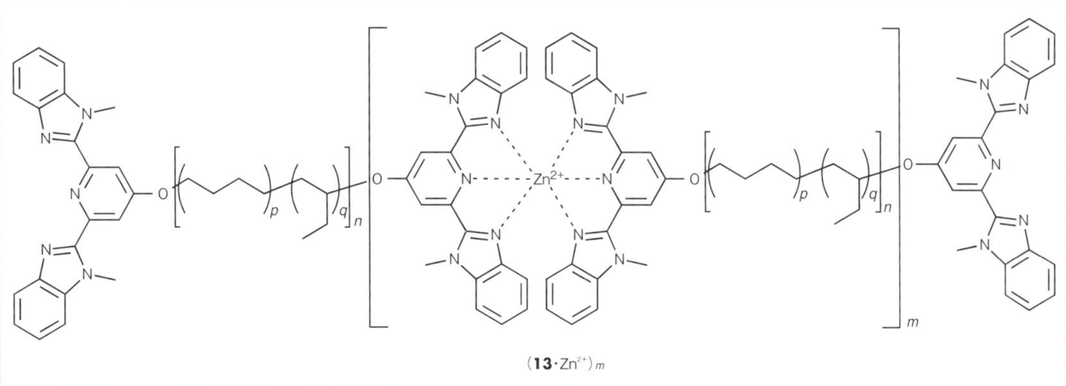

(13·Zn²⁺)ₘ

図8 自己修復能をもつ超分子ポリマー材料

Chap 4-① NMRによる超分子ポリマーの会合評価および分子量決定

河合 英敏
（東京理科大学理学部）

1 はじめに

核磁気共鳴（NMR）は有機化合物の構造同定にきわめて重要な手法である．通常，単一の分子内における水素（^{1}H NMR）や炭素（^{13}C NMR）の連結様式および近接した部位の決定（NOE, ROE）に用いられることが多いが，超分子化学においても有力な構造決定手法の一つである．とくに，分子の会合や解離に伴う情報（会合部位や分子間の近接部位の特定，会合分子数やその比），動的情報（構造・化学交換やそのタイムスケール）を得るための基本的な測定手法として利用される．NMRは，その特性上，対象となる化学種が溶液中で測定可能なものに限られ，溶解度の高い化学種や，オリゴマー形成の初期段階などにおいて力を発揮する手法である．NMRを用いた構造決定方法の詳細は成書に譲るとして，ここでは超分子ポリマーのキャラクタリゼーション（会合定数 K，重合度 DP，平均分子量の決定）について概説する[1]．

2 会合のタイムスケール

超分子会合体の測定では，まず会合・解離のタイムスケールを考える必要がある．これは会合体と非会合体が独立して別々に観測されているのか，それとも両者の平均像が観察されているのかによって，各測定で得られるスペクトルの解釈が異なるためである．化学シフト差や温度，磁場の大きさなど条件によって差はあるものの ^{1}H NMR 測定のタイムスケールはおよそ 10〜200 ms であり，分子間会合のタイムスケールはこれより速いものから遅いものまで多種多様である．NMRスペクトルではこのタイムスケールより遅い事象は別々のシグナルとして観測されることから，非会合体と会合体（比の異なるものや異性体も含む）は区別して観測可能である．代表的な例として，金属の配位結合や動的共有結合による集合体，あるいはロタキサン形成にしばしば用いられるジベンゾ-24-クラウン-8-エーテルとジベンジルアンモニウム間の会合などの環状ホストやカプセル状ホストにおけるタイトな会合が挙げられる．

一方，会合と解離が NMR タイムスケールより速い場合，会合体と非会合体は両者の平均像として存在比を反映した位置に一組のシグナルとして現れる．水素結合による会合や非環状ホストとの会合は速いタイムスケールで起こることが多い〔ただし四重水素結合による Ureidopyrimidinone（UPy）会合体は $CDCl_3$ 中で半減期 170 ms とやや遅いタイムスケールをもつ[2]〕．超分子ポリマーの分析においても，会合のタイムスケールは高次集合体の速度論的な安定性に影響する[3]．そのため，重合度や分子サイズの決定には，速度論的に安定な重合体を観測しているのか，それとも（会合定数的に大きく会合体に偏っていたとしても）モノマーやオリゴマーとの平均像として観測されているのかを意識する必要がある．

図1 NMRで解析可能な超分子ポリマーの性質

3 会合定数の決定

　NMRを用いた会合定数の決定に関しては，ホスト・ゲスト間の会合（1：1もしくは1：2会合など）であれば，一定濃度のホスト溶液にゲスト溶液を加えていくNMR滴定により会合定数を決定することができる[4]．ホストの二量化平衡の場合は，ホストの濃度を変えて測定する希釈実験により求めることができる．このとき，会合タイムスケールが遅ければ，会合体の相対強度とホストのトータル濃度から比較的容易に会合定数が算出できる[5]．会合タイムスケールが速い場合は化学シフト変化を追跡し，非線形最小二乗法で滴定曲線をフィットさせることで算出することが可能である．Excel[6]や専用のソフトウェア[7]を用いた解析も開発されており，比較的容易に会合定数を決定できるようになってきた．

　超分子ポリマーにおける会合定数は，単一成分から成るモノマー（AB-typeモノマー）もしくは複数のモノマー（AA-type+BB-typeなど）の多量化平衡として考えることになるが，本章では単一成分から成るモノマーの超分子ポリマー化を中心に述べる．一般に超分子ポリマー化の機構[8]は，(a) 各段階の会合定数 K_E が等しいとする Isodesmic（Equal K）モデル，(b) Isodesmic モデルに環状集合体の寄与も加えた Ring-Chain モデル，(c) 数段階の平衡で核を形成し，それ以降の会合定数が変化する Cooperative モデル（Nucleation-Elongation モデルや Nucleation-Growth モデルとも呼ばれる）などの機構が存在し，どのモデルで解析するかが重要となる（図2）．ここでは，^{1}H NMR での測定濃度に応じた化学シフト変化が観測される（会合タイムスケールが速い）超分子ポリマーの解析法について述べる．

(a) Isodesmic モデルは，会合部位の会合定数は会合の各段階で変わらないと仮定したモデルであり，$K_2 = K_3 = K_4 = \cdots K_n = K_E$ と考える．この手法はマクロサイクルの無限自己会合の解析にも適用されてきた[9]．モノマーの濃度を変えてNMRを測定し，その化学シフト変化を最小二乗法を用いて式(1)に基づく理論的な滴定曲線にフィットさせると，会合定数 K_E やモノマーおよび会合体の化学シフト値

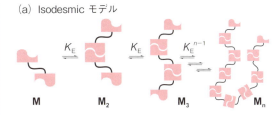

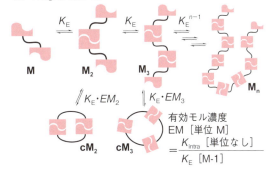

図2　超分子ポリマー化の機構

(δ_m, δ_c) を求めることができる．

$$\delta = \delta_m + (\delta_c - \delta_m)\left(1 + \frac{1 - \sqrt{4K_E C_t + 1}}{2K_E C_t}\right) \quad (1)$$

このとき δ_m はモノマーの化学シフト，δ_c は会合体の化学シフト，C_t はモノマーの全体濃度である．

(b) Ring-Chain モデルは，超分子ポリマー化において環状オリゴマーの形成が希薄溶液でとくに起こりやすいため考慮すべき機構であるものの，実際の解析には環状オリゴマーの存在比を決定する必要があり，鎖状超分子ポリマーと区別して観測しなければならない．これが可能なのは会合のタイムスケールが遅い場合などに限られ，その解析例も多くはないことから[10]，ここでは省略する．

(c) Cooperative モデルは葛西-大沢モデルとして

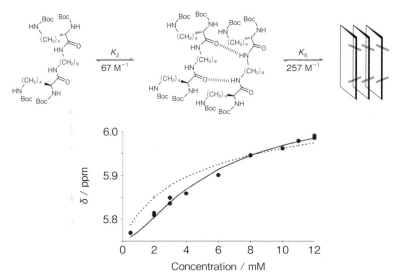

図3 Cooperative モデル（$K_2 < K_E$）で伸長する超分子ポリマーにおける濃度依存 ^{1}H NMR 化学シフト変化とその解析例

点線は $K_2 = K_E$ (equal K モデル），実線は $K_2 \neq K_E$ でのカーブフィッティング．文献12より許可を得て転載．

も知られ，アクチンの核形成-伸長プロセスに適用されてきたモデルである[11]．このモデルでは，核形成前の会合定数（K_N）は小さいが，核形成後の伸長における会合定数（K_E）は増幅（$K_N < K_E$）する．臨界濃度と呼ばれる濃度が存在し，臨界濃度以下ではポリマー化がほとんど起こらないが，臨界濃度以上で急激にポリマー化が進行する．この機構により系内に存在する種は，核形成前のモノマー（もしくは小オリゴマー）と高次超分子ポリマーに二極化することになる（双峰性）．実際の解析では，二段階目以降の会合定数が増幅すると仮定した系では（$K_2 \neq K_E$），以下の式(2)，(3)により，濃度変化に伴う NMR の化学シフト変化から最小二乗法でフィッティングすることで K_2 や K_E を求めることができる（図3）[12]．

$$\frac{\sqrt{1-P}}{(2P-1)\sqrt{C_t}} = K_2 + K_E \frac{P\sqrt{1-PC_t}}{2P-1} \quad (2)$$

このとき，$P = \dfrac{\delta_c - \delta_{obs}}{\delta_c - \delta_m}$ (3)

さらに核形成に要するモノマー数がより多い場合は，Schenning, Meijer らによって開発された温度可変紫外・可視吸収スペクトルに基づく手法[11]が適用できる．

なお，ここではおもに単成分系超分子ポリマーの解析を述べてきたが，AA/BB-type などの2成分系超分子ポリマーに関しては，両者の化学量論比が重合度に大きく影響することが知られており，会合定数や重合度の解析例は少ない[13, 14]．

4 重合度および分子量の決定

超分子ポリマーにおける重合度 DP は，会合がかかわるために濃度に大きく依存する．会合定数が各段階で等しいと仮定できる場合は，Part I の3章で述べたように式(4)で重合度の概算が可能である．

$$DP \approx \sqrt{K_E C_t} \quad (4)$$

より直接的な導出法としては，会合が NMR タイムスケールより遅い場合は一般的な高分子のように，^{1}H NMR スペクトルにおける会合した（連結）部位と非会合の（末端）部位の積分強度の比（$P = I_c/(I+I_c)$）から，式(5)を用いて平均重合度を見積もることができる[13]．会合が NMR タイムスケールより速い場合は化学シフト変化の比（$P = \Delta\delta/\Delta\delta_c$，$\Delta\delta_c =$ 完全に会合した際の化学シフト変化量）から求める

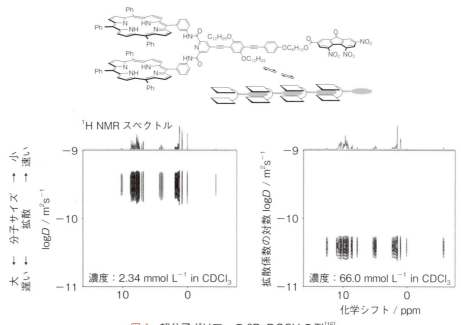

図4　超多分子ポリマーの2D-DOSYの例[16]
濃度が高いと重合度の増加に伴い拡散係数は小さな値を示す．

ことが可能である．ただしどちらの場合も，重合度が大きくなるほど，微量の積分強度差や化学シフト差で誤差が大きくなることに注意が必要である（$P = 0.95$ で $DP = 20$，$P = 0.99$ で $DP = 100$）．

$$DP = \frac{1}{1-P} \quad (5)$$

なお，会合のタイムスケールがより遅い場合は，サイズ排除クロマトグラフィー（SEC，GPC）を用いた決定も可能である．

NMRを用いた分子サイズおよび分子量の決定には，溶液中での分子の拡散速度を利用したDOSY（Diffusion-Ordered SpectroscopY）が有用である[15]．2D-DOSYでは横軸に ¹H NMR スペクトルの化学シフト δ，縦軸に拡散係数 D をとる．ある特定の分子は分子サイズに応じた一定の拡散速度をもつため，その ¹H NMR に基づくシグナルはその拡散係数 D と相関した位置に横一列に現れる．分子が大きくなるほど拡散は遅くなり，拡散係数は小さくなることから，会合体に基づくシグナルは非会合体のシグナルよりも小さな拡散係数の位置に現れる．この特性はホスト・ゲスト会合体の同定にとくに有効で，小さなゲストが大きなホストと会合した場合は，より大きな会合体としてホスト・ゲストのシグナルがともに同じ拡散係数を示すことで会合体の同定が可能となる．超分子ポリマーにおいては，分子鎖の伸長に伴って分子サイズが増加していくことから，その拡散係数は重合度と相関して小さくなっていく（図4）[16]．したがってDOSYを用いることで，超分子ポリマーの拡散係数を求めることができ，そこから分子サイズとおおよその重合度 DP や分子量を算出できる．ただしここでも会合・解離のタイムスケールに注意しなくてはならない．NMRタイムスケール（DOSYでは拡散時間も含むことに注意）よりも遅い会合系では会合体の拡散係数が決まりやすいが，NMRタイムスケールよりも速い系では，会合体と非会合体の存在比で重みをかけた拡散係数の位置，もしくは縦に長く広がったかたちでシグナルが現れることになるため，拡散係数が大きな幅をもつことになる．この幅をもつことの意味するものは，超分子ポリマー化の会合モデルに

も依存するため，より解析が困難になる．すなわち，(a)Isodesmicモデルであれば平均分子サイズとして見積もることができるが，(b)，(c)のモデルでは系内に二極化して存在する種を平均することになり，適切なサイズを見積もるのは難しい．

会合体サイズの見積もりに関しては，超分子ポリマーなどの会合体がモノマーと独立して観測される場合や会合体の平均像として表せる場合は，Stokes-Einstein 式(6)に会合体の拡散係数 D と溶媒粘度 η，温度 T を代入することで，球体と近似した場合の会合体の流体半径 r を導出することが可能である[15]．

(1) 球体近似

流体半径 r はボルツマン定数(k_b)を用いて，式(6)から求めることができる．

$$D = \frac{k_b T}{6\pi\eta r} \quad (6)$$

ただし超分子ポリマーは鎖状分子であることが多く，球体近似では分子サイズの適切な見積もりは難しいかもしれない．そのような場合は，楕円体近似[17]（式7, 8）や円柱状近似[18]（式9, 10）を用いて分子サイズを見積もる手法を適用してもよい．

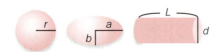

図5　超分子ポリマーの分子サイズの近似

(2) 楕円体近似[17]

楕円体において，a を楕円体の長い半軸，b を楕円体の短い半軸，長短軸比 $\rho = a/b$ とすることで，式(7)(8)からサイズを見積もることができる．

$$D = \frac{k_b T}{6\pi\eta r} f(\rho) \quad (7)$$

$$f(\rho) = \frac{\ln(\rho + \sqrt{\rho^2 - 1})}{\sqrt{\rho^2 - 1}} \quad (8)$$

(3) 円柱状近似[18]

円柱のアスペクト比 p は，分子モデルなどにより，円柱の長さ L，円柱の直径 d を概算し，$p = L/d$ に

より求める．これに末端効果補正項 ν を組み合わせた式(9)(10)により，サイズを見積ることができる．

$$D = \frac{k_b T}{3\pi\eta L}(\ln p + \nu) \quad (9)$$

$$\nu = 0.312 + 0.565p^{-1} - 0.100p^{-2} \quad (10)$$

なお，式(10)の ν は $2 \leq p \leq 30$ のときに有効とされており，アスペクト比が大きすぎる場合は適用できないようである．

さらに DOSY から拡散係数 D が得られれば，比較化合物を用いることで式(11)から分子量 M を大まかに見積もることも可能である[1a, 15, 19]．

$$\frac{D_1}{D_2} = \left(\frac{M_2}{M_1}\right)^\alpha \quad (11)$$

ここで α は分子の形状に依存する係数で，球状では0.33，ランダムコイルやディスク状の場合は0.5を用いるとされている．すると，拡散定数の比は式(12)の範囲に収まると概算される．

$$\sqrt[3]{\frac{M_j}{M_i}} \leq \frac{D_i}{D_j} \leq \sqrt{\frac{M_j}{M_i}} \quad (12)$$

Grubbs らは，ポリスチレン標準試料の DOSY と GPC から検量線を作成し，合成高分子の精密な分子量を DOSY 測定から直接決定できることを報告している[15b]．超分子ポリマーにおいてもこれらの解析法を用いることで DOSY 測定から分子サイズや分子量，重合度を見積もることが可能であるが，得られた解析結果の評価にあたっては会合機構の理解とともに適切な参照化合物やモデル設定が重要といえる．

5 まとめ

以上，本章では NMR を用いた超分子ポリマーの分析について述べてきた．解析は会合のタイムスケールに依存して異なり，NMR タイムスケールより遅い会合では DOSY を用いた分子サイズの決定が有力な手法となる．NMR タイムスケールより速い会合では伸長機構の特定がやや難しく，これにより重合度の特定も難しくなる．また，基本的に NMR では溶液に溶けた種を対象とすることから，

超分子ポリマー化が高度に進行したゲルや析出物が生じる場合にはそもそも解析が困難であり，低濃度もしくは高温での測定もしくは溶媒を変えるなどして会合強度を下げる工夫が必要である．DOSY 測定に際しては，とくに低粘度の溶媒を用いる場合は，温度制御により生じる対流を防ぐため，二重管を用いることが重要となる．

◆ 文　献 ◆

[1] (a) A. Winter, U. S. Schubert, *Chem. Soc. Rev.*, **45**, 5311 (2016)；(b) Y. Liu, Z. Wang, X. Zhang, *Chem. Soc. Rev.*, **41**, 5922 (2012).

[2] S. H. M. Söntjens, R. P. Sijbesma, M. H. P. van Genderen, E. W. Meijer, *J. Am. Chem. Soc.*, **122**, 7487 (2000).

[3] M. J. Serpe, S. L. Craig, *Langmuir*, **23**, 1626 (2007).

[4] (a) K. Hirose, *J. Incl. Phenom. Macrocycl. Chem.*, **39**, 193 (2001)；(b) P. Thordarson, *Chem. Soc. Rev.*, **40**, 1305 (2011).

[5] Y. Tanaka, Y. Kato, Y. Aoyama, *J. Am. Chem. Soc.*, **112**, 2807 (1990).

[6] E. J. Billo, "Excel® for Chemists：A Comprehensive Guide, Second Edition," Wiley-VCH (2001). 付属のエクセルシートで二量化平衡および1：1会合が解析可能である．

[7] S. Akine, TitrationFit, 2013, http://chem.s.kanazawa-u.ac.jp/coord/titrationfit.html: このプログラムはさまざまな会合モデルに対応可能である．

[8] T. F. A. De Greef, M. M. J. Smulders, M. Wolffs, A. P. H. J. Schenning, R. P. Sijbesma, E. W. Meijer, *Chem. Rev.*, **109**, 5687 (2009).

[9] (a) R. B. Martin, *Chem. Rev.*, **96**, 3043 (1996)；(b) Y. Tobe, N. Utsumi, K. Kawabata, A. Nagano, K. Adachi, S. Araki, M. Sonoda, K. Hirose, K. Naemura, *J. Am. Chem. Soc.*, **124**, 5350 (2002).

[10] B. J. B. Folmer, R. P. Sijbesma, E. W. Meijer, *J. Am. Chem. Soc.*, **123**, 2093 (2001).

[11] M. M. J. Smulders, M. M. L. Nieuwenhuizen, T. F. A. de Greef, P. van der Schoot, A. P. H. J. Schenning, E. W. Meijer, *Chem. Eur. J.*, **16**, 362 (2010).

[12] A. R. Hirst, I. A. Coates, T. R. Boucheteau, J. F. Miravet, B. Escuder, V. Castelletto, I. W. Hamley, D. K. Smith, *J. Am. Chem. Soc.*, **130**, 9113 (2008).

[13] H. W. Gibson, N. Yamaguchi, J. W. Jones, *J. Am. Chem. Soc.*, **125**, 3522 (2003).

[14] F. Würthner, C. Thalacker, A. Sautter, W. Schärtl, W. Ibach, O. Hollricher, *Chem. Eur. J.*, **6**, 3871 (2000).

[15] (a) L. Avram, Y. Cohen, *Chem. Soc. Rev.*, **44**, 586 (2015)；(b) W. Li, H. Chung, C. Daeffler, J. A. Johnson, R. H. Grubbs, *Macromolecules,* **45**, 9595 (2012)；(c) C. S. Johnson, Jr., *Prog. Nucl. Magn. Reson. Spectrosc.*, **34**, 203 (1999).

[16] T. Haino, A. Watanabe, T. Hirao, T. Ikeda, *Angew. Chem. Int. Ed.*, **51**, 1473 (2012).

[17] (a) P. S. Denkova, L. van Lokeren, I. Verbruggen, R. Willem, *J. Phys. Chem. B*, **112**, 10935 (2008)；(b) L. Allouche, A. Marquis, J.-M. Lehn, *Chem. Eur. J.*, **12**, 7520 (2006).

[18] A. Wong, R. Ida, L. Spindler, G. Wu, *J. Am. Chem. Soc.* **127**, 6990 (2005).

[19] A. Macchioni, G. Ciancaleoni, C. Zuccaccia, D. Zuccaccia, *Chem. Soc. Rev.*, **37**, 479 (2008).

Chap 4-②
熱力学モデルによる超分子ポリマー形成過程の解析

廣瀬 崇至
（京都大学化学研究所）

1 はじめに

「熱力学モデル」は，目の前で起こる実験結果をより深く理解するために非常に有用な手法である．実験結果から着想を得て，可能な限りシンプルなモデル（数式）を構築し，最小限の変数で実験結果を再現する．これによって，一見複雑に見える現象から本質となるメカニズムが浮き彫りになる．質のよいモデルを構築できれば，濃度，温度，圧力などの外部環境の変化に対して，系がどのように応答するのかを明快に予測することができる．時には独自のパラメータを定義することで，実験結果に表れる特徴的な挙動を定量的に評価することもできるだろう．これが「熱力学モデル」の醍醐味である．本章では，熱力学モデルを用いた超分子ポリマーの形成過程の解析手法ついて紹介する．超分子ポリマー形成のメカニズムや熱力学安定性を「熱力学モデル」を用いて理解することで，超分子ポリマーの特徴と機能を明確に捉えることが可能になる．

2 濃度に依存した超分子ポリマー形成

濃度が十分に希薄な場合，分子は溶液中に分散し，モノマー状態として振る舞う．濃度が増加するにつれて分子は徐々に会合体を形成し，大きな会合体（超分子ポリマー）へと成長する．モノマー状態から会合状態への変化は，紫外-可視吸収スペクトルやNMRスペクトルなどの各種分光測定によって検出できる．分光測定によって検出される変化を定量的に解析することで，「系中に存在するモノマーと会合体の比率」を決定できる．全分子数に対する超分子ポリマーに取り込まれた分子の割合（会合度 ϕ_{agg}）を試料濃度に対してプロットすると，分子構造に応じてさまざまな会合体形成曲線（会合曲線）が得られる．この会合曲線の形状は，用いた化合物の「会合体の形成しやすさ」を特徴的に反映したものであり，曲線の形状を解析することで，超分子ポリマー形成過程についての重要な知見が得られる．

3 Isodesmic モデル

どんな化学構造の分子が会合体を形成しやすいのだろうか．熱力学モデルでは，「会合体の形成しやすさ」は「会合定数 K」を用いて定量的に評価できる．会合定数 K が大きいほど，分子はより低濃度で会合体を形成することに対応し，会合定数 K の大きさは，分子の化学構造（分子間に働く相互作用の大きさ）に依存するはずである．

高濃度条件で生成した会合体が希釈によってもとのモノマー状態に変化する場合，超分子ポリマーの伸長過程は「熱力学的に可逆」であるといえる．すなわち，モノマーが会合体に取り込まれる伸長反応と会合体からモノマーが放出される脱離反応は，熱力学的に平衡状態にあると想定できる．たとえば成分 A が二量体，三量体と逐次的に会合し，N 量体を形成する平衡モデルは以下のように表現できる[1]．

$$
\begin{aligned}
A + A &\rightleftarrows A_2 & K_2 &= \frac{[A_2]}{[A]^2} \\
A + A &\rightleftarrows A_3 & K_3 &= \frac{[A_3]}{[A_2][A]} \\
&\vdots \\
A_{N-1} + A &\rightleftarrows A_N & K_N &= \frac{[A_N]}{[A_{N-1}][A]}
\end{aligned}
\quad (1)
$$

ここで，K_N は N 量体が形成される伸長ステップに対応する平衡定数である．式(1)には $K_2 \cdots K_N$ まで無数の平衡定数が登場し，これらの平衡定数を自由に設定することで，多彩な会合曲線を表現できる．最も単純なモデルは，「式(1)の平衡定数がすべて等しい（$K_2 = \cdots = K_N = K$）」と仮定したもので，これ

(a) Isodesmic モデル

Isodesmic Growth

(b) 核生成-伸長（協同性組織化）モデル

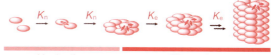

Nucleation　　Elongation

1a. 逐次平衡式

$$[A_2] = K[A]^2$$
$$[A_3] = K[A][A_2] = K^2[A]^3$$
$$\vdots$$
$$[A_N] = K[A][A_{N-1}] = K^{-1}(K[A])^N$$
$$\vdots$$

1b. 逐次平衡式

$$[A_2] = K_n[A]^2$$
$$[A_3] = K_e[A][A_2] = K_n K_e [A]^3$$
$$\vdots$$
$$[A_N] = K_e[A][A_{N-1}] = \sigma K_e^{-1}(K_e[A])^N \quad (N \geq 2)$$
$$\vdots$$

$$\sigma = \frac{K_n}{K_e}$$

1a. 物質収支

$$K \cdot c_t = K \sum_{i=1}^{\infty} i[A_i] = \frac{K[A]}{(1-K[A])^2}$$

1b. 物質収支

$$K_e \cdot c_t = K_e([A] + \sum_{i=2}^{\infty} i[A_i]) = (1-\sigma)K_e[A] + \frac{\sigma K_e[A]}{(1-K_e[A])^2}$$

3a. 超分子会合度

$$\phi_{agg} = 1 - \frac{K[A]}{K \cdot c_t}$$

3b. 超分子会合度

$$\phi_{agg} = 1 - \frac{K_e[A]}{K_e \cdot c_t}$$

図1　Isodesmicモデル（左）と核生成-伸長モデル（右）の比較

はIsodesmicモデルもしくはEqual Kモデルと呼ばれる（図1左）．逐次平衡式より，N量体の濃度 $[A_N]$ は，会合定数 K とモノマー濃度 $[A]$ の簡単な式で表現できることがわかる（$K[A_N] = (K[A])^N$）．さらに，単量体から N 量体までの各濃度 $[A_N]$ の総和（無限級数の和）から，モノマー濃度 $[A]$ と全濃度 c_t の関係式が得られる（物質収支の式）．この物質収支の式を解くことで，会合定数 K と全濃度 c_t から，溶液中のモノマー濃度 $[A]$ を決定できる．

溶液中におけるモノマー濃度 $[A]$ がわかれば，系中で会合体として存在する分子の割合を定量的に評価できる（$\phi_{agg} = 1 - [A]/c_t$）．Isodesmicモデルから得られる会合度 ϕ_{agg} を全濃度 c_t に対してプロットすると，図2に示すような会合体形成曲線が得られる．会合度 ϕ_{agg} の立ち上がりは $c_t = 0$ から始まり，曲線の傾きは会合定数 K に依存する．横軸を全濃度の「対数」としてプロットすると，会合曲線は特徴的なシグモイド型（S字型）の曲線となる．会合定数 K が変化すると対数グラフ上のシグモイド曲線は水平方向にシフトする．

分光実験から得られた結果とモデル曲線との誤差が最小となるように最適化することで，Isodesmicモデルに基づく平衡定数 K を決定できる．代表的なπ共役化合物と会合定数 K との関係をWürthnerらがまとめている[2]．これは分子設計を行ううえでよい参考となる．

4　核生成-伸長（協同的組織化）モデル

ある特定の濃度において急激に超分子伸長がみられる系は，核生成-伸長（Nucleation-Elongation）モデルを用いることでモデル化できる[3]．濃度上昇もしくは温度低下に伴う急激な会合体形成は，「核生成過程」を伴う超分子ポリマー形成に特徴的な挙動である．核生成-伸長モデルに従う超分子ポリマー形成の例として，細胞骨格を形成するアクチンフィラメントの成長や水素結合部位をもつπ共役化合物の会合体形成などが報告されている[4, 5]．

Isodesmicモデルでは，式(1)の平衡定数 K がすべて等しいと仮定した．これに対して核生成-伸長モデルでは，「二量体を形成する平衡を核生成ス

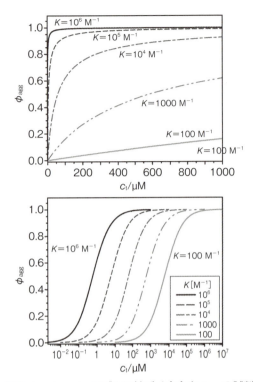

図2 Isodesmic モデルに基づく会合度 ϕ_{agg} の試料濃度依存性（$K = 100 - 10^6$ M^{-1}）

表1 会合度 ϕ_{agg} の濃度依存性（$\sigma = 1 \sim 10^{-5}$）

σ	$K \cdot c_t$				
	0.1	1	2	10	100
1	0.16	0.62	0.75	0.92	0.99
0.5	0.09	0.54	0.71	0.92	0.99
0.1	0.02	0.38	0.62	0.91	0.99
10^{-2}	0.00	0.18	0.55	0.90	0.99
10^{-3}	0.00	0.10	0.52	0.90	0.99
10^{-5}	0.00	0.02	0.50	0.90	0.99

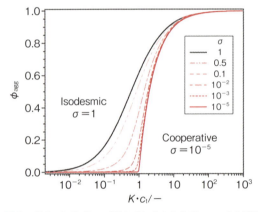

図3 核生成-伸長モデルに基づく会合度 ϕ_{agg} の試料濃度依存性（$\phi = K_n/K_e = 1 - 10^{-5}$）

テップと考え，これ以降に伸長ステップが起こる（$K_2 \neq K_3 = \cdots = K_N = K$）」と仮定し，2種類の異なる平衡定数を設定する．図1(b)では，核生成および伸長ステップに対応する平衡定数をそれぞれ K_n, K_e と定義した．核生成が起こることで以降の伸長過程が有利になる場合（$K_n < K_e$），超分子ポリマー形成は「協同的（cooperative）」であると表現される．協同性の高さは，協同性パラメータ σ（$=K_n/K_e$）を用いて評価され，σ の値が小さいほど協同性は高くなる．図1の式からわかるように，核生成-伸長モデルの式に $\sigma = 1$（つまり，$K_n = K_e$）を代入すると，Isodesmic モデルの式が得られる．

核生成-伸長モデルに基づく会合曲線の形状を見てみよう（図3）．会合定数 K を用いて無次元化した全濃度（$K \cdot c_t$）を横軸にとることで，図2に示した会合曲線は，K の値に依存しない単一のシグモイド曲線としてプロットできる．σ の値が小さくなるにつれて会合曲線は急峻になり，$\sigma = 10^{-5}$ の場合では

$K \cdot c_t = 1$ 付近に明確な臨界濃度をもつ特徴的な会合曲線が得られる．

Isodesmic モデルでは，全濃度 c_t の増加に対して会合体割合は比較的ゆっくりと上昇する．具体的には，会合度 ϕ_{agg} が 0% から 90% に達するまでに約 10^4 オーダーの濃度上昇が必要である（表1）．これに対して，十分に協同性が高い会合曲線（$\sigma = 10^{-5}$）では，約 $10 \sim 10^2$ オーダーの濃度上昇で約 90% の会合度 ϕ_{agg} を達成できる．このように協同的なメカニズムをもつ超分子ポリマーは，外部刺激（濃度変化・温度変化）に対して敏感な重合・脱重合の応答性をもつ．このような高感度な超分子システムは，ヘモグロビンの酸素運搬やタンパク質の狭い温度域での変性現象など，生体分子に多く見られる興味深い特徴の一つである[6, 7]．

Isodesmic モデルの場合と同様に，分光実験から得られた結果とモデル曲線との誤差が最小となるように最適化することで，核生成-伸長モデルに基づく伸長平衡定数 K_e および協同性パラメータ σ を決定できる．近年，Meijer らによって分子構造と協同性パラメータ σ との関係性が報告されており，協同的な超分子ポリマー形成を示す分子を設計するうえで参考となる[8]．

5 伸長メカニズムに依存した超分子重合度の分布

超分子ポリマーの機能を考えるうえで，得られる会合体のサイズ（分子量分布）は，重要な観点の一つである．1962 年に大沢，葛西らは，アクチンフィラメントのきわめて長い超分子ポリマー形成が，らせん状の高次構造を形成する際の協同的な会合体形成メカニズムに由来するという先駆的な研究を報告した[9]．

式(1)で表現される多段階平衡モデルでは，全濃度 c_t と会合体形成パラメータ（K_e, σ）が決まれば，得られる超分子ポリマーの重合度（すなわち，N 量体のそれぞれの濃度 $[A_N] = \sigma K_e^{-1}(K_e[A])^N$）を定量的に評価できる．会合度 ϕ_{agg} が約 99% となる，$K \cdot c_t = 100$ の濃度条件での超分子重合度の分布を図4 に示す．Isodesmic モデル（$\sigma = 1$）に従う超分子ポリマー形成では，10 分子程度から構成される比較的短い会合体が多数形成される．これに対して，十分に協同性が高い（$\sigma = 10^{-5}$）場合は，1000 以上の分子から構成される長い超分子ポリマー形成が可能である．これは少数の「核」を起点として大きな会合体が成長する「結晶化現象」と類似した挙動である．

Isodesmic モデルおよび核生成-伸長モデルは，どちらも「熱力学的な平衡状態」を想定している．平衡系における分子量分布が超分子ポリマー形成のメカニズムに大きく依存し，サイズの大きな超分子ポリマーを設計できることは注目すべき点である．

平衡定数を用いた「熱力学モデル」を適用する場合，測定対象が熱力学的に平衡状態である必要がある．たとえば超分子会合度が時間とともに変化する場合には，(1) 測定前に一定時間の加熱処理を行う，(2) 十分な待ち時間を設定するなど，経時変化を十分に収束させたうえで測定を行うことが重要である．また，加熱過程と冷却過程で得られる会合曲線の形状がよく一致するかを確認することは，熱力学的な平衡状態を実験的に確認する便利な方法の一つである．

6 まとめと今後の展望

本章では，会合度 ϕ_{agg} を濃度 c_t に対してプロットした「会合体形成曲線」の形状から超分子ポリマー形成メカニズムを解析する手法について紹介した．協同的な核生成過程を設計することで，「大きな超分子重合度」と「鋭敏な外部刺激応答性」を達成できる．ここでは濃度変化に依存した会合度 ϕ_{agg} の熱力学モデルに触れたが，近年「温度変化」に対する熱力学モデルについても急速に進歩している[10, 11]．

さらに，複数の準安定状態を含む「速度論的な超分子経路の選択性[12]」や「リビング超分子重合[13, 14]」(Part II, 7 章) が超分子化学分野において大きな

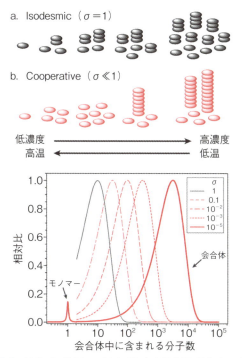

図4 核生成-伸長モデルに基づく超分子重合度の分布（$K \cdot c_t = 100$, $\sigma = 1 \sim 10^{-5}$）

注目を集めている．生体分子の多くが熱力学平衡状態から離れた非平衡状態で超分子機能を発現していることを考慮すると，準安定状態における超分子ポリマー形成は今後ますますの発展が期待される．生体機能を凌駕する超分子機能の実現の観点から，超分子形成メカニズムに関する新たな研究展開が楽しみである．

◆ 文 献 ◆

[1] R. B. Martin, *Chem. Rev.*, **96**, 3043 (1996).

[2] Z. Chen, A. Lohr, C. R. Saha-Möller, F. Würthner, *Chem. Soc. Rev.*, **38**, 564 (2009).

[3] D. Zhao, J. S. Moore, *Org. Biomol. Chem.*, **1**, 3471 (2003).

[4] T. F. A. De Greef, M. M. J. Smulders, M. Wolffs, A. P. H. J. Schenning, R. P. Sijbesma, E. W. Meijer, *Chem. Rev.*, **109**, 5687 (2009).

[5] C. Rest, R. Kandanelli, G. Fernández, *Chem. Soc. Rev.*, **44**, 2543 (2015).

[6] J. S. Lindsey, *New J. Chem.*, **15**, 153 (1991).

[7] C. A. Hunter, H. L. Anderson, *Angew. Chem. Int. Ed.*, **48**, 7488 (2009).

[8] C. Kulkarni, E. W. Meijer, A. R. A. Palmans, *Acc. Chem. Res.*, **50**, 1928 (2017).

[9] F. Oosawa, M. Kasai, *J. Mol. Biol.*, **4**, 10 (1962).

[10] P. Jonkheijm, P. van der Schoot, A. P. H. J. Schenning, E. W. Meijer, *Science*, **313**, 80 (2006).

[11] M. M. J. Smulders, M. M. L. Nieuwenhuizen, T. F. A. de Greef, P. van der Schoot, A. P. H. J. Schenning, E. W. Meijer, *Chem. Eur. J.*, **16**, 362 (2010).

[12] P. A. Korevaar, S. J. George, A. J. Markvoort, M. M. J. Smulders, P. A. J. Hilbers, A. P. H. J. Schenning, T. F. A. de Greef, E. W. Meijer, *Nature*, **481**, 492 (2012).

[13] T. Fukui, S. Kawai, S. Fujinuma, Y. Matsushita, T. Yasuda, T. Sakurai, S. Seki, M. Takeuchi, K. Sugiyasu, *Nat. Chem.*, **9**, 493 (2017).

[14] J. Kang, D. Miyajima, T. Mori, Y. Inoue, Y. Itoh, T. Aida, *Science*, **347**, 646 (2015).

Chap 4-③

原子間力顕微鏡：超分子ポリマーを可視化する

吉川　佳広　　矢貝　史樹
（産業技術総合研究所）（千葉大学大学院工学研究院）

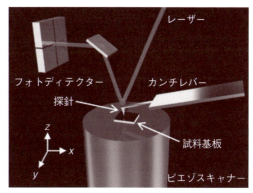

図1　AFMの概略図

1 はじめに

　原子間力顕微鏡（Atomic Force Microscope：AFM）は、走査型プローブ顕微鏡（Scanning Probe Microscope：SPM）の一種であり、G. Binnig、C. F. Quate と Ch. Gerber によって開発された[1]。光学顕微鏡や電子顕微鏡ではレンズを用いて観察するが、AFM では板状バネの先端に取り付けられたカンチレバーと呼ばれる先鋭な探針で試料表面をなぞる（走査する、スキャンする）ことにより、表面の凹凸形状を画像化する。AFM には、探針先端を観察試料の表面に接触させたまま走査する"コンタクトモード"と、カンチレバーを振動させながら走査するいわゆる"タッピングモード"という観察手法がある。前者では、探針が常に試料と接し、走査の際に横方向のずり応力が作用する。一方後者では、カンチレバーを一定周期で振動させるため、試料にずり応力がかかりにくく、超分子を含めた有機・高分子物質などの柔らかい試料の観察に適している。図1に一般的な光てこ式 AFM の概略図を示す。ピエゾスキャナー上の試料基板が二次元方向（x, y 方向）に動くことで探針によって走査され、試料の凹凸に応じて上下方向（z 方向）にも動き、高さ情報が二次元面内にマッピングされた AFM 像が得られる。より詳しい AFM の原理、その他の SPM 手法や応用については成書を参考にされたい[2〜4]。

2 AFM 観察の実際

　装置によってスキャナーとカンチレバーの上下配置が異なるなどの特徴があり、観察条件によっては超分子ポリマー試料との相性もある（と思われる）。したがって、デモ測定などを通して、自身の試料や研究目的に適した装置を選定することが望ましい。そのうえで、カンチレバーの選択は重要な項目の一つである。試料の性状や測定モードに応じて適切なバネ定数と材質のカンチレバーを選ぶ必要がある。カンチレバーは窒化シリコンやシリコン製があり、バネ定数の柔らかいものから固いものまでさまざまなものが市販されている。AFM の分解能は探針の先端径に依存するため、カンチレバーを取り扱う際には、静電気や汚染に留意しつつ、カンチレバーがほかの物質に接触して折れてしまわないように細心の注意を払う。AFM 観察の操作手順としては、①カンチレバーのホルダーへの固定、②レーザー位置合わせ、③試料基板の固定、④制御パラメータのセット、⑤除振台の確認、⑥試料と探針を観察位置まで近づける（エンゲージ）、⑦制御パラメータの微調整、⑧走査して画像獲得・保存、の流れとなる。最近では、制御パラメータの調整（④と⑦）を自動的にセットをしてくれる装置も普及している。

　上記のことを手順書通りすべて行ったとして、さらに超分子ポリマーを美しく可視化するにはどうすればよいか。美しく可視化するには、まず対象とする超分子ポリマーが AFM で本当に可視化できるものなのか、一分子鎖として安定か、バンドル化して

安定化するのか，凝集して沈殿してしまわないかに注意しなければならない．化合物を見えやすいものに改変する必要もあるかも知れない．具体的には，ミニデンドロンと呼ばれる長鎖アルキル鎖をもつ没食子酸誘導体を導入すると，可視化しやすくなることが多い．

観察用試料の作製は非常に重要である．超分子ポリマーは，有機溶媒や水溶液中で作製することが多い．これらの試料を基板に載せる場合，スピンキャスト法やドロップキャスト法が一般的である．スピンキャスト法は，基板を高速回転させ，その上から試料溶液を滴下する方法である．ドロップキャスト法はその名の通り，試料溶液を基板上に滴下して，その後溶媒を除去する試料作製法である．AFM観察の前に，長時間の乾燥，窒素ブロー，もしくは真空引きなどをして，溶媒が残留しないようにしっかりと乾燥させることが望まれる．ドロップキャスト法では，多くの超分子ポリマーは溶液が乾燥する際に基板上で集合する．超分子ポリマーのトポロジーを反映した美しい配列を観察できる可能性もあるが，凝集して見えにくくなることもある．そのようにして自己組織化した超分子ポリマーが溶液中でも存在しているかのように解釈されている研究論文も散見されるので，注意が必要である．

液中AFMなどの利用も考えられるが，通常のAFMを用いてできるだけ溶液状態に近い構造を可視化したい場合は，不意な自己組織化を防ぐためにも基板の選出は重要である．通常，ガラス，シリコン，マイカ(雲母)や高配向グラファイト(HOPG)が用いられる．ガラスやシリコンの場合には，試料作製の前に，有機溶媒やピラニア溶液，あるいはUVオゾンクリーナーなどによってしっかりと洗浄し，清浄性を確保する必要がある．マイカやHOPGはサンプル調製ごとに劈開することにより，原子レベルで平坦な清浄表面を得ることができる．観察対象の性質により，親水的なマイカあるいは疎水的なHOPGを選択する．アルキル鎖を有する超分子ポリマーをHOPG上で観察すると，グラファイトの結晶方位に沿って直線状にエピタキシャル配向することがある．そのような剛直な形状が溶液中で形成されていると解釈してはいけない．一方，同様のものを親水性のマイカ上で観察しようとすると，凝集して1本鎖をうまく観察できないこともある．いずれにしろ，さまざまな方法を試してみて，その変化によって溶液中でどのような構造を取っているか類推することが大事である．

納得のいくAFM像が取得できたとして，最後に重要なのはその解釈である．超分子画像の解釈を誤らないように，AFMから得られた情報(形状や高さデータなど)だけでなく，スペクトルなどのほかの解析方法から得られている結果から総合的に考察すべきである．画像のピクセル粗さからくるアーティファクトを，主鎖のらせん構造と間違って解釈している論文も稀に見受けられる．百聞は一見に如かずとはいうものの，多方面からデータを解析し，超分子ポリマーの構造や特徴を正しく合理的に説明できるように経験を積む必要がある．

3 観察事例

近年盛んに研究されている機能性超分子ポリマーのモノマーは長鎖アルキル鎖をもつπ共役分子であり，それらがπスタックを主駆動力として超分子重合する．このような超分子ポリマーは輪郭も明確で

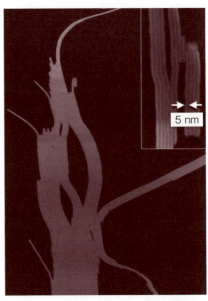

図2 超分子ポリマーのAFM観察例

あり，AFM によって可視化しやすい．**図2**はその例である[5]．この超分子ポリマーは水素結合によるナフタレンの六量体から成り（Part Ⅱ，1章参照），AFM でも十分に可視化できる幅（5 nm）をもつため，1本鎖が明瞭に可視化されている．

◆ 文 献 ◆

[1] G. Binnig, C. F. Quate, Ch. Gerber, *Phys. Rev. Lett.*, **56**, 930 (1986).

[2] V. J. Morris, A. R. Kirby, A. P. Gunning, "Atomic Force Microscopy for Biologists," Imperial College Press (1999).

[3] "Scanning Probe Microscopies Beyond Imaging," ed. by P. Samori, WILEY-VCH Verlag GmbH & Co. KGaA (2006).

[4] 重川秀美，吉村雅満，河津 璋 責任編集，〈実験物理科学シリーズ6〉『走査プローブ顕微鏡──正しい実験とデータ解析のために必要なこと』，共立出版 (2009).

[5] M. Yamauchi, B. Adhikari, D. D. Prabhu, X. Lin, T. Karatsu, T. Ohba, N. Shimizu, H. Takagi, R. Haruki, S. Adachi, T. Kajitani, T. Fukushima, S. Yagai, *Chem. Eur. J.*, **23**, 5270 (2017).

Chap 4-④

超分子ポリマーにかかわる速度論の研究

杉安　和憲
（物質・材料研究機構）

1 はじめに

超分子ポリマーの成長は平衡論に基づいて理解されてきた．IsodesmicモデルやCooperativeモデルによって超分子ポリマーの熱力学的な安定性を定量的に評価することができる（PartⅠ，4章②）．

一方で，超分子ポリマーの速度論的な挙動については，ごく最近注目を集め始めたばかりであり，未開拓の状況にある．ここでは紙面の都合から重要な論文のエッセンスのみ紹介する．詳細については文献を参照されたい．

2 モノマー交換プロセス

超分子ポリマーは，可逆的に組み替えが可能な非共有結合で形成されるため，系が平衡に達したあとでも重合と解重合が繰り返される[1]．つまり，ポリマー鎖間でモノマー分子が絶えず交換している．では，このプロセスはどのようなタイムスケールで起こっているのだろうか．

Meijerらは，確率的光学再構築顕微鏡（stochastic optical reconstruction microscopy：STORM）を用いて超分子ポリマーの重合・解重合に伴うモノマー分子の交換メカニズムを調べた[2]．赤色と緑色の蛍光色素でラベル化されたモノマーからそれぞれ超分子ポリマーを調製し，これらを混合したあとの蛍光顕微鏡像を解析した（図1）．

一般に，モノマー分子の交換は超分子ポリマーの末端で起こっていると考えられている．このことからSTORMの実験に先立って，赤（緑）色の超分子ポリマーは，末端から徐々に緑（赤）色に変化していくだろうと予想された．ところが，混合から1時間後の超分子ポリマーのSTORM像を解析した結果，赤色と緑色の蛍光色素の位置にはまったく相関が見られず，それぞれが確率的に均一に混じっていた．このとき画像の経時変化から求めた見かけのモノマー交換速度定数は 5.14×10^{-3} M^{-1} min^{-1} であった．予想外の結果であったが，顕微鏡による直接観察にはほかの実験にはない説得力がある．

Pavanらは，超分子ポリマーの粗視化モデルについて，well-tempered metadynamics法によるシミュレーションを行った[3]．その結果，MeijerらのSTORMの結果を裏づけるように，モノマーの交換は超分子ポリマーの（末端ではなく）鎖上で起こることが示唆された．超分子ポリマーの構造には不均一性があり，局所的にモノマー交換が可能な"ホットスポット"が生じていると考えられる．

Meijerらは，水素-重水素交換質量分析（HDX MS）によっても超分子ポリマーの構造不均一性を明らかにしている[4]．モノマー中のアミド結合の水素が，溶媒に用いた重水中の重水素と交換する速度を解析したところ，三つの成分があることがわかった．最も速い成分（1.8×10^{1} h^{-1}）は超分子ポリマーとは関係のない，たとえばミセルのようなゆるい会合体に由来したものと考えられた．残りの2成分は，超分子ポリマー内部におけるモノマー分子間の水素結

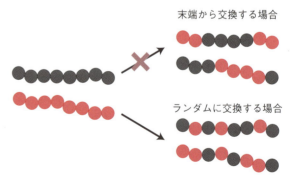

図1　STORMによるモノマー交換プロセスの追跡

合の強さを反映していると考えられ,大きな速度定数をもつ成分(1.3×10^{-1} h^{-1})が,前述のホットスポットに対応していると結論づけられた.最も遅い成分(0.7×10^{-2} h^{-1})は,水素結合が強固に発達した領域に帰属できる.

一方 Otto らは,モノマー分子の交換が超分子ポリマーの末端から進行することを質量分析によって巧みに証明した[5]. Otto らの超分子ポリマーは,還元剤で処理すると末端から解重合されることがすでにわかっている.まず,モノマー A と,それが ^{15}N で同位体ラベル化されたモノマー B を用いて,B-A-B 型の超分子トリブロックコポリマーを合成した.この超分子トリブロックコポリマーを静置しておけば,可逆的な重合・解重合を繰り返しながらモノマー A とモノマー B の位置が徐々に入れ替わるはずである.超分子トリブロックコポリマーを合成した後,一定時間後にそれを還元剤で処理し,超分子ポリマーの末端付近におけるモノマー A とモノマー B の比率を質量分析した.その結果,モノマー分子の交換は超分子ポリマーの末端から起こっていることが明らかになった.

このように実験をうまくデザインすることによって,これまでに知られていない現象にアプローチできる.モノマー分子の交換が超分子ポリマーのどの部分で起こるかについてはまだ決着がついていないが,おそらくモノマーによってメカニズムが異なるのだろう.

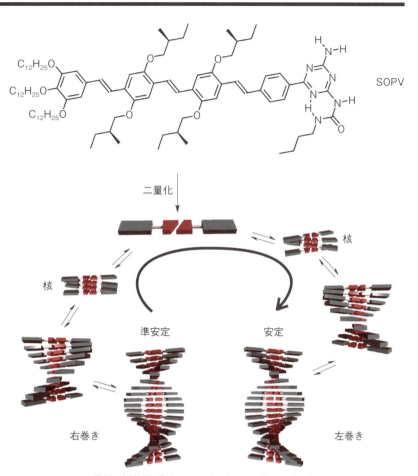

図2 超分子ポリマーの Pathway Complexity

3 Pathway Complexity

Meijer らは,超分子ポリマーの重合経路が複雑に交錯する現象(Pathway Complexity)を発見し,その速度論的挙動をストップドフロー法によって評価した[6]. SOPV の良溶媒の溶液を貧溶媒とすばやく混合すると,超分子ポリマーが成長する.この時間変化を CD スペクトルで追跡したところ,数秒という短いタイムスケールで過渡的に右巻きらせんの超分子ポリマーが生成し,その後ゆっくりと左巻きらせんの超分子ポリマーへと巻き直すことがわかった(図2).らせん反転速度の濃度依存性や温度依存性からメカニズムの詳細が明らかにされた.この論文で興味深いのは,タンパク質のフォールディング過程を解析するモデルを流用することによって,上

記のらせん反転現象をシミュレーションできたことである.

多くの超分子ポリマーが、核形成-伸長プロセスを経て成長することが知られている(Part I, 4 章②).核形成過程は,超分子重合の開始反応と捉えることができる.したがって核形成過程の速度論的な解析は,超分子重合を制御するうえで重要な知見を与える.

Rybtchinski らは、ペリレン誘導体の自己集合過程において,先述の Meijer らの系と同様の Pathway Complexity を見いだした.準安定な会合体が,核形成過程を経て熱力学的に安定な超分子ポリマーへと形態転移するプロセスを解析するために,合金の結晶成長の解析に用いられている Kolmogorov, Johnson, Mehl, Avrami(KJMA) モデルを適用した[7].こうして超分子ポリマーの核形成速度定数を算出し、その温度依存性をもとに核形成プロセスの活性化障壁を求めることに成功した.

筆者らのグループも,ポルフィリン誘導体の超分子ポリマー化において Pathway Complexity を見いだしている.アミロイド形成の解析に用いられている Finke-Watzky(FW)モデルによって核形成速度定数を求めたところ,モノマー分子構造のわずかな違いが核形成過程に影響を及ぼすことが明らかになった[8].

さらに筆者らは,同様のポルフィリン誘導体を用いて超分子ポリマーをリビング重合的に合成することにも成功している(Part II, 7 章).リビング超分子重合では,超分子ポリマーを短く分断した「タネ(seed)」を開始剤に用いた.タネに対してモノマーが大過剰に存在する条件において超分子重合の初速度を求めたところ,擬一次速度式で解析できた.つまり,タネを開始剤として連鎖重合的に超分子ポリマーが成長していることが示された[9].

モノマーが大過剰に存在しない場合の重合速度解析は Moore らの総説に詳しくまとめられているが[10],実例として Würthner らの論文が大変参考になる[11].

タネを用いたリビング超分子重合において,モノマーの消失速度は指数関数的な減衰としてフィッティングでき,重合速度定数(k)とタネの末端濃度(c^*)の積である kc^* が得られる.c^* を実験的に求めることは困難であるが,用いたタネの量(吸収スペクトルなどから求められる)に対して kc^* をプロットし,直線関係を示すことによってタネが連鎖重合の開始剤となっていることを実証することができる.

ごく最近筆者らのグループは,二次元の超分子ナノシートをリビング重合的に合成することにも成功した.超分子ナノシートの成長は,シグモイド型のキネティクスを示した.これはシートが成長するにしたがって,成長活性点(すなわちシートの"へり")が増加するためである.成長速度を解析することによって二次元のリビング超分子重合を実証することができた[12].

4 まとめ

以上,超分子ポリマーに関する速度論的な研究を紹介した.最近では,化学反応を共役させて分子の自己集合を時空間的に制御する研究も注目を集めている[13, 14].異分野で確立された測定や解析手法を流用したり,独自の実験をデザインしたりすることがポイントとなることを念頭に置いて,以下の文献を精読していただきたい.

◆ 文 献 ◆

[1] F. Helmich, E. W. Meijer, "Dilution-Induced Self-Assembly of Porphyrin Aggregates," (2012/01/13). Retrieved from https://www.youtube.com/watch?v=G25mMDCFMwo: この動画は、超分子ポリマーの成長プロセスをイメージする上で大変参考になる.

[2] L. Albertazzi, D. van der Zwaag, C. M. A. Leenders, R. Fitzner, R. W. van der Hofstad, E. W. Meijer, *Science*, **344**, 491 (2014).

[3] D. Bochicchio, M. Salvalaglio, G. M. Pavan, *Nat. Commun.*, **8**, 147 (2017).

[4] X. Lou, R. P. M. Lafleur, C. M. A. Leenders, S. M. C. Schoenmakers, N. M. Matsumoto, M. B. Baker, J. L. J. van Dongen, A. R. A. Palmans, E. W. Meijer, *Nat.*

Commun., **8**, 15420 (2017).

[5] E. Mattia, A. Pal, G. Leonetti, S. Otto, *Synlett*, **28**, 103 (2017).

[6] P. A. Korevaar, S. J. George, A. J. Markvoort, M. M. J. Smulders, P. A. J. Hilbers, A. P. H. J. Schenning, T. F. A. De Greef, E. W. Meijer, *Nature*, **481**, 492 (2012).

[7] J. Baram, H. Weissman, B. Rybtchinski, *J. Phys. Chem. B*, **118**, 12068 (2014).

[8] T. Fukui, M. Takeuchi, K. Sugiyasu, *Polymer*, **128**, 311 (2017).

[9] S. Ogi, K. Sugiyasu, S. Manna, S. Samitsu, M. Takeuchi, *Nat. Chem.*, **6**, 188 (2014).

[10] D. Zhao, J. S. Moore, *Org. Biomol. Chem.*, **1**, 3471 (2003).

[11] S. Ogi, V. Stepanenko, K. Sugiyasu, M. Takeuchi, F. Würthner, *J. Am. Chem. Soc.*, **137**, 3300 (2015).

[12] T. Fukui, S. Kawai, S. Fujinuma, Y. Matsushita, T. Yasuda, T. Sakurai, S. Seki, M. Takeuchi, K. Sugiyasu, *Nat. Chem.*, **9**, 493 (2017).

[13] J. Boekhoven, W. E. Hendriksen, G. J. M. Koper, R. Eelkema, J. H. van Esch, *Science*, **349**, 1075 (2015).

[14] A. Mishra, D. B. Korlepara, M. Kumar, A. Jain, N. Jonnalagadda, K. K. Bejagam, S. Balasubramanian, S. J. George, *Nat. Commun.*, **9**, 1295 (2018).

Chap 4-⑤
蛍光顕微鏡：超分子ポリマーのリアルタイムイメージング

窪田 亮　浜地 格
（京都大学大学院工学研究科）

1 はじめに

　蛍光顕微鏡は，観察対象がもつ蛍光を画像化する顕微鏡の総称である．蛍光顕微鏡による蛍光イメージングは，分子生物学の発展に伴って急速に開発が進み，現在でも技術革新が著しい観察法の一つである．蛍光イメージングは「溶液中において複数の観察対象をそのままリアルタイムで非破壊的に観察できる」という優れた特徴をもつため，近年では生物系だけでなく超分子ポリマーやポリマーミセル，ヒドロゲルに代表される人工材料においても使用される頻度が高くなってきている[1, 2]．本章では蛍光顕微鏡のなかでもとくに，共焦点レーザー顕微鏡(Confocal Laser Scanning Microscopy：CLSM)の特徴・観察方法・応用・注意事項について超分子ポリマーを例として述べる．蛍光顕微鏡の原理については，優れた成書が多数出版されているので，そちらを参考にしていただきたい[3, 4]．

2 共焦点レーザー顕微鏡(CLSM)とは

　共焦点レーザー顕微鏡は，光源(励起光)であるレーザー光を走査し，サンプルが発する蛍光を検出して画像を構築する走査型顕微鏡である．CLSMでは，共焦点光学系に組み込んだピンホールによって，レーザー光による励起空間の絞り込みと焦点面から外れた不用な蛍光を除くことで，空間分解能が高くコントラストが大きな画像が得られる．そのため，通常の蛍光顕微鏡よりも超分子ポリマーなどのナノからマイクロメートルサイズのマテリアルの観察に適している[1]．CLSMでは超分子ポリマーを溶液中にて直接リアルタイムで観察できることから，超分子ポリマーの「ありのまま」の形態を見ることができる(図1)．CLSMは，これまでナノレベルのマテリアルのアンサンブル情報しか得られなかった分光分析法と比べて，個々の超分子ポリマーの空間情報を与えるという利点があり，まさに「Seeing is believing」を体現する観察法である．従来，超分子ポリマーの研究で用いられてきた原子間力顕微鏡(Atomic Force Microscopy：AFM)や透過型電子顕微鏡(Transmission Electron Microscopy：TEM)は，個々の超分子ポリマーを直接観察できるものの，AFMでは基盤との相互作用，TEMでは乾燥や凍結によるアーティファクトの影響が懸念されるなどの問題点がある．それに対し，CLSMの欠点は紫外〜近赤外領域の励起光を利用するため，空間分解能は約200 nmに留まり，AFMやTEMと比較して分解能が低いことである．そのため超分子ポリマーの直径によって，そもそも単一集合体として観察することが困難な場合があり，目的によって観察法を使い分けることが肝要である．

3 超分子ポリマーの蛍光染色法

　CLSM観察を行うためには，まず観察対象である超分子ポリマーを蛍光染色する必要がある．超分

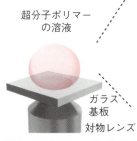

図1　共焦点レーザー顕微鏡による超分子ポリマーのイメージング

Chap 4-⑤ 蛍光顕微鏡：超分子ポリマーのリアルタイムイメージング

(a) 蛍光色素修飾したモノマーを利用する

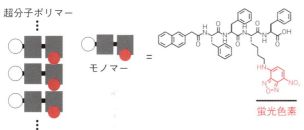

(b) 超分子ポリマーと相互作用する蛍光プローブを利用する

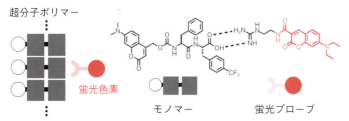

(c) モノマーの部分骨格をもつ蛍光プローブを利用する

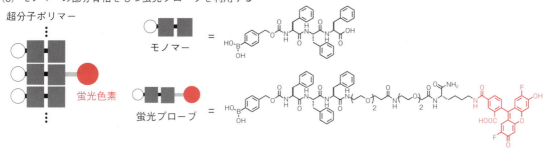

図2　超分子ポリマーの蛍光染色法

子ポリマーを蛍光染色する方法は，(a)蛍光色素修飾したモノマーを利用する方法，(b)超分子ポリマーと相互作用する蛍光プローブを利用する方法，(c)モノマーの部分骨格をもつ蛍光プローブを利用する方法の，大きく3種類に分類できる(図2)．(a)の例として，Xuらは環境応答性の蛍光色素をもつペプチド型モノマーを報告した[5]．こうした蛍光修飾型モノマーは，後述する(b)および(c)の方法と比較して，超分子ポリマーが直接蛍光を発するため，複数の化合物が存在する細胞のような夾雑な環境下での使用に適している．ただし，蛍光色素の分子サイズが大きく独特の性質を示すため，超分子ポリマーの物性を精密に調整したい場合は不適である場合が多い．(b)および(c)は，非蛍光性のモノマーに対して超分子モノマー/ポリマーと相互作用する蛍光プローブを添加する方法である．筆者らは(b)の例として，カルボン酸をC末端にもつペプチド型モノマーを染色するために，カルボン酸と塩橋を形成するグアニジン骨格をもつ蛍光プローブを設計した[6]．また(c)の例として，ペプチド型モノマーの部分骨格をもつペプチド型蛍光プローブを報告した[6]．こうした蛍光プローブは，0.01～0.1

mol%の割合でサンプル調整の際にモノマーと混合するだけで超分子ポリマーを蛍光観察することができる．そのため，超分子ポリマーへの影響が少ない手法といえる．また(c)の手法は，複数種の超分子ポリマーを多色イメージングする際に有力であることが示されている[7]．

4 蛍光色素の選択

続いて，どの蛍光色素で超分子ポリマーを染色するかが重要な選択となる．考慮する点として，(1)励起・発光波長，(2)光安定性，(3)化学的性質が挙げられる．CLSM観察ではレーザー光を励起光として使用するため，レーザー光の波長により蛍光色素が励起されなければならない．使用する装置のレーザー光源の種類を事前に確認することが必要である．また複数の蛍光色素を利用して観察を行う場合は，各蛍光波長の漏れこみに注意する必要がある．CLSM観察では使用する蛍光色素の発光特性を熟知することが肝要であり，事前に蛍光スペクトルや量子収率を確認することをお勧めする．また，使用する蛍光色素の光安定性が高いことも重要な条件となる．たとえば，緑色蛍光を示すフルオレセインはきわめて明るい蛍光色素であるが，光褪色が激しいため長時間測定には不向きである．高価ではあるが，各試薬会社から光安定性に優れた蛍光色素が販売されており，こうした蛍光色素も一考に値する．また化学的性質（親水性・疎水性，電荷）も重要な要素である．たとえば，水中で超分子ポリマーを形成する場合，蛍光色素の水溶性が高すぎると超分子ポリマーの染色効率が悪くなり，画像のS/N比が悪くなってしまう．こうした蛍光色素の物性は扱ってみないとわからないことが多いため，"Try and error"に頼ることが多い．最近では，蛍光顕微鏡の発展に伴い蛍光色素自体の開発も盛んに行われていることから，個々の目的に適した蛍光色素を探してみてほしい．

5 CLSM観察の応用例

CLSMでは超分子ポリマーを観察するだけでなく，さまざまな応用が可能である（図3）．第一に，異なる吸収・蛍光波長をもつ蛍光プローブを用いることで，多種の超分子ポリマーを区別しながら同時にイメージングできる（図3(a)）[7]．またCLSMは，経時変化測定が可能という長所があり，これを利用することで超分子ポリマーの形成・崩壊過程を動的に観測することも可能である（図3(b)）[7]．さらに超分子ポリマーの動的な物性を評価する手法として，FRAP（光褪色後蛍光回復法）も興味深い．FRAPではある特定の領域に対して強いレーザー光を当てて意図的に蛍光分子を褪色させた後，蛍光強度の回復過程を観察することで蛍光プローブの拡散速度を算出する手法である（図3(c)）[8]．実際にFRAPを用いることで超分子ポリマー内における蛍光プローブの拡散速度を算出できることが報告されている[7, 9, 10]．またCLSMで二光子（多光子）励起を利用することで，三次元的に高い分解能で超分子ポリマーの光分解を行うことが可能となり，ヒドロゲルなどのソフトマテリアルの物性制御も行うことがで

(a) 多色イメージング

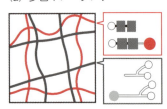

多種の超分子ポリマーの同時観察

(b) タイムラプスイメージング

超分子ポリマーの形成・崩壊観察

(c) 光褪色後蛍光回復法（FRAP）

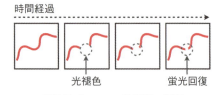

超分子ポリマーの流動性の評価

図3　共焦点レーザー顕微鏡を用いた超分子ポリマーの応用観察例
タイムラプスイメージングによる超分子ポリマーの形成・崩壊観察の動画（https://www.nature.com/articles/nchem.2526）も参照するとよい．

6 CLSM観察時の注意事項

最後にCLSM観察における注意事項を3点挙げる．まずCLSMではサンプル全体のなかでも一部の視野しか観察できないことである．観察した対象および現象がサンプル内で特殊ではないことを示すため，複数の異なる視野を観察することが必須である．二つ目は，レーザー照射によるアーティファクトである．よく起こるアーティファクトは蛍光色素の褪色である．蛍光褪色と超分子ポリマーの分解を混同しないように注意したい．また経時変化測定においては，レーザー照射による局所的な温度上昇も起こりうる．こうしたアーティファクトを避けるためには励起光源であるレーザー出力に注意しながら観察する必要がある．また対照実験としてレーザー強度を下げた場合の挙動を確認するとよい．最後の注意事項は，多色染色した際の蛍光の漏れこみである．励起および蛍光波長が近い蛍光色素を複数使用する場合は，それぞれの観察条件において望みではない色素の蛍光が検出される(漏れこむ)可能性があり，観察結果の解釈に影響を与える危険性がある．漏れこみの有無を確認するためには，1種類の蛍光色素でのみ染色したサンプルを用意し，多色イメージングと同様の条件で観察すればよい．以上のようにCLSM観察はインパクトの大きい画像や動画が得られる一方で，アーティファクトによる間違った解釈を生みやすい．CLSM観察を行う際は注意深く観察を行いつつ，多くの対照実験が必要であることを肝に銘じておく必要がある．

7 まとめ

共焦点レーザー顕微鏡に代表される蛍光イメージング法は超分子ポリマーの動的な物性を評価するのに非常に強力なツールである．2014年のノーベル化学賞に代表される超解像顕微鏡のように，空間分解能が100 nm以下の顕微鏡も開発が進み，多用されるようになってきた．蛍光イメージング法は日進月歩で技術の発展が進む領域であるため，ぜひ勉強してもらいたい．今後，こうした新技術により超分子ポリマーの動的挙動がより鮮明にイメージングされていくだろう．非常にワクワクする未来が待っている．

◆ 文 献 ◆

[1] S. Kiyonaka, K. Sugiyasu, S. Shinkai, I. Hamachi, *J. Am. Chem. Soc.*, **124**, 10954 (2002).
[2] H. Qiu, Y. Gao, C. E. Boott, O. E. C. Gould, R. L. Harniman, M. J. Miles, S. E. D. Webb, M. A. Winnik, I. Manners, *Science*, **352**, 697 (2016).
[3] 宮脇敦史, 〈細胞工学別冊〉『蛍光イメージング革命——生命の可視化技術を知る・操る・創る』, 学研メディカル秀潤社 (2010).
[4] 原口徳子, 木村 宏, 平岡 泰 編, 『新・生細胞蛍光イメージング』, 共立出版 (2015).
[5] Y. Gao, J. Shi, D. Yuan, B. Xu, *Nat. Commun.*, **3**, 1033 (2012).
[6] T. Yoshii, M. Ikeda, I. Hamachi, *Angew. Chem. Int. Ed.*, **53**, 7264 (2014).
[7] S. Onogi, H. Shigemitsu, T. Yoshii, T. Tanida, M. Ikeda, R. Kubota, I. Hamachi, *Nat. Chem.*, **8**, 743 (2016).
[8] N. L. Thompson, T. P. Burghardt, D. Axelrod, *Biophys. J.*, **33**, 435 (1981).
[9] S. Tamaru, M. Ikeda, Y. Shimidzu, S. Matsumoto, S. Takeuchi, I. Hamachi, *Nat. Commun.*, **1**, 20 (2010).
[10] H. Shigemitsu, T. Fujisaku, W. Tanaka, R. Kubota, S. Minami, K. Urayama, I. Hamachi, *Nat. Nanotechnol.*, **13**, 165 (2018).
[11] A. M. Kloxin, A. M. Kasko, C. N. Salinas, K. S. Anseth, *Science*, **324**, 59 (2009).

Chap 4-⑥

会合様式と吸収・蛍光スペクトル

大城 宗一郎
(名古屋大学物質科学国際研究センター)

1 はじめに

π電子系化合物はπ電子の非局在性により多彩な光・電子物性を示すことから，超分子ポリマーに機能を付与するうえで有用な化合物群である[1, 2]．望む機能を発現させるためには，超分子ポリマーの内部におけるπ電子系化合物の重なりの様式(会合様式)と光・電子物性の関係について理解することが肝要である．本章では，会合体が示す吸収および蛍光特性について，実例をもとに概説したい[3]．

2 遷移モーメントが平行の場合

π電子系化合物が示す光物性の一つに，紫外・可視光の吸収が挙げられる．光の吸収は，基底状態の電子が光エネルギーを吸収し，励起状態に遷移することで起こる．この電子遷移に基づく吸収帯は，紫外・可視吸収スペクトル測定により観測される．たとえば，溶液中で単分散状態のペリレンビスイミド(PBI)誘導体 1 は可視光領域に吸収帯をもち，526 nm 付近に吸収極大を示す〔図1(a)〕[4]．ではπ電子系化合物が隣接すると，吸収特性はどのように変化するのだろうか．2分子のπ共役面が重なるように隣接させた例を見てみよう．2分子の PBI 色素を共有結合で連結した化合物 2, 3〔図1(a)〕は，溶液において 492〜497 nm 付近に吸収極大を示す[5, 6]．PBI 単分子と比べると約 30 nm 短波長側にずれていることがわかる．短波長シフトの理屈は，

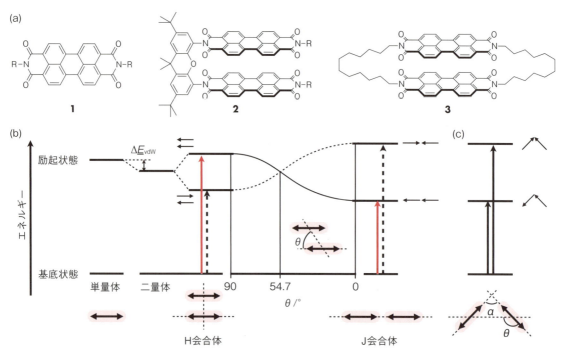

図1 (a)PBI 誘導体 1 と PBI 二量体 2, 3 の化学構造式〔R = CH(C$_6$H$_{13}$)$_2$〕，(b,c)Kasha の二量体モデル

M. Kasha が提唱した二量体モデルによって説明される[7]．Kasha の理論では，π電子系化合物を遷移双極子モーメントとして考え，二量体の光励起状態における相互作用についてまとめられている〔図1(b)〕．二量体を形成すると，分子間にファンデルワールス相互作用が働いて基底状態が安定化される．また，分極した励起状態ではより強いファンデルワールス相互作用が働く．したがって単分子と二量体の基底状態をエネルギー準位で規格化すると，二量体の励起状態がエネルギー的により安定となる（ΔE_{vdW}）．さらに，二量体の励起一重項状態は励起子相互作用により二つの準位に分裂する．この分裂の度合い（$E_{exciton}$）はπ共役系化合物の遷移双極子モーメントμ，分子間距離r，そして分子の配向θに依存する．2分子の遷移モーメントが平行に配置された場合は式(1)で表される．

$$E_{exciton} = 2\,|\mu|^2(1 - 3\cos^2\theta)/r^3 \qquad (1)$$

遷移モーメントが積み重なる場合（$\theta = 90°$），遷移モーメントをベクトルで示すと，高エネルギー側はベクトルの向きが同じになり，低エネルギー側はベクトルが逆向きになる〔図1(b)〕．低エネルギー側はベクトル和が相殺されるため禁制遷移となる．一方高エネルギー側は，ベクトル和が残るため許容遷移となり，基底状態から電子遷移が起こる．光のエネルギーは波長と反比例の関係にあるため，吸収帯は短波長側にシフトする．このような吸収特性を示す会合体を H 会合体と呼ぶ．

吸収帯の短波長シフトを特徴とする H 会合体に対し，長波長シフトを示す会合体も存在する．後者は J 会合体と呼ばれ，シアニン色素が形成する会合様式として 1960 年代から知られている[8]．"J" は集合体の発見者の一人である Jelley に由来する[9]．J 会合体の光物性は，色素を横にずらして並ばせたモデル（$\theta = 0°$）により説明され，また励起状態は，遷移モーメントのベクトルが逆向きの高エネルギー準位と，ベクトルの向きが同じ低エネルギー準位に分裂する〔図1(b)〕．この場合，低エネルギー側のベクトル和が残るため，長波長側に吸収帯が確認さ

れる．PBI 誘導体のイミド基の窒素原子同士を共有結合により連結した場合は，PBI 同士が離れて励起子相互作用が弱い[10]．一方 PBI 色素のπ共役面の一部が重なった超分子ポリマーでは，明瞭な長波長シフトが確認されている[11]．なお，J 会合体（$\theta = 0°$）から H 会合体（$\theta = 90°$）へ会合様式を変化させると，$\theta = 54.7°$ において許容遷移と禁制遷移のエネルギー準位が一致する．この角度は "magic angle" と呼ばれ，単分子と会合体の吸収スペクトルを区別できないため注意が必要である．

③ 遷移モーメントが斜めである場合

これまで，遷移モーメントが平行に配置されている場合について記述したが，図1c のように斜め（角度α）の配置も取りうる．後者の場合，分裂した二つの励起準位がともに許容遷移となり，ベクトルの和と差に対応して短波長側と長波長側に2本の吸収帯が観測される（Davydov 分裂）．このような吸収特性は，PBI 色素の超分子ポリマーにおいても観測される．図2(a)に示す PBI 誘導体 **4** は，低極性溶媒中で超分子ポリマーを形成すると，単分子と比べて吸収極大が短波長シフトし，長波長側にも新たな吸収帯を示す[12]．PBI 色素の遷移双極子モーメン

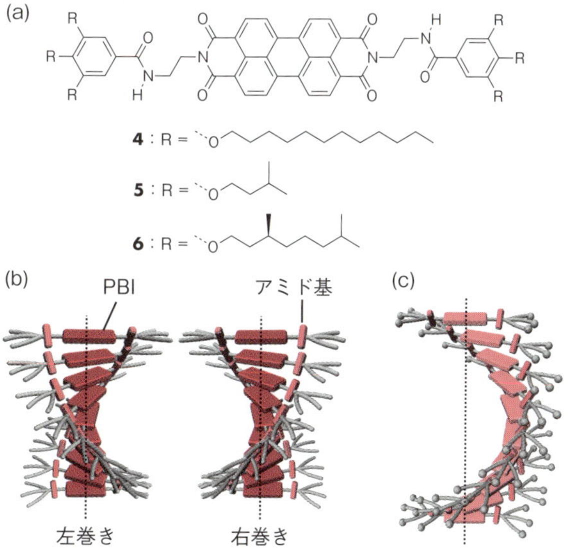

図2　(a)PBI 誘導体 **4**〜**6** の化学構造式，(b)らせん状 H 会合体と，(c)らせん状 J 会合体の模式図

| Part I | 基礎概念と研究現場 |

トが傾きながらH会合体の様式で配列していることを示す結果であり，らせん状集合体の形成が原子間力顕微鏡（AFM）観察により確認されている．π共役面が傾いたのは，PBI同士のπ-πスタッキング相互作用とアミド基同士の水素結合が協調的に働いたためである〔図2(b)〕．またPBI誘導体**4**の長鎖アルキル基を分岐アルキル鎖に置換したPBI誘導体**5**や**6**は，長波長側に吸収極大を示すJ会合体を形成する[13, 14]．分岐アルキル鎖同士の立体反発を避けるために，PBIのπ共役面がずれて重なったためと考えられる〔図2(c)〕．また，相補的水素結合によりπスタックが制御されたPBI誘導体では，混在によるJ会合体からH会合体への構造変化が溶液，固体状態のいずれにおいても観察されている[15]．PBI誘導体**4**，**5**が形成するらせん状超分子ポリマーには，π共役面の傾き方によって右巻きと左巻きの2種類が存在する〔図2(b)〕．通常は右巻きと左巻きの割合が同じラセミ混合物として得られるが，一方の割合が増えると円二色性（CD）スペクトルにより観測できる．巻きの方向を制御した研究例として，光学活性（キラル）な側鎖の導入（化合物**6**）[13]や，キラル溶媒の利用[16]が報告されている．

④ 蛍光スペクトルとまとめ

　単分散状態のπ電子系化合物において，光励起された電子は，光を放射する輻射過程や，熱を放出する無輻射過程を経て基底状態へと戻る．一重項励起状態から輻射過程で放射される光が蛍光であり，これを検出して得られるのが蛍光スペクトルである．PBI色素は剛直な分子骨格をもつため，無輻射性の内部転換における速度定数が小さく，その結果，強い蛍光（蛍光量子収率Φ＞90%）を示すことが知られている[3]．一方，光励起された会合体はさまざまな失活過程を経て基底状態に戻る．Kashaの理論から，H会合体の励起一重項状態は低エネルギー側が禁制遷移であるため消光するのに対し，J会合体の場合は許容遷移であるため高い蛍光量子収率を示すと考えられる．しかし実際には，一重項分裂によりJ会合体が消光する場合や，H会合体内部で構造

的な再配列が起こりエキシマー発光を示す場合もある[17]．今後，蛍光以外の緩和過程についても理解が深まることで，会合様式と光物性が精密に設計された超分子ポリマーを創製できるようになると期待している．

◆ 文 献 ◆

[1] F. J. M. Hoeben, P. Jonkheijm, E. W. Meijer, A. P. H. J. Schenning, *Chem. Rev.*, **105**, 1491 (2005).

[2] S. S. Babu, V. K. Praveen, A. Ajayaghosh, *Chem. Rev.*, **114**, 1973 (2014).

[3] F. Würthner, C. R. Saha-Möller, B. Fimmel, S. Ogi, P. Leowanawat, D. Schmidt, *Chem. Rev.*, **116**, 962 (2016).

[4] H. Langhals, *Heterocycles*, **40**, 477 (1995).

[5] D. Veldman, S. M. A. Chopin, S. C. J. Meskers, M. M. Groeneveld, R. M. Williams, R. A. J. Janssen, *J. Phys. Chem. A*, **112**, 5846 (2008).

[6] H. Langhals, R. Ismael, *Eur. J. Org. Chem.*, 1915 (1998).

[7] (a) M. Kasha, *Radiat. Res.*, **20**, 55 (1963); (b) M. Kasha, H. R. Rawls, M. A. El-Bayoumi, *Pure Appl. Chem.*, **11**, 371 (1965).

[8] J. F. Padday, *Trans. Faraday Soc.*, **60**, 1325 (1964).

[9] E. E. Jelley, *Nature*, **138**, 1009 (1936).

[10] H. Langhals, W. Jona, *Angew. Chem. Int. Ed.*, **37**, 952 (1998).

[11] T. E. Kaiser, H. Wang, V. Stepanenko, F. Würthner, *Angew. Chem. Int. Ed.*, **46**, 5541 (2007).

[12] X. Q. Li, V. Stepanenko, Z. Chen, P. Prins, L. D. A. Siebbeles, F. Würthner, *Chem. Commun.*, **37**, 3871 (2006).

[13] S. Ghosh, X.-Q. Li, V. Stepanenko, F. Würthner, *Chem. Eur. J.*, **14**, 11343 (2008).

[14] F. Würthner, C. Bauer, V. Stepanenko, S. Yagai, *Adv. Mater.*, **20**, 1695 (2008).

[15] S. Yagai, T. Seki, T. Karatsu, A. Kitanuma, F. Würthner, *Angew. Chem. Int. Ed.*, **47**, 3367 (2008).

[16] V. Stepanenko, X.-Q. Li, J. Gershberg, F. Würthner, *Chem. Eur. J.*, **19**, 4176 (2013).

[17] Z. Chen, V. Stepanenko, V. Dehm, P. Prins, L. D. A. Siebbeles, J. Seibt, P. Marquetand, V. Engel, F. Würthner, *Chem. Eur. J.*, **13**, 436 (2007).

Chap 4-⑦
超分子ポリマーの線形粘弾性挙動とその解析

浦川 理
(大阪大学大学院理学研究科)

1 はじめに

複数の分子が非共有結合により集積した超分子ポリマーのなかには,そのビルディングブロックとなる分子を液体に溶解させるだけで,液体をゲル化させたり増粘させたりするものがある.それらのレオロジー特性は工業的にも学術的にも興味の対象となり,古くから多くの研究が行われてきた[1].本章ではさまざまな超分子ポリマー系が示す典型的な線形粘弾性挙動を紹介し,レオロジー測定からわかる超分子ポリマー材料の力学特性について,その構造と関連づけて解説する.

2 超分子ポリマーネットワーク系

多点水素結合のような特異的な非共有結合により低分子が線状につながり,絡み合うと,高分子の絡み合い系と同様の形態となる[2].また,非共有結合が多分岐的に形成されると,ゴムやゲルのような架橋高分子に似た形態となる.図1(a)にその様子を模式的に示す.これは超分子ポリマーの典型的なネットワーク構造である.構成単位が高分子の場合は図1(b)に示すような形態をとり,いわゆる物理架橋高分子網目となる.

超分子ポリマー中の非共有結合は結合⇄解離の平衡状態にあり,その結合の特異性(強さ)ゆえに,平衡は結合側に大きく偏っている.しかしそれらは必ずある寿命(τ_{life})をもって解離する.つまり超分子ポリマーネットワークのレオロジー特性はτ_{life}により支配される場合が多い.低分子が一次元的に結合し,その会合体の長さが有限であるとすると,線状の分子集合体は,絡み合った高分子系と同様に,レプテーション運動(周囲の分子がつくる管のなかを一次元的に拡散する運動)により緩和できる.この緩和時間をτ_{rep}とすれば,超分子ポリマーが無限に長い構造をとる場合や,三次元的に物理架橋する場合(図1),τ_{rep}は非常に長くなり,$\tau_{rep} \gg \tau_{life}$となる.このとき,系の流動をつかさどる終端緩和は,τ_{life}により決まることになる[3].また,貯蔵弾性率G'と損失弾性率G''の周波数ω依存性は,次式のMaxwellモデルで近似的に表現できることが知られている[4~8].

$$G' = \frac{G_N \omega^2 \tau^2}{1 + \omega^2 \tau^2}, \quad G'' = \frac{G_N \omega \tau}{1 + \omega^2 \tau^2} \quad (1)$$

ここで,G_Nは平坦域弾性率,τは粘弾性緩和時間

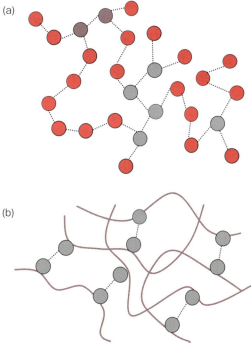

図1 2種類の超分子ポリマー形態
(a) 会合性モノマーの超分子ポリマー,赤色丸は線状につながったモノマー,灰色丸は分岐したモノマー,(b) 会合性ポリマーの超分子ポリマー,灰色丸は高分子中の会合成官能基.

で，$\tau \sim \tau_{life}$ となる．ちなみに，Cates はレプテーションと結合寿命の競合を考慮し，粘弾性緩和時間が $\tau = \sqrt{\tau_{rep} \tau_{life}}$ で一般的に与えられると主張している[3]．

式(1)が成立する一例として，図2に四方ら[4, 5]によって報告された N,N',N''-トリス(3,7-ジメチルオクチル)ベンゼン-1,3,5-トリカルボキシアミン(DO_3B)（ラセミ体）のテトラデカン(C14)溶液に関する G' と G'' の周波数 ω 依存性を示す．図3に示すように DO_3B は三つのアミド基が上下で水素結合することにより線状につながるが，ラセミ体であることも影響し，ところどころに不完全な水素結合（欠陥）ができる．その欠陥が超分子ポリマーに柔軟性をもたらすと同時に，結合の分岐点にもなるため，屈曲性の三次元網目構造になると考えられている．この系の粘弾性スペクトルは，図2に実線で示したように，式(1)によりほぼ再現できる．緩和時間 τ は G'' がピークを示す周波数 ω_{peak} の逆数に等しくなり（$\tau = \omega_{peak}^{-1}$），高周波数側で一定になる G' の値が G_N となる．G'' のピーク位置はあまり DO_3B 濃度 c に依存しないが，G_N はおおむね c^2 に比例して増加する．前者の挙動（$\tau \sim c^0$）は，この系の緩和が結合点の寿命によって支配されていることを意味し，単純に $\tau \sim \tau_{life}$ と考えられる．一方 $G_N \sim c^2$ の依存性は，絡み合った高分子溶液系の挙動ときわめて似ており，この超分子系が図1(a)のような網目構造をもつという考え方を支持する．網目鎖の変形によるエントロピー変化が弾性の起源だと仮定すると，G_N は絶対温度 T，ボルツマン定数 k_B，単位体積中の有効架橋点密度 ν（または有効架橋点間を結ぶ網目のサイズ ξ）と次式で関係づけられる．

$$G_N = \nu k_B T = \frac{k_B T}{\xi^3} \qquad (2)$$

つまり，線形粘弾性測定からは，寿命と網目の密度（あるいはサイズ）に関する情報が得られる．

式(1)で表されるような粘弾性スペクトルは，DO_3B/C14 系だけでなく，臭化セチルトリメチルアンモニウム(CTAB)とサリチル酸ナトリウム(NaSal)の混合水溶液が形成する紐状ミセル系においても成立することが古くから知られていた[12]．

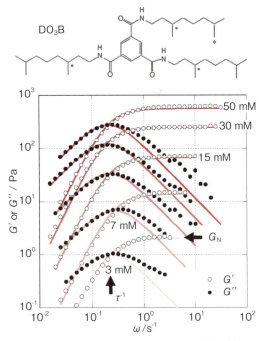

図2 各濃度における DO_3B/C14 溶液の粘弾性スペクトル
＊は不斉炭素，実線は式(1)のフィッティング結果．

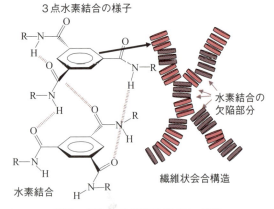

図3 DO_3B の超分子ポリマー構造

その後，線状高分子や4分岐星形高分子の鎖末端に，水素結合[6]や金属配位結合[7, 8]などの可逆的な結合基を導入した系でも，式(1)が成立することが報告されている．つまり，式(1)は線状あるいは網目状につながった構造体が寿命をもって切れたり再結合

したりする場合に共通した粘弾性挙動であるといえる.

さらに超分子ポリマーネットワーク系の多くの場合で, 時間-温度換算則が成立することも重要である[8, 10, 11]. 具体的には G_N は温度にあまり依存せず, τ のみが温度に依存する. これは会合点に関して, 結合⇄解離の平衡定数が一定で, 速度定数のみが変化することを意味する. 一般に τ が結合寿命で決まる場合, その温度依存性は次に示すアレニウスの式に従う.

$$\tau = A exp\left(\frac{E_a}{RT}\right) \qquad (3)$$

ここで A は定数, R は気体定数, E_a は活性化エネルギーである. Rossow らはターピリジン基を両末端に導入したポリエチレンオキシドとさまざまな金属から成る超分子錯体系において, 粘弾性緩和時間の温度依存性から, 非共有結合のエネルギーを見積もっており, たとえば水溶液中では, 金属が亜鉛の場合 57 kJ mol^{-1} 程度になることを報告している[8]. 注意すべきことは, 式(3)から得られる E_a はあくまでも見かけの活性化エネルギーだということである. 前述の Cates モデルでは, 超分子の非共有結合エネルギーと, レプテーション運動の活性化エネルギーの和として E_a が与えられる[3, 7, 8, 12].

3 Maxwell モデルが成立しない系

(1) $\tau_{life} \sim \tau_{rep}$ の場合

これまでの内容は $\tau_{life} \ll \tau_{rep}$ の場合に限ってきた. では τ_{life} と τ_{rep} が近くなるとどのようになるだろうか. 詳細な報告例は少ないが, たとえば CTAB/NaSal 系で, NaSal の CTAB に対するモル比を 1:1 よりも下げると, 紐状ミセルの会合寿命が長くなり, かつミセルの長さが短くなることが知られている[13]. この場合, 紐状ミセルの長さは, 最確分布に従い(ラジカル重合によって合成された高分子の分子量分布に近い), その $G'(\omega)$ と $G''(\omega)$ 曲線が, ラジカル重合により得られるポリスチレンの溶液系のそれにほぼ等しくなる. つまり, それは緩和時間分布をもち, 式(1)の Maxwell 型と比べブロードなスペクトル形状になる. また NaSal 濃度の増加に伴って粘弾性スペクトルはシャープになり, Maxwell 型に徐々に変化する様子も報告されている[13].

(2)ネットワーク構造が不完全な場合

超分子ポリマーネットワークが不完全に形成される場合, 中途半端につながった(パーコレートしない)会合体が存在する. これは超分子相互作用が弱いか, 会合基の濃度が低い場合に起こりうる[10, 14]. このとき, 各会合体はそのサイズに応じた緩和時間をもつため, 緩和時間分布が生じ, 式(1)よりもブロードなスペクトルとなる.

(3)不均質構造が形成される場合

剛直な超分子構造が形成されるときのレオロジー特性が, Callies らによって報告されている[15]. 彼らは屈曲性高分子の中心部にトリウレア基を導入することで, 尿素基間の多点水素結合により剛直な棒状の構造を形成させ, その周りをゴム状の屈曲性高分子が取り囲んだ超分子材料を作製した. これは高分子と繊維状フィラーのコンポジットのようなものであり, 粘弾性スペクトルは, その不均一な構造を反映して, マトリックス高分子の緩和に, さらに剛直な構造体由来の緩和が加わったかたちとなる. この材料は, 超分子部分が熱的あるいは機械的に破壊されても再形成可能であるため, 熱可塑性や自己修復性をもつ点が特徴的である. このような不均質構造に由来する粘弾性スペクトルは, ほかにもいくつかの報告例がある[16].

4 おわりに

超分子ポリマー系のレオロジー特性は, その非共有結合特性と密接に関係している. レオロジー測定が, 非共有結合の寿命や, そのネットワーク構造を簡便かつ定量的に調べるために有効な手法であることは, 本章で紹介したとおりである. しかし超分子ポリマーのダイナミクスは, 本章で触れなかった自己修復能や刺激応答性などにも, 関係しているはずで, そのメカニズムを解明していくためには, 非線形レオロジーも含めた, さらに進んだ解析が必要であろう[6].

◆ 文 献 ◆

[1] K. Hanabusa, H. Sirai, *Kobunshi Ronbunshu*, **52**, 773 (1995).

[2] S. Seiffert, J. Sparkel, *Chem. Soc. Rev.*, **41**, 909 (2012).

[3] M. E. Cates, *Macromolecules*, **20**, 2289 (1987).

[4] T. Shikata, D. Ogata, K. Hanabusa, *J. Phys. Chem. B*, **108**, 508 (2004).

[5] A. Sakamoto, D. Ogata, T. Shikata, O. Urakawa, K. Hanabusa, *Polymer*, **47**, 956 (2006).

[6] T. Yan, K. Schröter, F. Herbst, W. H. Binder, T. Thurn-Albrecht, *Macromolecules*, **50**, 2973 (2017).

[7] T. Vermonden, M. J. van Steenbergen, N. A. M. Besseling, A. T. Marcelis, W. E. Hennink, E. J. Sudhölter, M. A. Cohen Stuart, *J. Am. Chem. Soc.*, **126**, 15802 (2004).

[8] T. Rossow, S. Seiffert, *Polym. Chem.*, **5**, 3018 (2014).

[9] T. Shikata, H. Hirata, K. Kotaka, *Langmuir*, **3**, 1081

(1987).

[10] R. F. M. Lange, M. V. Gurp, E. W. Meijer, **37**, 3657 (1999).

[11] A. Noro, Y. Matsushita, T. P. Lodge, *Macromolecules*, **41**, 5839 (2008).

[12] W. Koben, N. A. M. Besseling, M. A. Cohen Stuart, *J. Chem. Phys.*, **126**, 024907 (2007).

[13] K. Morishima, T. Inoue, *J. Rheol.*, **60**, 1055 (2016).

[14] O. Urakawa, A. Shimizu, M. Fujita, S. Tasaka, T. Inoue, *Polym. J.*, **49**, 229 (2017).

[15] X. Callies, C. Vechambre, C. Fnteneau, S. Pensec, J. M. Chenal, L. Chazeau, L. Bouteiller, G. Ducouret, C. Creton, *Macromolecules*, **48**, 7320 (2015).

[16] F. Herbest, K. Shröter, I. Gunkel, S. Gröger, T. Thurn-Albrecht, J. Balbach, W. H. Binder, *Macromolecules*, **43**, 10006 (2010).

Chap 4-⑧
動的架橋ゲルの
レオロジー・破壊

眞弓　皓一　伊藤　耕三
（東京大学大学院新領域創成科学研究科）

1 はじめに

高分子鎖を架橋して形成された三次元ネットワークに溶媒が閉じ込められた高分子ゲルは、その高い生体適合性から、人工関節・血管などの生体材料への応用が期待されながらも、低い力学強度が応用の妨げとなっていた。しかし2000年代に入ってから、さまざまな分子技術を駆使することで、力学強度が飛躍的に向上した高強度ゲルが数多く報告されるようになり、「ゲルは脆くて弱い」という常識は過去のものとなりつつある。本章では、とくに非共有結合を高分子間の架橋に用いた動的架橋ゲルに着目し、架橋点の動的なダイナミクスとマクロな大変形・破壊特性の相関を理解するうえで必要な評価・解析手法を紹介する。前半では架橋点が可逆的に解離・再結合する可逆架橋ゲルについて、後半では環状分子によって高分子が架橋された環動ゲルについて、最新の動向を交えて概説する。

2 可逆架橋ゲルの力学・破壊物性

高分子間の架橋にイオン結合、水素結合、配位結合、疎水性相互作用、ホスト・ゲスト相互作用などの可逆結合を用いることで、高分子ゲルの力学強度が飛躍的に向上することが明らかとなっている[1〜4]。2012年にZ. Suoらは、共有結合で架橋されたポリアクリルアミドネットワークとイオン結合で架橋されたアルギン酸ネットワークを連結することにより、破断伸び2,000%以上、破断応力100 kPa以上を示す高強度ゲルの開発に成功し、大きな注目を集めた[1]。

可逆架橋ゲルの高強度化メカニズムには、可逆架橋点の解離・再結合に伴う高分子ネットワークの組み換え〔図1(a)〕が深く関与している。可逆架橋点のダイナミクスを特徴づけるパラメータは架橋点の解離時間および再結合時間だが、これらを評価するには、歪み履歴の異なる2種類の一軸伸長試験を実施すればよい[5, 6]。図1(b)に示したように、一つは一定歪み、もう一つは一定歪み速度における応力σの変化を調べる。ここでは、単純な化学構造をもつモデルゲルとしてポリビニルアルコール（PVA）を共有結合およびホウ酸イオンによる可逆結合によって架橋したデュアルクロスリンク（DC）ゲルの測定結果を紹介する[5, 6]。一定歪みおよび一定歪み速度の条件において、測定時間tに対する規格化応力$f^*(t)$の変化を図1(b)に示す。規格化応力$f^*(t)$は伸長比λを用いて以下のように定義する。

$$f^*(t) = \sigma / (\lambda - \lambda^{-2}) \quad (1)$$

$f^*(t)$は変形中における緩和弾性率と見なすことができる。一定歪み条件下における力学緩和は、可逆架橋点の解離ダイナミクスを直接的に反映している。歪みが一定の場合、一旦鎖が可逆架橋点から解離して張力を解放すると、その後架橋点と再結合しても、その鎖に歪みが加わることはないため、張力は発生しない。一方、一定歪み速度で延伸し続けた場合は、延伸の途中で可逆架橋点から解離した高分子鎖が再結合すると、再度鎖は伸長されて張力が発生する。したがって、一定歪み速度における$f^*(t)$は、再結合された鎖が担う応力分が加算される分、一定歪みにおける$f^*(t)$よりも大きな値となり、緩和も遅くなる。解離ダイナミクス、再結合ダイナミクスによる応力変化を記述するモデル関数を用いると[5, 6]、一定歪みにおける$f^*(t)$のフィッティングから、解離時間は$t_B = 0.6$ s、さらに一定歪み速度における$f^*(t)$のフィッティングから、再結合時間は$t_H = 0.04$ sとなった。

実際に可逆架橋ゲルの強靭性を評価するには、亀

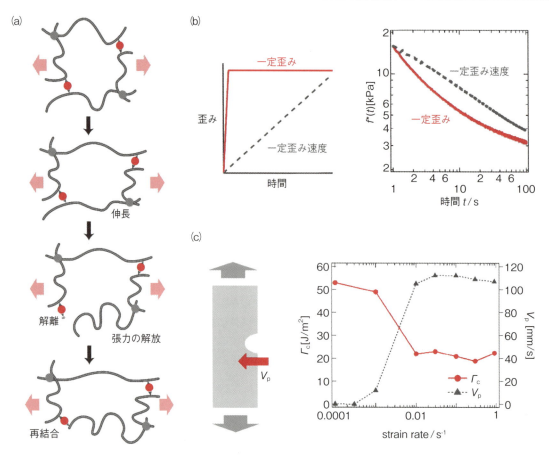

図1 可逆架橋ゲルにおける分子ネットワークの組み換えと力学・破壊特性
(a) 可逆架橋点をもつ DC ゲルの模式[5,6]．可逆架橋点(赤色)の解離・再結合によって網目構造が組み変わる．(b) 一定歪みおよび一定歪み速度での歪み変化と DC ゲルにおける規格化応力 $f^*(t)$ の緩和[5,6]．(c) 亀裂進展試験用試験片の模式図と DC ゲルにおける亀裂進展速度 V_p および破壊エネルギー Γ_c の歪み速度依存性[7]．

裂進展試験による破壊エネルギーの定量が有効である．破壊エネルギー Γ は，新しい破壊断面を単位面積形成するのに必要なエネルギーである．亀裂進展試験では，図1(c)に示したように，短冊状試験片の中央に切れ込みを入れ，試験片を一定歪み速度で延伸する．延伸の初期段階では亀裂は進展せずに開口するのみであるが，ある伸長比 λ_c を超えると亀裂が進展して，最終的に破断に至る．この際に試験片に加えられた単位体積あたりの歪みエネルギー W から破壊エネルギー Γ を求めることができる．

$$\Gamma = 6\, c\, W/(\lambda_c)^{1/2} \tag{2}$$

ここで，c は亀裂の初期長である．通常の弾性体の場合，W は伸長比 λ_c まで試験片を伸長させた際の応力歪み曲線の面積から求めるが，可逆架橋ゲルのように伸長に伴う内部構造変化が顕著な粘弾性体の場合は W の見積もりに注意が必要である．伸長比 λ_c まで試験片を伸長する際に蓄えられた歪みエネルギーのうち，亀裂が進展する過程においては，一部のエネルギーは亀裂の成長に使われ，残りは可逆架橋ネットワークの組み換えに伴って熱エネルギーとして系外に散逸されてしまう．両者のバランスは

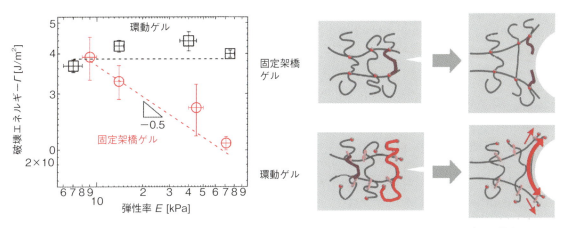

図2　環動ゲルおよび固定架橋ゲルにおける破壊エネルギーΓの弾性率依存性と破壊メカニズムの模式図

可逆架橋点の解離・再結合時間と亀裂進展速度との兼ね合いで決まるが，可逆架橋ネットワークの力学モデル[5, 6]を用いることで，亀裂成長に使われた正味の歪みエネルギー密度W_cを算出し，真の破壊エネルギーΓ_cを見積もることができる[7]．DCゲルについて，さまざまな歪み速度において亀裂進展試験を行った結果を図1(c)に示す．歪み速度が速い場合は亀裂進展速度も速いが，$0.01\ s^{-1}$以下の歪み速度では，亀裂の進展が著しく遅くなっていることがわかる．また，正味の破壊エネルギーについても，同じく$0.01\ s^{-1}$以下の歪み速度域において増大しており，可逆架橋点の存在による高強度化が実現している．$0.01\ s^{-1}$以下の低歪み速度域では，亀裂の進展は十分に遅く，亀裂進展中も可逆架橋点の解離・再結合によるネットワークの組み換えが随時起こって，エネルギー散逸はほぼ0である．ネットワークの組み換えによって網目構造が常に最適化され，応力を分散させることで亀裂の進展を抑制し，結果として高強度化が達成されたと解釈できる．

3　環動ゲルの力学・破壊物性

高分子鎖を環状分子から成る八の字架橋点によって連結した環動ゲル(図2)は，優れた伸張性・機械強度を示す[8]．環動ゲルを延伸すると，八の字架橋点が高分子鎖上をスライドすることでネットワーク構造が均一化され，内部における応力の不均一性が解消されると考えられている．架橋点の動的性質によってネットワーク構造が組み変わるという点では可逆架橋ゲルと類似している．しかし，室温下における粘弾性試験結果を比較すると，可逆架橋ゲルは先述のとおり顕著な力学緩和を示すのに対して，環動ゲルでは緩和は見られず，きわめて弾性的な応答を示すことが知られている[9]．これは，通常の力学試験のタイムスケールに比べて環動ゲルにおける八の字架橋点のスライドが十分に速く，ネットワーク構造の組み換えが瞬時に起こっているためであると考えられる．

筆者らはスライド可能な架橋点をもつ環動ゲルの高強度化メカニズムを明らかにするために亀裂進展試験を実施し，共有結合で架橋された通常の固定架橋ゲルとの比較を行った[9]．架橋密度を変えることで弾性率を調整した固定架橋ゲルおよび環動ゲルの破壊エネルギーを図2に示す．通常の固定架橋ゲルでは，架橋密度の増大とともに架橋点間鎖長が短くなり，破壊エネルギーは減少する．つまり，ゲルは硬くなるほど脆くなり，硬さと強靭性は相反してしまう．一方環動ゲルでは，破壊エネルギーは架橋密度によらず一定であり，環動ゲルの靭性(破壊エネルギー)と硬さ(弾性率)は独立していることが明らかとなった．これは，環動ゲルの弾性率は固定架橋ゲルと同様，平均の架橋点間距離(図2中の茶太鎖の長さ)に支配されるが，破壊靭性は亀裂先端にお

いて八の字架橋点がスライドできる距離（**図2**中の赤い鎖の長さ）に依存しており，それぞれ異なる分子的起源をもつためである．

4 まとめ

動的架橋ゲルの破壊特性を理解するには，網目構造が組み変わるダイナミクスを力学緩和から推定したうえで，亀裂進展試験によって破壊エネルギーを定量し，動的架橋の分子レベルでのダイナミクスとマクロな破壊靭性との相関を解き明かす必要がある．今後も架橋点の運動性制御に基づいた高強度ゲルの新規設計が期待される．

◆ 文 献 ◆

[1] J. Y. Sun, X. Zhao, W. K. Illeperuma, O. Chaudhuri, K. H. Oh, D. J. Mooney, J. J. Vlassak, Z. Suo, *Nature*, **489**, 133 (2012).

[2] M. A. Haque, T. Kurokawa, G. Kamita, J. P. Gong, *Macromolecules*, **44**, 8916 (2011).

[3] T. L. Sun, T. Kurokawa, S. Kuroda, A. B. Ihsan, T. Akasaki, K. Sato, M. A. Haque, T. Nakajima, J. P. Gong, *Nat. Mater.*, **12**, 932 (2013).

[4] D. C. Tuncaboylu, M. Sahin, A. Argun, W. Oppermann, O. Okay, *Macromolecules*, **45**, 1991 (2012).

[5] R. Long, K. Mayumi, C. Creton, T. Narita, C. Y. Hui, *Macromolecules*, **47**, 7243 (2014).

[6] 眞弓皓一, 成田哲治, C. Creton, 高分子論文集, **72**, 597 (2015).

[7] K. Mayumi, J. Guo, T. Narita, C. Y. Hui, C. Creton, *Extreme Mech. Lett.*, **6**, 52 (2016).

[8] K. Ito, *Polym. J.*, **39**, 489 (2007).

[9] C. Liu, H. Kadono, K. Mayumi, K. Kato, H. Yokoyama, K. Ito, *ACS Macro Lett.*, **6**, 1409 (2017).

Chap 5

研究会・国際シンポジウムの紹介

前田 大光
(立命館大学生命科学部)

❖はじめに

　超分子ポリマーに関連する研究は，分子素材の設計・合成，現象の評価や形成機構の解明，材料応用など多岐にわたり，日本化学会年会や高分子学会討論会・年次大会でも盛んに議論されている．最近では，隔年で開催される理化学研究所創発物性科学研究センター主催の超分子化学と機能性材料に関する国際シンポジウム(CEMSupra)でも関連内容の発表がなされている．本章では超分子全般に焦点を当てた国際会議(ISMSC)および国内会議(SHGSC)を紹介したい．

❖大環状および超分子化学国際会議(ISMSC)

　大環状および超分子化学国際会議(International Symposium on Macrocyclic and Supramolecular Chemistry：ISMSC)は分子間相互作用を示す環状化合物および超分子集合体に関する研究を議論する国際シンポジウムで，毎年開催されている．前身となっているのは International Symposium on Macrocyclic Chemistry(ISMC)で，これは1977年に Symposium on Macrocyclic Compounds として R. M. Izatt と J. J. Christensen によってアメリカ・プロボで開催されたものが始まりである．1985年に ISMC と名称を変更し，おもに環状化合物を発表対象として2005年の第30回まで実施された．そのあいだに，日本では木村榮一先生(広島大学)が1987年(第12回)に広島で，新海征治先生(九州大学)が2001年(第26回)に福岡でシンポジウムを開催し，オーガナイザーを務めている．ISMC は2006年に現在の ISMSC として引き継が

れ(開催回数が第1回からと更新された)，2017年(第12回・ISMSC2017)にはイギリス王立化学会(RSC)の International Symposia on Advancing the Chemical Sciences(ISACS)の一環として，イギリス・ケンブリッジで開催された．2010年(平城遷都1300年)には奈良で実施され，藤田誠先生(東京大学)と井上佳久先生(大阪大学)がオーガナイザーを務めた．2018年はカナダ・ケベックシティで開催されている．

　ISMSC では，シンポジウムの設立者である R. M. Izatt と J. J. Christensen の名前を冠した Izatt-Christensen Award が1991年に設定され，この分野の第一人者の研究者に授与されている．日本人ではこれまで，木村榮一先生(1992年)，新海征治先生(1998年)，藤田誠先生(2004年)，原田明先生(2008年)が受賞している．書籍 *Macrocyclic and Supramolecular Chemistry* (Edited by R. M. Izatt)に ISMSC および Izatt-Christensen Award の詳細の記載があり，とくに受賞者の研究の概要に関してまとめられているので参考にされたい[1]．また，1987年ノーベル化学賞受賞者の名前を冠した Cram-Lehn-Pedersen(CLP)Prize が学位取得10年未満の若手研究者を対象として設定され(2011年)，日本では生越友樹先生(京都大学)が2013年に受賞している．

❖ホスト-ゲスト・超分子化学シンポジウム (SHGSC)

　ホスト-ゲスト・超分子化学シンポジウム

写真1 SHGSC2017でのポスター会場の様子

(SHGSC)は，ホスト-ゲスト・超分子研究会(AHGSC)を主催団体とし，国内学協会の協賛により毎年実施されている．1985年のクラウン化合物若手研究会を発端として2006年から開催されていたホスト・ゲスト化学シンポジウムを基盤としている(詳細はAHGSCのホームページ http://www.chem.tsukuba.ac.jp/hgsupra/参照)．2017年(第15回)には筆者が組織委員長となり，新たに超分子化学一般も組み込んで，ホスト-ゲスト・超分子化学シンポジウムへと名称を変更した．秋に開催されるバイオ関連化学シンポジウムの合同シンポジウムとして開催されることもある．

SHGSCは，「分子認識」と「超分子」を中心とする有機化学・無機化学・分析化学・高分子化学・生化学・生体関連化学・材料科学・超分子化学・バイオテクノロジー化学など，分子間相互作用にかかわるすべての研究を討論主題としている．「ホスト-ゲスト」「超分子」という概念は，もともと生体における機構・機能解明に端を発する生体関連化学を基礎としている．分子(化学種)間に働く相互作用は，生体内だけではなく，将来の電子・光材料へと展開する，分子集合化・組織化と深く関連する．このような分子(化学種)間に働く相互作用を利用した機能性分子システムは以前から注目を集めており，2016年のノーベル化学賞が超分子化学による分子機械(Sauvage, Stoddart, Feringa)に対して授与されたことは記憶に新しい．SHGSCではこのような生命活動の解明から新規材料開発に密接に関連するホスト-ゲスト，超分子，分子間相互作用を研究対象とする最新の成果を発表し，徹底的な議論・討論することを目的としている．

2017年6月3～4日に立命館大学 びわこ・くさつキャンパスで開催された第15回シンポジウム(SHGSC2017)には235名が参加し，一般講演162件(口頭34件、ポスター128件)の申し込みがあった(写真1)．特別講演では高田十志和先生(東京工業大学)に講演いただき，また40歳前後の比較的若手の研究者として矢貝史樹先生(千葉大学)と生越友樹先生(京都大学)に招待講演をお願いした．SHGSC2017では学生対象の従来のポスター賞に加え，RSCの支援のもと，雑誌名を冠とするポスター賞(Chemical Science賞, Chemical Communications賞, Organic & Biomolecular Chemistry賞)を上位3名に授与した(写真2)．さらにSHGSCでは，Journal of Inclusion Phenomena and Macrocyclic Chemistry

写真2 SHGSC2017におけるポスター賞受賞者

(Springer)と連携してSHGSC Japan Award of Excellenceを設定し，45才以下のシンポジウム発表者のなかから1～2名に授与している．また，SHGSCに貢献された先生を対象には功労賞が設けられ，これまで2013年に故築部浩先生(大阪市立大学)，2017年に戸部義人先生(大阪大学)に贈られている．2018年は，青木伸先生(東京理科大学)を組織委員長とし，6月2～3日に東京理科大学 野田キャンパスで開催された．

◆ 文 献 ◆

[1] "Macrocyclic and Supramolecular Chemistry：How Izatt-Christensen Award Winners Shaped the Field," ed. by R. M. Izatt, John Wiley & Sons (2016).

Part II

研究最前線

Part II
研究最前線

Chap 1

超分子ポリマーの
トポロジー制御

Control Over the Topology of Supramolecular Polymers

矢貝 史樹
(千葉大学グローバルプロミネント研究基幹)

Overview

超分子ポリマーは，共有結合を用いない重合プロセスに恩恵を受けた光／電子機能の設計性や自己修復能の高さから，高機能性材料として産学両面で注目を集めている．しかし，超分子ポリマーが一次元分子集合体の域を超えて，真にポリマーの仲間入りを果たすには，克服しなければならない課題が多く存在する．その一つが，高次構造の欠如である．タンパク質に代表されるように，ポリマーの物性や機能は，主鎖の化学構造のみならず，高次構造によって大きく変化する．しかし超分子ポリマーは，主鎖そのものが非共有結合から成るため，その高次構造をさらに非共有結合で制御することは困難である．本章では，"高次構造をもった超分子ポリマー"への筆者らのアプローチについて紹介する．

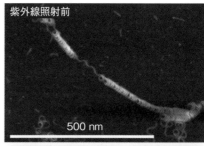

紫外線照射前
500 nm

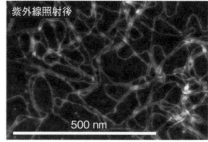

紫外線照射後
500 nm

▲光でほどける超分子ポリマー
[カラー口絵参照]

■ **KEYWORD** □マークは用語解説参照

- トポロジー(topology)
- 高次構造(higher order structure)
- 光異性化(photoisomerization)
- らせん構造(helical structure)
- 環状構造(toroidal structure)
- 速度論支配(kinetic control)
- 原子間力顕微鏡(atomic force microscopy：AFM)

はじめに

タンパク質がアミノ酸の重合体であることは本書の読者なら誰でも知っているであろう．しかし，タンパク質の高度な機能の秘密がどこにあるのかきちんと答えられる人は少ないのではないだろうか．タンパク質の分子認識・触媒作用・情報記録などの機能の源は，その高次構造にあるといえる．タンパク質のポリペプチド鎖は，アミノ酸残基間の相互作用（おもに水素結合）によって折りたたまれ，トポロジーとして分類される形状へと組織化する．タンパク質の高度な機能と構造の密接な関連性は，合成高分子の発展においてもトポロジー制御がいかに重要であるかを明示しており，事実，合成高分子におけるトポロジーの制御は新物性や新機能を生み出す新たな研究の潮流として発展しつつある[1]．

これに対し超分子ポリマーは，主鎖そのものが非共有結合によって形成されているため，その高次構造を非共有結合で制御することは困難である[2]．とくに最近では，π電子豊富な分子をモノマーとして用いることで，超分子ポリマーの主鎖に機能をもたせているものが多い．それらはπ-πスタッキングや水素結合などの複数の指向性のある相互作用の協働によって超分子重合が達成されており，内部の構造規則性が高まり，機能性が増す一方で[3]，主鎖は剛直になるため，トポロジーの制御はきわめて困難になる〔図1-1(a)〕．

筆者らの研究室では現在，独自に見いだした，「均一な曲率を伴って超分子重合する分子」を基軸として，さまざまな高次構造をもった超分子ポリマーの開発を推進している〔図1-1(b)〕．本章では，この前例のない超分子ポリマーの開発に至った経緯を，最近明らかになってきた重合メカニズムの解説も踏まえて紹介する．

1 環化した超分子ポリマー

この見出しは少し注意が必要である．超分子ポリマーを形成しうるモノマーの構造が柔軟な場合，低濃度において超分子ポリマーに対して相対的に会合数の小さい環状オリゴマーが優先的に形成されうる．閉じた構造である環状オリゴマーの形成は，オリゴマー鎖内(intrachain)での反応であり，オリゴマー鎖の伸長と競合する．モノマー濃度を上げていくと，やがて有効モル濃度〔Effective Molarity，鎖内反応と伸長反応の速度定数（あるいは平衡定数）の比〕[4]に達し，伸長反応が優先する．環状オリゴマーが数分子のモノマーから成る場合，これらは超分子ポリ

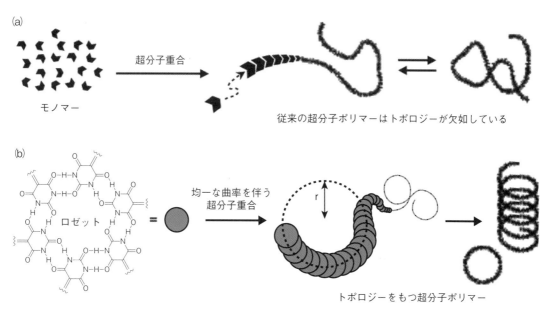

図1-1 本研究のコンセプト

| Part II | 研究最前線 |

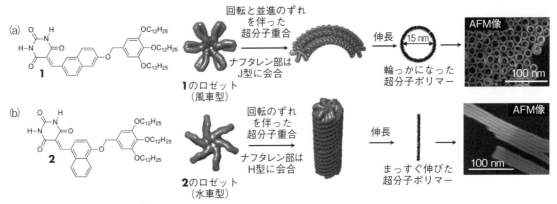

図1-2　ナフタレン-バルビツール酸化合物による超分子ポリマー形成
(a)環状超分子ポリマー，(b)直線状超分子ポリマー．

マーとは呼べず，超分子ポリマー形成を速度論的あるいは熱力学的に妨げる会合種となる．これに対し，見出しの"環化した超分子ポリマー"は，分子量的に超分子ポリマーと呼んでも差し支えない，末端と末端が結合して閉じた構造をもつポリメリックな集合体を指す．たとえばLeeらは，水中で両親媒性π共役分子から成る超分子ポリマーが環構造を形成することを報告している[5]．筆者らも，π共役分子を導入したメラミンとシアヌル酸によって形成される水素結合性複合体（ロゼット：Rosette[6]）が，アルカン系低極性溶媒中で直径20 nm程度の環状構造（ナノリング）を形成することを見いだした[7]．この時点では，このナノリングを超分子ポリマーと絡めて議論しなかったが，解釈次第では，長さ60 nm（円周に対応）ほどの超分子ポリマー（Meijerらの定義[8]からは外れるが）が環化したものと考えることができる．

では，ナノリングはほかの化合物からも得られるだろうか．メラミンとの会合によるロゼット形成は，シアヌル酸と似た構造のバルビツール酸でも起こりうる．そこでπ共役分子をバルビツール酸に導入した分子を合成したところ，それらは単独では安定であるものの，塩基性のメラミンと会合させると，retro-Knoevenagel反応によって，1日ほどでアルデヒド前駆体へと分解してしまうことがわかった．そこでバルビツール酸化合物のみを低極性溶媒中で集合させたところ，いくつかの化合物が高収率でナ

ノリングを与えていることが，AFM観察から明らかになった[9~11]．たとえば，図1-2(a)に示したナフタレンを含む化合物**1**をメチルシクロヘキサン（MCH）に加熱溶解させて分子分散状態にし，室温で放冷すると，高収率（> 90%）でナノリングが得られた．一方で，位置異性体である化合物**2**は，これぞ超分子ポリマー！といえる一次元ナノファイバーを与え〔図1-2(b)〕，似た分子であるにもかかわらず劇的に異なったナノ構造が得られたことは少なからずわれわれを驚かせた．さらに**1**と**2**は，超分子重合に伴ってナフタレン部位が異なる会合様式（J会合とH会合）をとることが，温度依存吸収ならびに蛍光スペクトルにより明らかになった[10]．

ここで，化合物**1**や**2**は，どのようにして超分子重合しているのだろうか．そのヒントは，別プロジェクトとして進行していた有機薄膜太陽電池研究からもたらされた．そしてバルビツール酸を導入したオリゴチオフェン化合物が，可溶性フラーレン誘導体との混合溶液の塗布によって一次元ナノ構造を形成し，バルクヘテロ型有機薄膜太陽電池の水素結合性材料としては傑出した性能を示すことを見いだした[12,13]．これらのオリゴチオフェン化合物の固液界面における分子配列を走査型トンネル顕微鏡（STM）により調査すると，バルビツール酸同士の水素結合によるロゼット状六量体やテープ状多量体が形成していた（図1-3）[14]．テープ状多量体は超分子ポリマーそのものであるが，フラットな構造と高

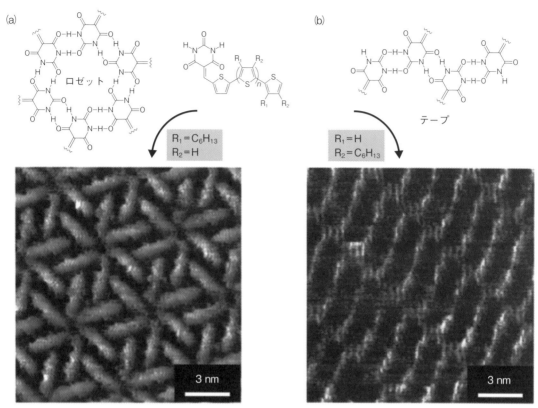

図1-3 オリゴチオフェン-バルビツール酸化合物の固液界面におけるSTM像
(a)ロゼット構造, (b)テープ構造.

い結晶性などから**1**, **2**のナノ構造の基盤構造にはなりえない.そこで,ロゼット状六量体が超分子重合するモデルに絞り,六量体を分子計算により構造最適化した.すると**1**のロゼットは,ナフタレン環のねじれが小さい,風車のような構造に安定化された〔図1-2(a)〕.一方**2**のロゼットは,立体障害によってナフタレン環がねじれ,水車のように羽根が垂直に立った構造に安定化された.これらの幾何構造と前述した会合様式から,次のような超分子重合機構にたどり着いた.高い平面性をもつ**1**のロゼットは,回転と並進の2種の"ずれ"を伴って積層するこ

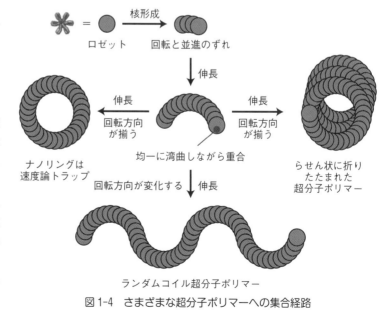

図1-4 さまざまな超分子ポリマーへの集合経路

| Part II | 研究最前線 |

とができ，この特殊なずれが曲率を生み出す〔図1-2(a)〕．一方 **2** のロゼットは，ナフタレンの立体障害によって並進のずれが抑制され，回転のずれのみを伴って積層し，シリンダー構造を与える〔図1-2(b)〕．これらの重合機構は，**1** は溶液中での小角中性子散乱／X線散乱同時測定によって[15]，**2** は固体薄膜の広角X線回折測定[16]によって証明された．

② リングかららせんへ

1 のロゼットが示す特殊な"ずれ"は，一定の曲率を伴って伸長する超分子ポリマーのデザインに利用できる．曲率が同一旋回方向で連続的に発生すればらせん構造となり，ランダムに発生すればランダムコイル構造となる（図1-4）．**1** のリングの直径は約15 nmであり，およそ800分子の **1**（約130枚のロゼット）が集まって形成されることになる．リングが形成される過程を温度制御吸収スペクトル測定で追跡し，核形成と伸長過程から成る協同的モデルにより解析すると，核形成時における会合数は20程度（ロゼット4枚程度）と見積もられた．したがって，核はロゼットが数枚積層したものから成り，リングの形成はそれよりもずっと重合が進んだ伸長過程で起こっていると考えられる（図1-4）．図1-2(a)のリングのAFM像をみると，ところどころに環化せずに湾曲しながら伸長した超分子ポリマーが存在する．これは，伸長過程において，環化するか，あるいはさらに伸長して超分子ポリマーを形成するかの，二つの経路が存在することを意味している（図1-4）．もし超分子重合が可逆的であるなら，一旦環化してリングが形成されたとしても，さらに熱力学的に安定な生成物を与える経路へと戻ることができるであろう．しかし，「室温で放冷」という重合条件では，形成されたリングは，速度論的に急速な溶液温度の低下によって安定化されるため，より安定な生成物を与える経路へと戻ることはできない（速度論的トラップ）．ここで，リングを形成してもさらに熱力学的に安定な生成物を与える経路へと戻ることができる条件，すなわち熱力学的条件で超分子重合を行えば，らせん状超分子ポリマーを得ることができる

かもしれない．なぜなら，十分に伸長したらせん構造は，タンパク質 α ヘリックスのように，折りたたまれた主鎖間の相互作用によって熱力学的に安定化されるからである．フォルダマーと呼ばれる折りたたみ構造を取るオリゴマーも同様の仕組みで安定化される[17]．しかし実際には，**1** の溶液を毎分0.1℃で冷却しても，主生成物はリングであった．すなわち **1** のリングは熱力学的にも安定であることが示された．

リングの速度論的トラップを浅くし，伸長した超分子ポリマーへの経路を支配的にするにはどうすればよいだろうか．集合体の調製は通常数 $100\,\mu$M 程度で行っている．吸収スペクトルデータからこの濃度領域での **1** の重合度は800程度と見積もられ，これはリングの平均円周から見積もられる重合度とほぼ一致する．すなわち，**1** はそもそも伸長した超分子ポリマーを与えるほど高い会合力をもっていない．理論上は濃度を高くすることで重合度を上げることができるが，高濃度では核形成の頻度も高まり，より多くの超分子ポリマーができてしまうため，1本1本の重合度が濃度に比例し，必ずしも大きくなるわけではない．

そこで別のアプローチとして，曲率を生み出す構造因子を保ちつつ，より高い会合力をもつモノマー分子を設計することにした．**1** のナフタレン部位はそのままに，末端のアルキル鎖部とのあいだにさまざまな π 系部位を導入した．すると，いくつかの分子からランダムコイルやらせん状の超分子ポリマーが得られた．そこで本章後半では，そのなかでもらせんを光でほどくことができる超分子ポリマーについて紹介する．

③ 光でらせんがほどける超分子ポリマー

筆者らの研究室では，アゾベンゼンやジアリールエテンなどのフォトクロミック分子を用いた分子集合体の開発も行っている[18]．フォトクロミック分子の構造は光異性化反応によって変化するため，非侵襲的に集合状態や集合構造を変化させることができる．筆者らは当初，図1-5(a)に示す，**1** にアゾベンゼンを組み込んだ **3** を用いてナノリングをつく

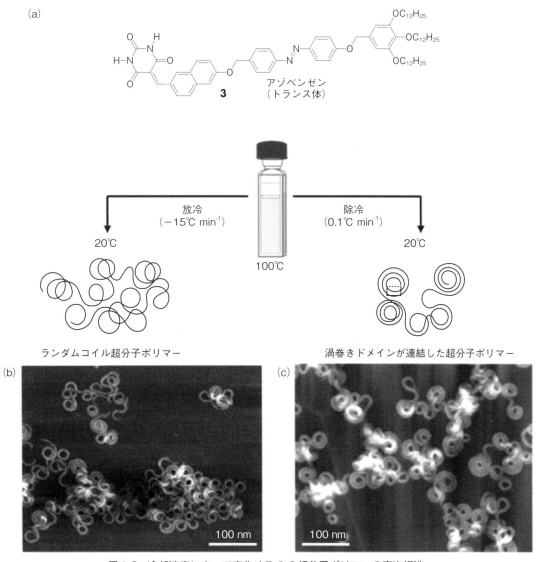

図1-5 冷却速度によって変化する**3**の超分子ポリマーの高次構造

ることができれば，トランス−シス光異性化によって超分子ポリマーの曲率が変化し，「光開環」を引き起こせると予想した．しかしながら，**3**のMCH溶液を100℃から放冷すると，一定の曲率をもつランダムコイル状超分子ポリマーが得られた[図1-5(b)]．温度制御吸収スペクトル測定により**3**の超分子重合過程を調査すると，**1**よりも大きい伸長エンタルピーが得られ(**1**；$\Delta H_e = -83.4$ kJ mol^{-1}，**3**；$\Delta H_e = -108$ kJ mol^{-1})．アゾベンゼンの導入によってロゼットの会合力が強化されることがわかった[19]．つまり湾曲部の曲率は**1**のナノリングとほとんど変化なく，アゾベンゼンの導入は曲率に影響を与えないようである．

図1-5(b)のAFM像を見ると，連結された湾曲ドメインの多くは反対方向へ旋回していることがわかる．超分子ポリマーの旋回方向は，ロゼット間の「回転のズレ」の方向によって決まるので，もしこの回転方向を重合過程において揃えることができれば，らせん構造が得られるはずである(図1-4)．回転方向が揃うと，ロゼット間の相互作用が長距離にわ

たって均一になるために分子間力が最大となり、熱力学的に安定になる。また、らせん構造が形成されると、ロゼット間でのスタッキングだけでなく、らせんの軸方向に沿って主鎖内で分子間力が働くため、さらなる安定化が期待できる（図1-4）。

ではなぜ放冷では熱力学的に安定ならせん構造が得られないのだろうか。それは、放冷による超分子重合では、重合速度が速すぎるため、上記に示すような生成物のエネルギー的な安定性を考慮することなく、超分子ポリマーが伸長してしまうためである。言い換えると、超分子重合は速度論支配下にあるといえる。より多くの分子間力によって安定化された精緻な集合体、すなわち熱力学的に安定な超分子ポリマーを形成するためには、高いエネルギー障壁（活性化エネルギー）を越えなければならない（図1-6）。速度論的な条件下ではこの高い障壁を越えることはできず、ロゼットは回転方向をしばしば変えながら重合し、準安定なランダムコイル状超分子ポリマーを与える。しかも**3**のロゼット間の相互作用は非常に強く、一旦形成された準安定な超分子ポリマーは安定な構造へと変化することができない（速度論的トラップ）。

以上から、らせん状超分子ポリマーを得るためには、ロゼットを長距離にわたって同一方向に回転させながら重合する必要がある。このような秩序だった分子配列を達成するためには、ロゼットの回転方向が変化してもそれまでの回転方向へと修復される

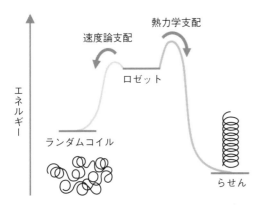

図1-6　ランダムコイル状とらせん状超分子ポリマーのエネルギーランドスケープ

ように重合に可逆性をもたせる必要がある。最も簡単な手法は、温度降下（冷却）速度を遅くする手法である。今日ではペルチェ素子によって精密な温度制御が可能な装置を分光器にオプションとして装備することができる。実際にこの温度制御装置を用いて**3**のMCH溶液を毎分0.1℃で冷却したところ、湾曲の旋回方向が揃うようになり、渦巻き状のドメインが連結した超分子ポリマーが得られた〔図1-5(c)〕。確実にらせん構造へと近づいたが、二つの渦巻きをつないでいる部分では、旋回方向が変化しているため、完全ならせんにはならない。さらに冷却速度を遅くしたいところではあるが、サンプル溶液を長時間高温で保持するために溶媒の揮発などの影響も無視できなくなるうえに、装置にも負荷がかかる。そこで、さらに熱力学的条件下で超分子重合を行うために、クロロホルムを混合した。良溶媒であるクロロホルムの存在によって、超分子重合は可逆性を増し、より熱力学的に安定な構造が得られると予想した。**3**のMCH溶液中のクロロホルム含有量を数パーセントずつ増やした溶液を調製し、それぞれ毎分0.1℃で冷却したところ、MCH：クロロホルムの混合比が85：15のときに、らせん状に折りたたまれた超分子ポリマーが選択的に形成された（図1-7左）。1本の超分子ポリマーにおけるらせんの巻き方向に偏りはあるが、分子**3**や溶媒に不斉情報が存在しないため、系全体ではらせんの巻方向に偏りはない。らせん性の制御は今後の課題であるが、不斉源として使える分子構造の多くは立体的にかさ高く、湾曲性を乱してしまうことがわかっている。

4　光でらせんをほどく

らせん状に折りたたまれた超分子ポリマー溶液に紫外光を照射すると、その形状は一変した。図1-7がそのAFM像である。紫外光照射によってらせん構造は徐々にほどけ、アゾベンゼンの20%ほどがシス体に異性化したところで（吸収スペクトルにより確認）ランダムコイル構造が得られた。さらに照射すると、30%がシス体になったところで完全に曲率を失って伸張した超分子ポリマーとなった。曲率を失った超分子ポリマーの溶液と、らせんの超分子

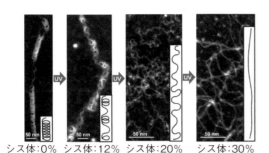

図1-7 紫外光照射でらせん構造がほどけていく過程を捉えたAFM像

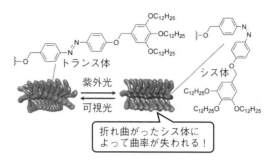

図1-8 アゾベンゼンの異性化によって曲率が失われる仕組み

ポリマー溶液を混合しても，両者は数日間平均化されることなく共存した．これはモノマーの交換速度が非常に遅いことを示している．したがって，光による形状変化は，ロゼットあるいはモノマー単位に解離した際に異性化が起こって，集合体が再構築される間接的なルートで起こるわけではなく[20]，超分子ポリマーの内部構造の変化による直接的なハードで起きていることがわかった．

アゾベンゼンのたった30%がシス体に異性化しただけでなぜ湾曲性が完全に失われるのだろうか．30%という比率をロゼットにあてはめてみると，6個のアゾベンゼンのうち平均2個がシス体に異性化したことになる．おそらくこの2個のシス体は，ロゼットが積層する軸方向に沿った2個のアゾベンゼンであり，屈曲したシス体が突き出してロゼットを配列させていると考えられる(図1-8)．事実，アゾベンゼンの異性化はシス体が30%生成したところで一旦落ち着き，それ以上異性化させようとすると，さらに強い紫外光を必要とした．

AFMによる形状変化の観察は，MCH溶液をHOPG基板にスピンコートして行っている(Part I，4章③参照)．このような実験結果について考察する際は，溶液中の超分子ポリマーが溶媒を失って基板上に固定化される際の形状変化も想定しなければならない．そこで筆者らは，光応答性分子集合体の研究を進める際は，溶液中でも同様の形態変化が起こっていることをほかの手法でも確認するように心がけている．たとえば光散乱などは，溶液に溶けた超分子ポリマーの大まかな形状を推測する際に役立つ．本系の場合は溶液X線小角散乱(SAXS)によって有益な情報が得られた．湾曲した3の超分子ポリマーは，その曲率に対応する明瞭なX線散乱ピークを与えた．そしてこの散乱ピークは，紫外光照射によって消滅した[19]．この結果から，光によるらせん構造の崩壊は溶液中でも起こっていることが証明された．

紫外光照射で伸張した超分子ポリマーの溶液に，可視光を照射して，アゾベンゼンがシスからトランスに異性化を引き起こすと，シス体が11%程度に減少したところで光定常状態となり，ランダムコイル構造が復活した．さらに，熱異性化によってシス体を0%としたところ，らせん構造は再生しなかった．これは，ランダムコイル構造が速度論的にトラップされていて自発的にらせん構造へと巻き戻ることができないためである．光でらせんに巻き戻る超分子ポリマーの開発は次の目標であるが，時間経過によって自発的にらせん構造へと巻き上がる系はすでに見いだしており[21]，これが実現への大きなヒントになるであろう．

5 まとめと今後の展望

超分子ポリマーの一次構造はモノマーの分子デザインにより無限に設計可能であるが，高次構造，すなわちトポロジーを制御できる超分子ポリマーはきわめて稀である．本研究では，曲率を伴う超分子重合という稀有の現象を基軸とし，リングやランダムコイル，らせんなどのいくつかの高次構造をもった超分子ポリマーの構築に成功した．また，それらを外部刺激によって形態変化させることにも成功した．筆者らの研究室では，すでに多くのトポロジーを

| Part II | 研究最前線 |

もった超分子ポリマーが生まれつつあるが，それら
は，われわれの予想を超えた多様な現象を示してい
る[22, 23]．これらの現象を解き明かすことによって，
超分子ポリマー研究においてこれまで見逃されてき
た「かたち」がもたらす物性や機能の重要性を実証す
ることができると考えている．また超分子ポリマー
を"一次元ナノマテリアル"として捉えると，そのス
ケールは，ボトムアップ的手法(分子設計)でも，
トップダウン的手法(成型加工)でも手が届かないメ
ゾスコピック領域にあるといえる．これらメゾスコ
ピック領域の一次元マテリアルがトポロジーに依存
して発現する物性は未知であり，新たな学術領域を
開拓する可能性を秘めている．

◆ 文 献 ◆

[1] 手塚育志, 現代化学, 5, 59 (2018).

[2] J. H. K. Ky Hirschberg, L. Brunsveld, A. Ramzi, J. A. J. M. Vekemans, R. P. Sijbesma, E. W. Meijer, *Nature*, **407**, 167 (2000).

[3] T. Aida, E. W. Meijer, S. I. Stupp, *Science*, **335**, 813 (2012).

[4] P. Y. Bruice, 『ブルース有機化学 第5版 下』大船泰史, 香月 勗, 西郷和彦, 富岡 清 監修, 化学同人 (2009), p. 1193.

[5] J.-K. Kim, E. Lee, Z. Huang, M. Lee, *J. Am. Chem. Soc.*, **128**, 14022 (2006).

[6] G. M. Whitesides, E. E. Simanek, J. P. Mathias, C. T. Seto, D. N. Chin, M. Mammen, D. M. Gordon, *Acc. Chem. Res.*, **28**, 37 (1995).

[7] S. Yagai, S. Mahesh, Y. Kikkawa, K. Unoike, T. Karatsu, A. Kitamura, A. Ajayaghosh, *Angew. Chem. Int. Ed.*, **47**, 4691 (2008).

[8] L. Brunsveld, B. J. B. Folmer, E. W. Meijer, R. P. Sijbesma, *Chem. Rev.*, **101**, 4071 (2001).

[9] S. Yagai, S. Kubota, H. Saito, K. Unoike, T. Karatsu, A. Kitamura, A. Ajayaghosh, M. Kanesato, Y. Kikkawa, *J. Am. Chem. Soc.*, **131**, 5408 (2009).

[10] S. Yagai, Y. Goto, X. Lin, T. Karatsu, A. Kitamura, D. Kuzuhara, H. Yamada, Y. Kikkawa, A. Saeki, S. Seki, *Angew. Chem. Int. Ed.*, **51**, 6643 (2012).

[11] S. Yagai, Y. Goto, T. Karatsu, A. Kitamura, Y. Kikkawa, *Chem. Eur. J.*, **17**, 13657 (2011).

[12] S. Yagai, M. Suzuki, X. Lin, M. Gushiken, T. Noguchi, T. Karatsu, A. Kitamura, A. Saeki, S. Seki, Y. Kikkawa, Y. Tani, K.-i. Nakayama, *Chem. Eur. J.*, **20**, 16128 (2014).

[13] H. Ouchi, T. Kizaki, M. Yamato, X. Lin, N. Hoshi, F. Silly, T. Kajitani, T. Fukushima, K.-i. Nakayama, S. Yagai, *Chem. Sci.*, **9**, 3638 (2018).

[14] X. Lin, M. Suzuki, M. Gushiken, M. Yamauchi, T. Karatsu, T. Kizaki, Y. Tani, K.-i. Nakayama, M. Suzuki, H. Yamada, T. Kajitani, T. Fukushima, Y. Kikkawa, S. Yagai, *Sci. Rep.*, **7**, 43098 (2017).

[15] M. J. Hollamby, K. Aratsu, B. R. Pauw, S. E. Rogers, A. J. Smith, M. Yamauchi, X. Lin, S. Yagai, *Angew. Chem. Int. Ed.*, **55**, 9890 (2016).

[16] M. Yamauchi, B. Adhikari, D. D. Prabhu, X. Lin, T. Karatsu, T. Ohba, N. Shimizu, H. Takagi, R. Haruki, S.-i. Adachi, T. Kajitani, T. Fukushima, S. Yagai, *Chem. Eur. J.*, **23**, 5270 (2017).

[17] D. J. Hill, M. J. Mio, R. B. Prince, T. S. Hughes, J. S. Moore, *Chem. Rev.*, **101**, 3893 (2001).

[18] S. Yagai, A. Kitamura, *Chem. Soc. Rev.*, **37**, 1520 (2008).

[19] B. Adhikari, Y. Yamada, M. Yamauchi, K. Wakita, X. Lin, K. Aratsu, T. Ohba, T. Karatsu, M. Hollamby, N. Shimizu, H. Takagi, R. Haruki, S.-i. Adachi, S. Yagai, *Nat. Commun.*, **8**, 15254 (2017).

[20] S. Yagai, K. Iwai, M. Yamauchi, T. Karatsu, A. Kitamura, S. Uemura, M. Morimoto, H. Wang, F. Würthner, *Angew. Chem. Int. Ed.*, **53**, 2602 (2014).

[21] D. D. Prabhu, K. Aratsu, Y. Kitamoto, H. Ouchi, T. Ohba, M. J. Hollamby, N. Shimizu, H. Takagi, R. Haruki, S. I. Adachi, S. Yagai, *Sci. Adv.*, **4**, eaat8466 (2018).

[22] B. Adhikari, K. Aratsu, J. Davis, S. Yagai, *Angew. Chem. Int. Ed.*, **58**, 3764 (2019).

[23] S. Yagai, Y. Kitamoto, S. Datta, B. Adhikari, *Acc. Chem. Res.*, **52**, 1325 (2019).

Chap 2

環状スピロボラート型分子接合素子を利用した超分子ポリマー作製

Development of Cyclic Spiroborate Molecular Connecting Modules for Supramolecular Polymerization

檀上 博史
（甲南大学理工学部機能分子化学科）

Overview

超分子ポリマーは重合の際に共有結合を形成する必要がなく，モノマーに要求されるのは分子間相互作用能である．一般に多くの分子は，程度の差こそあれ何らかの分子間相互作用能をもち，その意味では広範囲の分子が超分子ポリマーのモノマー候補となりうる．任意の機能性分子をそのままモノマーとして利用できれば，機能材料としての超分子ポリマーの可能性はますます広がる．その期待から筆者らは分子接合という考えのもと，超分子ポリマー作製について検討を行ってきた．ここでいう分子接合とは任意の2分子を分子間相互作用により貼り合わせることを指し，これを連続させれば超分子ポリマーが得られる．ここでは，環状スピロボラートを分子接合素子として用いた超分子ポリマー作製について解説する．

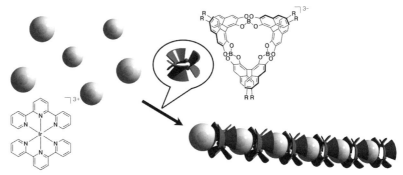

▲環状スピロボラート[カラー口絵参照]を分子接合素子とする超分子ポリマー形成のイメージ図

■ **KEYWORD** マークは用語解説参照

- スピロボラート（spiroborates）
- ピーポッド（peapod）
- ナノチューブ（nanotubes）
- 動的共有結合（dynamic covalent bond）
- 分子接合素子（molecular connecting modules）

はじめに

超分子ポリマーの作製は基本的に，モノマーに双方向性の分子認識能または分子間相互作用能を付与することで達成される．そのための最も直接的で合理的なモノマーの設計は，二つの分子認識分子を架橋鎖で結びつけることであり，実際にこの手法で多くの超分子ポリマーが開発されている〔図2-1(a)〕．この手法ではフラーレンやポルフィリンなど，広範囲の機能性分子を超分子ポリマーに導入することができるといったメリットがある．一方で，π共役系分子は表裏二面でπ-π相互作用や疎溶媒性相互作用，イオン性のものでは静電相互作用を示すほか，アミド基，ウレア基などをもつ分子は多点で水素結合を形成することができるなど，単一構造で双方向的に分子間相互作用を発揮する構造要素であり，このような構造を巧みに利用した超分子ポリマー作製も精力的に研究されている〔図2-1(b)〕．これらの研究では比較的シンプルな構造のモノマーが効率よく集積されており，モノマーの構造が超分子ポリマー全体の高次構造や物性に強く反映される．

筆者らは分子接合という考えのもと，独自のアプローチで超分子ポリマー作製を行ってきた．ここでの分子接合とはゲストとなる任意の分子を二つ同時に包接し，これらを貼り合わせるように会合する現象を指す．またこのような機能をもつ分子認識分子を分子接合素子と呼ぶ．この分子接合を連続的に引き起こすことができれば，ゲスト分子を無修飾のまま重合させ，超分子ポリマーへと変換することが可能となる〔図2-1(c)〕．本章ではスピロボラート結合を利用した分子接合素子調製と，それによる超分子ポリマー作製に関するこれまでの経緯を述べる．

1 スピロボラート環状三量体

ホウ酸はアルコール誘導体などを作用させることで，三配位のホウ酸エステルおよび四配位のホウ素アート錯体（ボラート）構造をとる．とくにホウ酸とジオールやカテコール誘導体などを反応させた場合には，比較的安定なスピロボラート構造を形成する．この結合は動的共有結合の一種であり，高温溶液中ではその形成は平衡過程となる．これを利用した分子構築の例として，Robsonらが報告した，3,3,3',3'-テトラメチル-1,1'-スピロビスインダン-5,5',6,6'-テトロールとホウ酸トリメチルからアミン塩基存在下で得られる環状三量体および四量体構造や，Wuestらの研究での，ホウ酸による2,2'-ジヒドロキシビフェニルやBINOLの二量体構築が知られている[1,2]．また古荘，八島らはスピロボラート結合を利用した

(a) 架橋鎖を利用した超分子ポリマー作製

分子認識部位

(b) π共役系分子などの積層による超分子ポリマー作製

π共役系分子など

(c) 分子接合素子による超分子ポリマー作製

分子接合素子　ゲスト

図2-1　おもな超分子ポリマー作製法の概念図

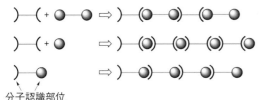

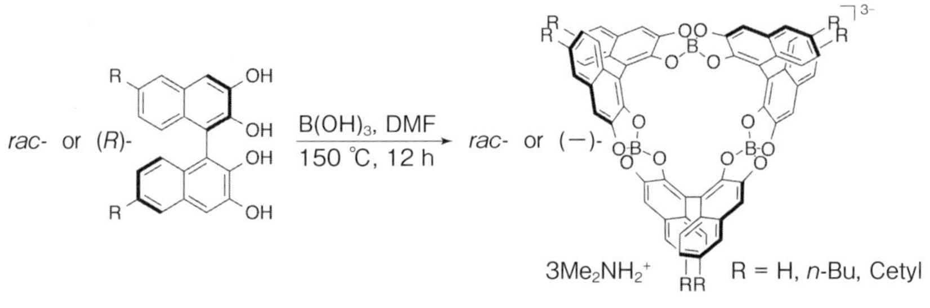

図2-2　スピロボラート環状三量体の調製

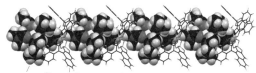

図 2-3 環状スピロボラートとイットリウム(Ⅲ)錯体の連鎖会合体の結晶構造

伸縮性ヘリケートの調製について報告している[3].

筆者らのグループではこれまでに，ジヒドロキシナフタレンとホウ酸を N,N-ジメチルホルムアミド(DMF)中で加熱撹拌することにより，スピロボラート結合が形成されることを利用した，さまざまな分子構築を行った．なかでも 2,2',3,3'-テトラヒドロキシ-1,1'-ビナフチルとホウ酸からほぼ定量的に得られるスピロボラート環状三量体は，表裏二面にお椀型の空孔をもつ分子接合素子として機能することから，その会合挙動について集中的に評価を行ってきた(図 2-2).

結晶中でこの環状スピロボラートは，対イオンであるジメチルアンモニウムカチオンを連続的に空孔内に取り込み，一次元的に連鎖する．また DMF 中，イットリウム(Ⅲ)イオンをはじめとする三価の希土類金属イオン共存下で得られた結晶においても，この環状スピロボラートは一次元連鎖構造を形成する[4]．この場合イットリウム(Ⅲ)イオンに DMF 分子が 8 個配位した $[Y(dmf)_8]^{3+}$ 錯体が，隣接する環状スピロボラートによって形成されたカプセル様の空孔に連続的に包接される様子が単結晶 X 線構造解析により明確になっており，隣接するイットリウム(Ⅲ)錯体は環状スピロボラートの中心にあるクラウンエーテル様の空孔を通してファンデルワールス接触していることが確認されている(図 2-3)．つまりイットリウム(Ⅲ)錯体は環状スピロボラートにより連続的に接合された状態となっている．

2 環状スピロボラートによる超分子ポリマー形成

このような一次元連鎖構造体が溶液中やランダムバルク中でも形成されれば，超分子ポリマーとしての展開が期待される．そのため，より安定なゲストとして置換不活性なカチオン性金属錯体である

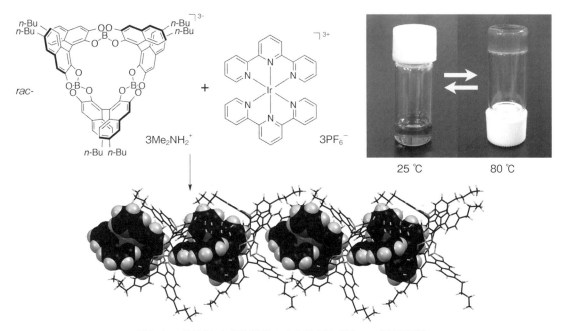

図 2-4 イリジウム(Ⅲ)錯体を含む超分子ポリマーの結晶構造

この超分子ポリマーの N, N, N', N', N'', N''-ヘキサメチルリン酸トリアミド(HMPA)溶液は温度応答性ゲル化挙動(LCST = 78.5℃)を示す(右上写真).

$[Ir(tpy)_2](PF_6)_3$（tpy = 2,2':6':2''-テルピリジン）を用い，環状スピロボラートとの連鎖会合挙動を溶液中で評価した[5]。¹H NMR では環状スピロボラートの共存により，イリジウム（Ⅲ）錯体に由来するプロトンシグナルが高い対称性を保ったまま高磁場シフトしたほか，2D-DOSY（Diffusion-Ordered SpectroscopY）NMR および動的光散乱法（DLS）によって大きな平均粒子径をもつ成分が検出されたことから，秩序だった構造をもつ高分子量体が形成されたことが示唆された。X 線結晶構造解析により，環状スピロボラートとイリジウム（Ⅲ）錯体が交互に配列した一次元連鎖構造が確認されたことから，最終的にこの環状スピロボラートが適当なカチオン性ゲスト共存下，溶液中や固体中で超分子ポリマーを構築しうる分子接合素子であると結論づけた（図2-4）。

　環状スピロボラート型分子接合素子は三価のアニオン性であり，カチオン性ゲストとのあいだに働く静電相互作用を駆動力として超分子ポリマーを形成しているものと考えられる。これを確認するため，$[Ir(tpy)_2]^{3+}$ をゲストとする超分子ポリマーについて，異なる溶媒中における流体力学的直径を 2D-DOSY NMR 測定により比較したところ，DMSO-d_6 中では2 nm 程度と，ほぼ1：1会合体程度のものしか検出できなかったのに対し，$CDCl_3$ 中で測定した場合には約 50 nm もの粒子径が得られた。超分子ポリマーの溶解性の問題から，DMSO-d_6 中での測定には6個のナフタレン環の 6 位にそれぞれ n-ブチル基をもつ環状スピロボラートを用いたのに対し，$CDCl_3$ 中では同じ箇所にヘキサデシル基（セチル基）を導入した環状スピロボラートを用いて実験を行ったため厳密な比較は難しいが，より誘電率の低い溶媒中でより高い重合度が得られたと考えられる。また環状スピロボラートの電気的中性類縁体として，スピロ中心にあるホウ素原子を炭素原子に置き換えた環状スピロオルトカルボナートを合成し，溶液中で同じく電気的中性な錯体 $Ir(ppy)_3$（ppy = 2-フェニルピリジナト）を作用させたところ，非常に弱い会合挙動を示すのみであった[6]。これらのことから，環状スピロボラートによる超分子重合では静電相互作用が支配的であると推測される。

+ COLUMN +

★いま一番気になっている研究者

Stuart J. Rowan
（アメリカ・シカゴ大学 教授）

　S. J. Rowan 教授は自己修復性高分子材料開発の観点から，超分子ポリマーの作製も精力的に行っている。なかでも 2,6-bis(1'-methylbenzimidazolyl)pyridine（Mebip）をポリマー鎖で架橋した配位子と亜鉛（Ⅱ）またはランタン（Ⅲ）イオンを組み合わせたメタロ超分子ポリマーの作製と，その光修復に関する報告は有名である〔M. Burnworth, L. Tang, J. R. Kumpfer, A. J. Duncan, F. L. Beyer, G. L. Fiore, S. J. Rowan, C. Weder, *Nature*, 472, 334 (2011)〕。一般に自己修復は熱によるものが多いが，Rowan 教授は Mebip 錯体の紫外光吸収に伴う発熱を利用することで，高効率的な光修復性超分子ポリマーを創り出した。ほかにも Mebip 配位子を用いて刺激応答性や形状記憶性をもつメタロ超分子ポリマーを開発している〔J. R. Kumpfer, S. J. Rowan, *J. Am. Chem. Soc.*, 133, 12866 (2011)〕。最近では同様の配位子によるメタロ超分子ポリマー形成過程を利用することで，世界ではじめて完全に鎖型構造をもつポリ[n]カテナンの合成を達成している〔Q. Wu, P. M. Rauscher, X. Lang, R. J. Wojtecki, J. J. de Pablo, M. J. A. Hore, S. J. Rowan, *Science*, 358, 6369 (2017)〕。直鎖状のポリカテナンでは最高で 27 量体が得られたほか，分枝状のものでは 130 量体にもおよぶ重合度を達成しており，今後その物性の解明が期待される。Rowan 教授は独自の手法でこれまで懸案とされてきた課題を次つぎと解決しており，今後も注目すべき研究者である。

3 刺激応答性

環状スピロボラートは，先述のとおり表裏二面にお椀型の空孔をもつほか，分子の中心に6個の酸素原子で形成されたクラウンエーテル様の空孔を併せもつ．つまり環状スピロボラートは骨格内に二つの分子認識様式による，三つの分子認識部位をもつ．環状スピロボラート自体は剛直な構造なので，このクラウンエーテル様空孔のサイズも直径2.8Å前後で比較的厳密に規定されており，カリウムイオンやバリウムイオンなど，比較的大きなイオン半径をもつ金属イオンを選択的に包接する．環状スピロボラートは三価のアニオンであるが，これらの金属イオンを包接した環状スピロボラートは，そのイオンの正電荷に応じて負電荷数が変化することになる．これを利用することで，静電相互作用を駆動力とする環状スピロボラートの超分子ポリマー形成を制御することができる．

$[Ir(tpy)_2]^{3+}$をゲストとした超分子ポリマーに対して，溶液中でカリウムイオンまたはバリウムイオンを添加したところ，いずれも超分子ポリマーはほぼ解離した．この超分子ポリマーは三価アニオンである環状スピロボラートと，同じく三価カチオンであるイリジウム(Ⅲ)錯体が静電相互作用により連鎖会合しており，繰り返し単位ごとに電荷が完全に相殺されている．ここにカリウムイオンまたはバリウムイオンを添加すると，これらのイオンを包接した環状スピロボラートの負電荷が減少し，イリジウム(Ⅲ)錯体と電荷を相殺することができなくなって，重合が不利になったものと予想される．またクラウンエーテル様空孔内の金属イオンが立体的に重合を阻害していることも考えられる．

次にゲストとして二価のカチオン性金属錯体である$[Fe(tpy)_2]^{2+}$を用い，同様の実験を行った[7]．この場合三価アニオンの環状スピロボラートに対して鉄(Ⅱ)錯体は二価カチオンであるため，超分子ポリマー内では繰り返し単位ごとに電荷が相殺せず，重合が不利になると考えられる．しかし，実際に溶液中で構造評価を行ったところ，低重合度ながら超分子ポリマーの形成が確認された．さらにこれに溶液中でカリウムイオンを添加したところ，重合度の大幅な向上が見られた．カリウムイオンを添加した場合，環状スピロボラートはこれを包接して二価アニオンとなり，二価カチオンである鉄(Ⅱ)錯体との超分子ポリマーにおいて電荷が相殺される．このためカリウムイオンを添加しない場合と比較して重合が有利になったものと思われる．一方バリウムイオンを添加した場合には脱重合が促進し，高分子量の会合体はほとんど検出されなかった．この場合はバリウムイオンの包接によって環状スピロボラートが一価アニオンとなり，そのため正電荷が過剰の状態となって重合が不利になったものと思われる(図2-5)．

電荷調節による同様の重合度制御を水素イオンを用いて行うこともできる[8]．塩基性部位として6個のピリジル基をもつ環状スピロボラートを新たに合成し，イリジウム(Ⅲ)錯体との会合挙動を溶液中で観察したところ，これまでどおり超分子ポリマーが形成されている様子が確認された(図2-6)．これに対して塩酸を添加すると，徐々に脱重合が進行し，環状スピロボラートに対して6当量の塩化水素が添

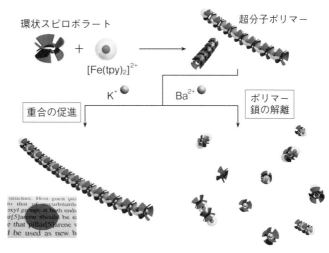

図2-5 環状スピロボラートと鉄(Ⅱ)錯体から形成される超分子ポリマーの重合度制御

カリウムイオンを添加することで重合度は向上し，一方バリウムイオンを添加すると重合度は著しく低下する．左下はスピンコート法により作製したカリウムイオン添加後の超分子ポリマー薄膜．

| Part II | 研究最前線 |

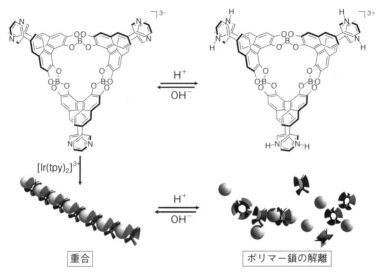

図2-6 ピリジル型環状スピロボラートの構造とプロトン化-脱プロトン化による超分子ポリマーの会合-解離制御

加された時点で，ほぼ完全に超分子ポリマーは解離した．なおこれ以上塩酸を添加した場合は，環状スピロボラートが加水分解を受ける．塩化水素6当量添加後，次に水酸化ナトリウム水溶液を添加すると，最終的に環状スピロボラートに対して9当量の水酸化ナトリウムが加わった時点で，超分子ポリマーが再形成された．つまり塩酸を添加することで，環状スピロボラートのもつ6個のピリジル基がプロトン化してカチオン性のピリジニウム基となり，同じくカチオン性のゲストとのあいだに静電反発が生じてポリマー鎖が解離する．ピリジニウム基が水酸化ナトリウムの添加により脱プロトン化されれば，環状スピロボラートは再び負電荷を取り戻し，静電引力により超分子ポリマー鎖が再生する．このプロセスは酸-塩基反応であるため，前述の金属イオン添加によるものとは異なり，サイクルを容易に繰り返すことができる．

4 ピーポッドポリマーへの変換

これらの超分子ポリマーの重合過程は溶液中では熱力学支配と考えられる．そのためモノマーの分子設計が合理的であれば，比較的精密にポリマー鎖の構造を制御することが可能である．これを踏まえて，筆者らは超分子ポリマー形成過程を利用したナノチューブ合成について検討した[9]．環状スピロボラートを分子接合素子とした超分子ポリマーは，チューブ状の主鎖が無修飾の機能性ゲストを内包した，いわばさやえんどう（ピーポッド）型構造をもつ．そのためこの超分子ポリマーのポリマー鎖形成後に隣り合う環状スピロボラートを共有結合で重合すれば，もとの超分子ポリマーの構造をそのまま保持したナノチューブが合成できると考えられる．

そこで，環状スピロボラートとして，ナフタレン環6位にホモアリル基をもつものを用い，これとイリジウム(Ⅲ)錯体を用いて超分子ポリマーを作製し，第二世代Grubbs触媒によってオレフィンメタセシス重合を行った（図2-7）．得られた生成物の構造を評価したところ，DLSによる粒子径測定では，超分子ポリマーで見られた濃度依存性を示さなかった．またゲル浸透クロマトグラフィー（GPC）分析で重量平均分子量約20万程度の成分が検出された．加えて誘導結合プラズマ（ICP）発光分析より，生成物中にホウ素とイリジウムが約3：1の比率で含まれることが確認されたことから，この生成物は超分子ポリマーのモノマー組成を保持したまま，オレフィンメタセシス重合により高分子化したものであると考えられた．最終的に原子間力顕微鏡（AFM）観察により幅約1.5 nmのひも状構造が確認されたこと

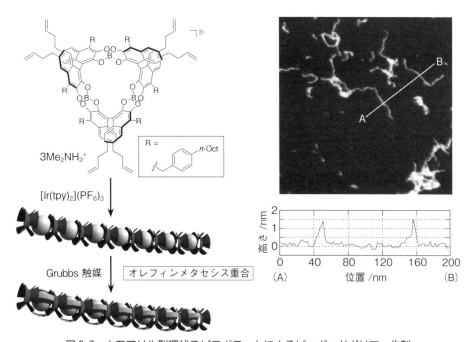

図 2-7 ホモアリル型環状スピロボラートによるピーポッドポリマー作製
AFM観察(右上,像の一辺は 400 nm)で確認されたひも状構造は,A−B 間の断面プロファイル図(右下)より幅が約 1.5 nm と見積もられたことから,単分子鎖であると考えられる(右図).

から,さやえんどう型の高分子化合物,すなわちピーポッドポリマーが得られたものと結論づけた.

5 まとめと今後の展望

分子接合による超分子ポリマー作製は有効な手法であり,より優れた分子接合素子が開発されれば,機能性高分子材料創製に向けてさまざまな展開が期待できる.環状スピロボラートは高い分子接合能を示すが,一方で官能基化が比較的大変で,さらに各種溶媒への溶解性も悪く精製が難しいなど,課題が多い.また環状スピロボラートはアニオン性であることから,適用可能なゲストは基本的にカチオン性のものに限定される.筆者らのグループでは現在,より単純な構造単位分子から得られ,同等以上の分子接合能をもつ環状スピロボラートを開発するとともに,新規な骨格の探索も行っている.分子接合素子を既知の分子認識分子や天然物などから簡便に調製することができれば,実用の観点からも魅力的な方法となるだろう.望みの機能性分子と混ぜ合わせるだけで,その機能と自己修復能,刺激応答能などを併せもつポリマー材料が簡単に得られる.そんな夢の分子の登場が待ち遠しい.

◆ 文 献 ◆

[1] B. F. Abrahams, D. J. Price, R. Robson, *Angew. Chem. Int. Ed.*, **45**, 806 (2006).
[2] E. Voisin, T. Maris, J. D. Wuest, *Cryst. Growth Des.*, **8**, 308 (2008).
[3] K. Miwa, Y. Furusho, E. Yashima, *Nat. Chem.*, **2**, 444 (2010).
[4] H. Danjo, Y. Nakagawa, K. Katagiri, M. Kawahata, S. Yoshigai, T. Miyazawa, K. Yamaguchi, *Cryst. Growth Des.*, **15**, 384 (2015).
[5] H. Danjo, K. Hirata, S. Yoshigai, I. Azumaya, K. Yamaguchi, *J. Am. Chem. Soc.*, **131**, 1638 (2009).
[6] H. Danjo, K. Iwaso, M. Kawahata, K. Ohara, T. Miyazawa, K. Yamaguchi, *Org. Lett.*, **15**, 2164 (2013).
[7] H. Danjo, K. Hirata, K. Noda, S. Uchiyama, K. Fukui, M. Kawahata, I. Azumaya, K. Yamaguchi, T. Miyazawa, *J. Am. Chem. Soc.*, **132**, 15556 (2010).
[8] H. Danjo, M. Hamaguchi, K. Asai, M. Nakatani, H. Kawanishi, M. Kawahata, K. Yamaguchi, *Macromolecules*, **50**, 8028 (2017).
[9] H. Danjo, T. Nakagawa, A. Morii, Y. Muraki, K. Sudoh, *ACS Macro Lett.*, **6**, 62 (2017).

Chap 3

動的共有結合ポリマー
Dynamic Covalent Polymers

大塚 英幸　青木 大輔
(東京工業大学物質理工学院)

Overview

特定の条件下で平衡状態となる共有結合を利用する化学システムは，近年「動的共有結合化学(Dynamic Covalent Chemistry)」として注目を集めている．分子骨格中にこのような平衡系の共有結合をもつ動的共有結合ポリマー(Dynamic Covalent Polymers)は，非共有結合を利用した超分子ポリマーと同様に，高分子の構造再編成を自由に行うことができ，さらには超分子系では困難な安定性と反応性の制御を可能にする．本章では，ラジカル機構により可逆的な解離と付加を実現できる動的共有結合ポリマーに関する研究の進展を，高分子の構造変換，架橋高分子の自己修復と再加工に焦点を絞り紹介する．

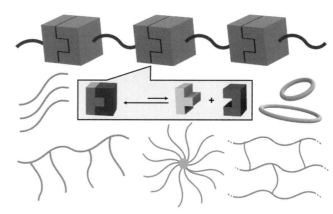

▲動的共有結合ポリマーの構造再編成を利用した種々のトポロジカルポリマー

■ KEYWORD 🔲マークは用語解説参照

- ■動的共有結合化学(dynamic covalent chemistry)
- ■動的共有結合(dynamic covalent bonds)
- ■架橋高分子(cross-linked polymers)
- ■自己修復性高分子(self-healing polymers)
- ■高分子反応(polymer reactions)
- ■高分子の構造再編成(reorganization of polymers)
- ■アルコキシアミン(alkoxyamines)
- ■ジスルフィド結合(disulfide bonds)

はじめに

モノマー分子を共有結合で連結することによって得られる合成高分子〔図3-1(a)〕は，適切な分子設計を施すことで，力学物性や熱物性，光・電子物性などの多様な機能性を発現する．こうした合成高分子に，リサイクル性や再加工性，自己修復性といった「動的な」特性を付与することができれば，サステイナビリティを意識した次世代高分子材料の開発に向けて，有用な設計指針を提供できる．共有結合でありながら可逆的な解離と結合を容易に実現できる，いわゆる共有結合の平衡系は，比較的弱い結合エネルギーをもつ水素結合に代表される非共有結合で構成された超分子ポリマー〔図3-1(b)〕と同様に，高分子に動的特性を付与することができる．特定の条件下で平衡状態となる共有結合を利用する化学システムは，近年「動的共有結合化学(Dynamic Covalent Chemistry)」と呼ばれており，動的共有結合を分子骨格中にもつ動的共有結合ポリマー〔Dynamic Covalent Polymers, 図3-1(c)〕は，熱力学的に安定な構造をもつが，温度，光，圧力，触媒や添加物の有無など特定の外部刺激によって容易にその構造を変化させることができる[1]．

図3-2に代表的な動的共有結合ユニットをまとめた．これらの分子骨格は，反応条件を適切に制御することで，熱力学的支配に従う平衡系をとる．図3-2からわかるように，いずれの系においても，関与する結合はすべて共有結合なので，水素結合系に

(a) 典型的なポリマー

(b) 超分子ポリマー

非共有結合

(c) 動的共有結合ポリマー

動的共有結合

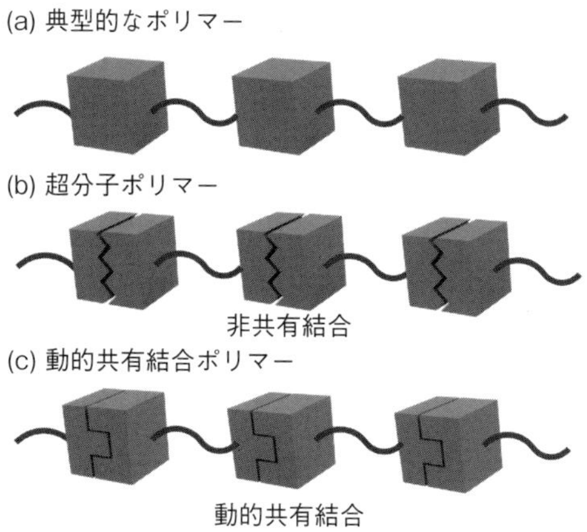

図3-1 結合様式による高分子分類の模式図

代表される超分子構造体と比較すると安定性は格段に高く，動的特性をもちながら構造体構築の静的なビルディングブロックとして利用することができる．本章では，ラジカル機構により可逆的な解離と付加を実現できる動的共有結合ユニットに関する研究の進展を，高分子の構造変換，架橋高分子の自己修復と再加工に焦点を絞って紹介する．

1 アルコキシアミン骨格

1-1 アルコキシアミンの特徴

安定ラジカルとして知られる2,2,6,6-テトラメチルピペリジン-1-オキシル(TEMPO)誘導体と，反応活性な炭素ラジカルが付加して生じるアルコキシアミン骨格は，加熱条件下では解離と結合の平衡状態となる〔図3-2(a)〕[2]．ドーマント種としてアルコキシアミン骨格を利用した，可逆的活性化に基づくラジカル重合反応制御(NMP)は，加熱によってドーマント種の一部が解離して平衡状態となり，系中で低濃度ラジカルが発生することで達成される．このように，加熱によってドーマント種であるアルコキシアミン骨格から生じる炭素ラジカルは，モノマーが存在する場合はモノマーへの付加反応あるいはTEMPOとのカップリング反応が，モノマーが存在しない場合はTEMPOとのカップリング反応のみが起こる．一般にポリマー末端間の反応を引き起こすには高い反応性が要求されるが，炭素ラジカルの反応性はそれを引き起こすほど高く，またラジカルを介した反応プロセスは種々の官能基に対して高い許容性をもっているため，多様な反応系へと展開できる潜在性をもっている．筆者らはアルコキシアミン骨格の高い安定性と，加熱時に発生するラジカルの高い反応性に着目し，アルコキシアミン骨格を動的共有結合ユニットとした高分子反応へと展開させた．一般に立体障害や官能基遮断といった高分子効果によって，高分子同士の反応は低分子化合物同士の反応に比べて遅く，高分子反応を効率よく進行させるためにはクリック反応のような高い反応性が求められる[3]．共有結合としての高い安定性と，加熱したときに発生するラジカルの高い反応性をもつアルコキシアミン骨格は，高分子反応に対して適

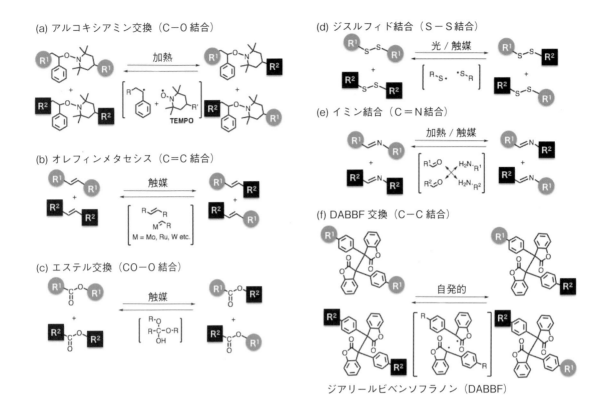

図 3-2 代表的な動的共有結合ユニット

切な動的共有結合ユニットである．以下にアルコキシアミン骨格の反応性とそれを利用した高分子反応例を紹介する．

1-2 アルコキシアミンのモデル交換反応

複数のアルコキシアミン分子を，溶液中で混合し加熱することで，交換反応の条件を詳細に検討した．具体的には異なる置換基をもつ2種類のアルコキシアミン誘導体をアニソール中で混合して100℃で加熱を行った．その結果，結合組み換え反応の進行に由来する新たな2成分の生成と統計的な割合に収束することを確認した(図 3-3)[4]．さらに温度依存性を調査したところ，アルコキシアミン骨格は60℃以上の温度で組み換え反応が進行することが明らかとなった．その反応性は温度の上

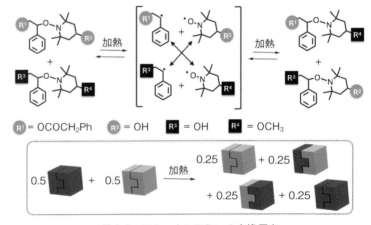

図 3-3 アルコキシアミンの交換反応

昇とともに著しく増大し，平衡に達する時間も短くなった．また，この反応はラジカルを介して進行するが，副生成物をほとんど与えないクリーンな反応であることが明らかとなった．

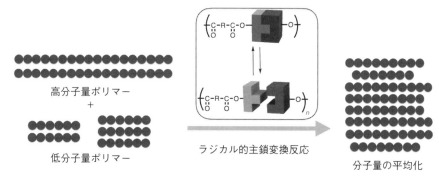

図 3-4 アルコキシアミンの主鎖交換反応を用いた分子量変換

1-3 結合交換反応を用いた高分子のハイブリッド化

アルコキシアミン骨格を高分子の繰り返しユニットに含むポリアルコキシアミンは，高分子主鎖間で交換反応を引き起こす．分子量の異なるポリエステルを2種類混合し加熱すると，加熱前には二峰性を示したサイズ排除クロマトグラフィー（SEC）曲線が，加熱後には単峰性へと変化した．これは，分子量の異なるポリエステルを2種類混合し加熱することで，分子量の大きな分子鎖と，分子量の小さな分子鎖とのあいだで交換反応が起こり，分子量が平均化したことを意味している（図3-4）[5]．

さらに，アルコキシアミンを利用する主鎖の交換反応は異種高分子間でも速やかに進行し，従来の手法では合成が困難だった主鎖中にエステル結合とウレタン結合の両方をもつ共重合体へ構造変化することが明らかとなった（図3-5）[6]．

1-4 結合交換反応を用いた環状高分子の合成

アルコキシアミンを分子内にもつ大環状分子を合成し，高濃度で加熱するとラジカルプロセスに基づく組み換え反応が進行し，環拡大反応により環状高分子を合成することができる（図3-6）[7]．

1-5 結合交換反応を用いた高分子のトポロジー変換

ここで紹介した反応以外にも，アルコキシアミンの交換反応を利用することで高分子鎖全体のトポロジー変換が達成されている．具体的には，直鎖状ポリマーと櫛形ポリマー，直鎖状ポリマーと架橋ポリマー，直鎖状ポリマーと星形ポリマー間で，可逆的な変換が実現している（図3-7，3-8）[8]．有機溶媒中

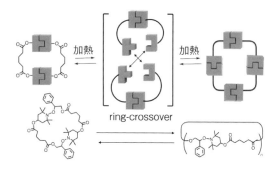

図 3-6 アルコキシアミンの交換反応を利用した環状高分子の合成

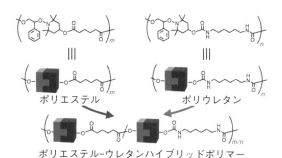

図 3-5 アルコキシアミンの主鎖交換反応を利用したハイブリッドポリマーの合成

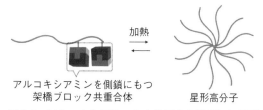

図 3-7 アルコキシアミンの交換反応を利用した星形高分子の合成

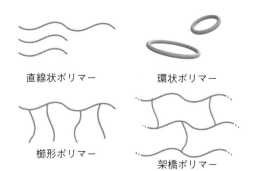

図3-8 アルコキシアミンの交換反応を利用した高分子のトポロジー変換

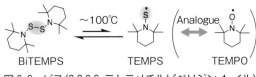

図3-9 ビス(2,2,6,6-テトラメチルピペリジン-1-イル)ジスルフィド(BiTEMPS)

の均一反応系以外にも，水中，バルク状態(無溶媒)，無機材料表面など，さまざまな条件下での高分子反応が達成されている．

2 熱的に均一開裂可能なヒンダートアミンジスルフィド結合(BiTEMPS)

2-1 化学的安定性を示すBiTEMPS

図3-2に示した動的共有結合ユニットは，外部刺激や環境によって反応活性なイオンやラジカル状態を介した平衡状態をとるが，その多くは水や酸素に対して不安定であるため，大気中では平衡反応以外の副反応も起こりうる．実際に動的共有結合化学を利用するにあたって，そうした副反応を抑制するような適切な分子設計や，反応条件が求められる．たとえば，前述したアルコキシアミン骨格を用いた系では，発生する炭素ラジカルが高活性のため速やかな交換反応が進行するが，一方で酸素による失活を防ぐために不活性ガス雰囲気下での反応が必須である．もし酸素に対しても安定なラジカルを介した結合交換反応が実現できれば，利便性が飛躍的に向上し，用途展開が広がると期待される．

硫黄2原子から成るジスルフィド結合は，シンプルな結合ながら，多様な刺激に応じて動的特性を発現する〔図3-2(d)〕．また，その反応性は硫黄原子に隣接する骨格(脂肪族，芳香族，ヘテロ原子など)によって大きく異なるため，分子設計次第でその反応性や安定性を制御することができる．筆者らは硫黄2原子周りにかさ高い骨格が導入されたビス(2,2,6,6-テトラメチルピペリジン-1-イル)ジスル フィド(BiTEMPS)に着目した(図3-9)．

BiTEMPSは，TEMPOの硫黄類縁体である2,2,6,6-テトラメチルピペリジン-1-スルファニル(TEMPS)が二量化した構造である．窒素原子の電気陰性度が硫黄原子よりも高いのでTEMPSではラジカルが局在化し，そのためTEMPOと異なり二量体を形成する[9, 10]．BiTEMPSの結合解離エネルギーは26〜31 kcal/molで，一般的なジアルキルジスルフィド(60〜70 kcal/mol)の約半分程度である．特筆すべきはTEMPSの反応性で，通常の硫黄ラジカル(RS·)と反応するオレフィンやアリン酸塩，2,4,6-トリ-*tert*-ブチルフェノールなどに対して不活性なだけでなく，酸素に対しても不活性である[11]．すなわちTEMPSは，化学的安定性に非常に優れたラジカルと見なすことができ，大気下で使用可能な動的共有結合ユニットとして期待される．しかし，これらのユニークな特徴にもかかわらず，これまでのBiTEMPSに関する研究例は非常に限定的で，その結合交換反応性に関する検討はもちろん，高分子への導入や官能基化された誘導体の合成法もまったく報告されていなかった．本章後半では，BiTEMPSの動的特性や高分子の構造再編成，架橋高分子の自己修復と再加工などを紹介する．

2-2 BiTEMPS誘導体の結合交換特性

置換基修飾が容易なヒドロキシ基をもつBiTEMPS(BiTEMPS-diol)を，4-ヒドロキシ-2,2,6,6-テトラメチルピペリジンから3ステップで合成した．このBiTEMPS-diolから合成した2種類の誘導体(BiTEMPS-A, BiTEMPS-B)を*N,N*-ジメチルアセトアミド(DMAc)中で混合し，BiTEMPSの熱的な結合交換能を評価した(図3-10)．

その結果，交換反応は室温(25℃)ではほとんど観測されないが，100℃では15分程度で平衡に達することが明らかとなり，顕著な刺激応答性が確認

された．また，不活性ガス雰囲気下と空気中での反応挙動は同一であり，ラジカル反応系であるにもかかわらず，酸素に対しても高い許容性を示した[12]．

2-3 高分子骨格中におけるBiTEMPSの結合交換特性

高分子の主鎖骨格中におけるBiTEMPSの交換特性を評価するために，BiTEMPS-diolをモノマーとして用いることで，繰り返しユニット中にBiTEMPS骨格をもつ直鎖状高分子（BTLPU）を合成し，その結合交換特性について評価した．

前述のアルコキシアミン骨格を用いた構造再編成で述べたように，繰り返しユニットに動的共有結合をもつ直鎖状高分子は，結合交換反応が起こる際の濃度に依存して，その形状や分子量を変えることができる．そこでBTLPU

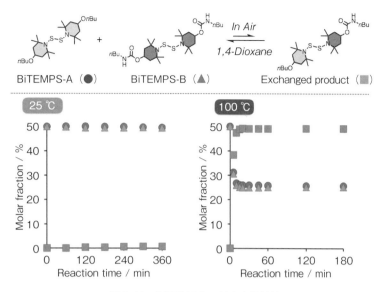

図3-10 BiTEMPSの結合交換特性

(M_n；14900, PDI；1.8)の希釈溶液(0.5 wt%)を調整して100℃に加熱したところ，SEC測定により10分後には分子量の大幅な減少が観測された．反応時間を長くすると分子量はさらに減少し，360分後に

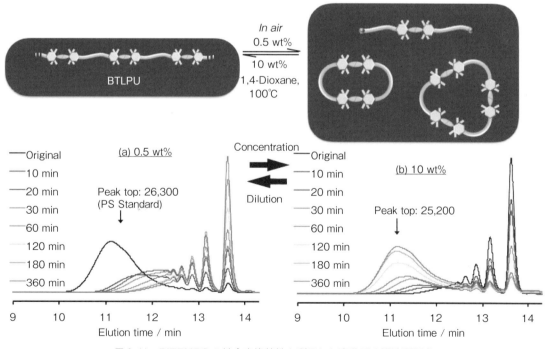

図3-11 BiTEMPSの結合交換特性を利用した高分子の構造再編成

| Part II | 研究最前線 |

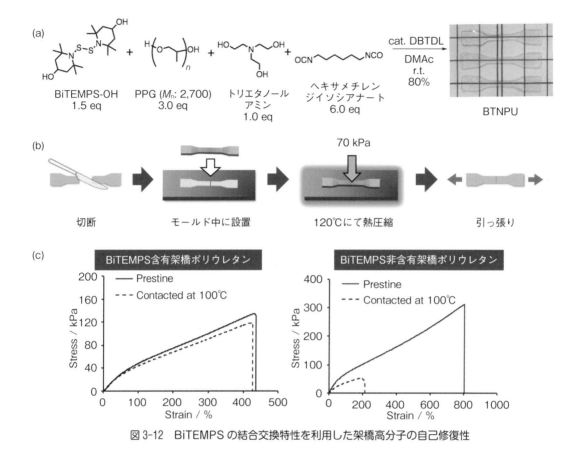

図 3-12 BiTEMPS の結合交換特性を利用した架橋高分子の自己修復性

はオリゴマーが主成分となった〔図 3-11(a)〕. これは,加熱時に BiTEMPS 骨格の結合交換反応が進行し,低濃度条件ではエントロピー駆動型の環化解重合が進行したものと考えられる.このことを検証するため,オリゴマーが主成分となった反応混合物を 10 wt% へと濃縮し,再度 100℃で加熱を行ったところ,分子量は徐々に増加して 360 分後には再び高分子が主成分となった〔図 3-11(b)〕.

一方,こうした分子量の変化は,室温ではほとんど観測されなかったことから,BiTEMPS の反応性はモデル交換反応の結果とよく一致し,BTLPU は,大気中では加熱時のみ駆動する動的共有結合ポリマーであることが明らかとなった[12].

2-4 架橋高分子骨格中における BiTEMPS の結合交換特性

化学的安定性に非常に優れた TEMPS を,大気下でも使用できる高分子材料へと展開すべく,BiTEMPS を含有する架橋高分子の合成を行った.BiTEMPS-diol,ポリプロピレングリコール(PPG),トリエタノールアミン,ヘキサメチレンジイソシアナートを原料として,スズ触媒下で重付加反応を行うことで,BiTEMPS 骨格をもつ架橋ポリウレタン(BTNPU)を合成した〔図 3-12(a)〕.BTNPU のバルクフィルムを作製し,その中心部で半分に切断したあと,120℃で加熱することで自己修復性を検証した〔図 3-12(b)〕.その結果,加熱による修復後は力学物性がほぼ回復し,顕著な自己修復性を示すことが明らかとなった〔図 3-12(c)〕.

BiTEMPS の動的特性を利用した再加工性や自己修復性を,汎用性の高い架橋高分子に付与するべく,一般のビニルモノマーに適用可能な BiTEMPS 骨格をスペーサーとする,二官能性ビニルモノマーを架橋剤として設計・合成した〔図 3-13(a),BiTEMPS-C〕.前述したように,BiTEMPS 骨格は室温付近では高

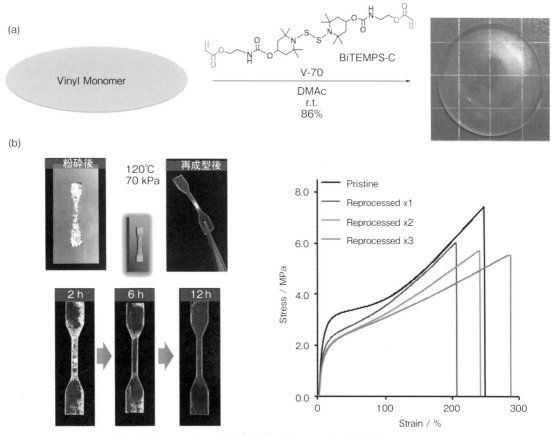

図3-13 BiTEMPSの結合交換特性を利用した架橋高分子の再加工

い安定性を示すため,低温のアゾ開始剤を使ってビニルモノマーとの共重合を行うことで,BiTEMPS骨格を架橋点にもつ架橋高分子が得られた〔図3-13(a)〕.架橋点にBiTEMPS骨格をもつポリ(メタクリル酸ヘキシル)は,加熱条件下で自己修復性を示し,さらに化学架橋高分子でありながら加熱条件下での再加工性も示すことが明らかとなった〔図3-13(b)〕[13].

3 まとめと今後の展望

本章前半ではアルコキシアミン骨格,後半ではジスルフィド結合周りにかさ高い骨格をもったBiTEMPS骨格について,それらの動的特性と動的共有結合ポリマーへの展開について紹介した.いずれの系においても「加熱」という単純な外部刺激で動的特性を発現でき,共有結合として安定に存在する静的な状態と,反応活性である動的な状態を温度によって制御することができる.

本章では,紙面の都合で加熱で駆動するラジカル系の動的共有結合ポリマーに焦点を絞り紹介したが,図3-2に示したようなさまざまな分子骨格を利用すれば,多種多様な動的共有結合ポリマーの設計が可能である.たとえば図3-2(f)に示したジアリールビベンゾフラノン(DABBF)は加熱条件を必要とせず,室温・大気中といった条件でも速やかに交換反応が進行する.実際にDABBFは穏和な条件で駆動する自己修復性ポリマーなどにも展開されている[14,15].さらに,DABBFに代表される一部の動的共有結合骨格は,力学的な刺激によりラジカル種への解離反応が促進されて,ラジカル種に由来する着色を示す[16].こうした特徴を示す高分子はメカノクロミックポリマーと呼ばれており,ストレスを視覚的

| Part II | 研究最前線 |

+ COLUMN +

★いま一番気になっている研究者

Ludwik Leibler

（フランス・パリ市立工業物理化学高等専門大学［ESPCI Paris］，フランス国立科学研究センター［CNRS］教授）

L. Leibler 教授は，1976 年にポーランドのワルシャワ大学で博士の学位を取得したあと，フランス・パリのコレージュ・ド・フランスで Pierre-Gilles de Gennes の指導のもと，博士研究員として 2 年間従事している．その後 CNRS の研究員を経て，1984 年には CNRS と ESPCI Paris の Research Director となり，フランスで先導的な高分子研究を展開してきた．とくに近年は超分子化学と動的共有結合化学の両方を駆使して，自己修復性，再加工性の高分子に関する先駆的な研究を行っており，世界的にも注目されている研究者である．

2008 年には，水素結合を利用した自己修復性エラストマーを Nature 誌に報告し，世界に衝撃を与えた．この自己修復性材料は，脂肪酸とアミド結合の誘導体からできた低分子が水素結合でつながった超分子ポリマーで，切断しても切断面を接合させるだけで水素結合により断面が自己修復する．Leibler 教授はさらに動的共有結合化学系も展開し，「Vitrimers」と呼ばれる自己修復性や再加工性を示す化学架橋高分子材料を開発した．架橋点の数を変えずに，結合の組み換えを行うことで，自己修復性や再加工性を発現させている．最近では，このコンセプトをさまざまな高分子材料にも展開しており，まさに新しい研究分野が拓かれようとする機運が高まっている．高分子化学と高分子物理，さらには高分子材料のセンスももち合わせた研究者であり，今後の研究も目が離せない．

に検出可能であることから，材料の応力検知，破壊機構の解明，危険予知，ひいては寿命予測にもつながる重要な現象として注目を集めている[17]．動的共有結合の動的特性のみならず，中間体（活性体）が生み出す新たな機能発現は，一部の平衡系の共有結合でしか実現できず，高いオリジナリティーがある．動的共有結合をベースとした高分子に関する基礎研究がさらに進み，人びとの生活を豊かにすることを期待したい．

◆ 文 献 ◆

[1] S. J. Rowan, S. J. Cantrill, G. R. L. Cousins, J. K. M. Sanders, J. F. Stoddart, *Angew. Chem. Int. Ed.*, **41**, 898 (2002).

[2] M. K. Georges, R. P. N. Veregin, P. M. Kazmaier, G. K. Hamer, *Macromolecules*, **26**, 2987 (1993).

[3] R. K. Iha, K. L. Wooley, A. M. Nystrom, D. J. Burke, M. J. Kade, C. J. Hawker, *Chem. Rev.*, **109**, 5620 (2009).

[4] H. Otsuka, K. Aotani, Y. Higaki, A. Takahara, *Chem. Commun.*, 2002, 2838.

[5] H. Otsuka, K. Aotani, Y. Higaki, Y. Amamoto, A. Takahara, *Macromolecules*, **40**, 1429 (2007).

[6] H. Otsuka, K. Aotani, Y. Higaki, A. Takahara, *J. Am. Chem. Soc.*, **125**, 4064 (2003).

[7] G. Yamaguchi, Y. Higaki, H. Otsuka, A. Takahara, *Macromolecules*, **38**, 6316 (2005).

[8] H. Otsuka, *Polym. J.*, **45**, 879 (2013).

[9] J. E. Bennett, H. Sieper, P. Tavs, *Tetrahedron*, **23**, 1697 (1967).

[10] W. C. Danen, D. D. Newkirk, *J. Am. Chem. Soc.*, **98**, 516 (1976).

[11] B. Maillard, K. U. Ingold, *J. Am. Chem. Soc.*, **98**, 520 (1976).

[12] A. Takahashi, R. Goseki, H. Otsuka, *Angew. Chem. Int. Ed.*, **56**, 2016 (2017).

[13] A. Takahashi, R. Goseki, K. Ito, H. Otsuka, *ACS Macro Lett.*, **6**, 1280 (2017).

[14] K. Imato, M. Nishihara, T. Kanehara, Y. Amamoto, A. Takahara, H. Otsuka, *Angew. Chem. Int. Ed.*, **51**, 1138 (2012).

[15] K. Imato, T. Ohishi, M. Nishihara, A. Takahara, H. Otsuka, *J. Am. Chem. Soc.*, **136**, 11839 (2014).

[16] K. Imato, A. Irie, T. Kosuge, T. Ohishi, M. Nishihara, A. Takahara, H. Otsuka, *Angew. Chem. Int. Ed.*, **54**, 6168 (2015).

[17] K. Ishizuki, H. Oka, D. Aoki, R. Goseki, H. Otsuka, *Chem. Eur. J.*, **24**, 3170 (2018).

Chap 4

超分子ポリマー，環状ホスト連結体・オリゴマー
Supramolecular Polymer Based on Macrocyclic Compounds

角田 貴洋　生越 友樹
（金沢大学理工研究域）（京都大学大学院工学研究科）

Overview

共有結合は強固な結合なため，組み変わることがなく，結合の配列は形成時に依存する．これに対し非共有結合であるホスト-ゲスト相互作用は，結合の可逆性をもつ．正多角柱構造をもつピラーアレーンはゲストを取り込むホスト-ゲスト相互作用を示し，置換基の多様性をもつことから，2008年の発表から急速に超分子ポリマーの研究が進展している．本章では，ピラーアレーンを利用した超分子ポリマーに関する最近の動向を紹介する．最後には，ホスト-ゲスト相互作用を利用せず，ピラーアレーンの分子構造の特性を利用した超分子構造体まで取り上げる．これらの内容が，ピラーアレーンのみならずほかの環状分子を利用した超分子材料開発の手がかりとなることを期待する．

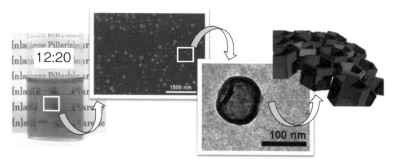

▲ピラー [n] アレーンの対称構造を利用した三次元構造体の形成[カラー口絵参照]

■ KEYWORD 📖マークは用語解説参照

- ピラー[n]アレーン（pillar[n]arenes）
- C-H/π相互作用（C-H/π interactions）
- 正多角柱（regular polygon）
- 脱保護反応（deprotection reaction）
- 酸化還元反応（redox reaction）
- 二次元シート（2D sheets）
- 積層（multi-layer）
- 三次元ネットワーク（3D networks）

| Part II | 研究最前線 |

はじめに

水素結合やイオン結合に代表される弱い相互作用を利用した超分子形成は，結合の可逆性や構造制御のしやすさから，材料開発において新たなパーツとなりつつある．弱い相互作用のなかでも，大きな分子（ホスト分子）が小さな分子（ゲスト分子）を捕える相互作用は，ホスト–ゲスト相互作用と呼ばれている．多くの場合，大きな分子は環状構造もち，環サイズに依存してゲスト分子を内包することから，鍵と鍵穴の関係といわれている．これまでに，シクロデキストリン，クラウンエーテル，カリックスアレーン，ククルビトゥリルなどがおもに，ホスト–ゲスト相互作用を示す化合物として研究され，実用化されている例もある．筆者らは，ジアルコキシベンゼンがパラ位でメチレン結合により環状につながった環状化合物，ピラー[n]アレーン（P[n]A，n は繰り返しユニット数を示し，5もしくは6が主）を2008年に世界ではじめて報告した[1]．この環状物質は，有機溶媒への高い溶解性と，柱状の正多角柱構造をもつ（図4-1）．その特徴は，ベンゼン環で囲まれた空孔領域が電子豊富なために，ビオロゲンなどのカチオン性化合物や電子吸引性基をもつ炭化水素などの電子不足ゲストを包接すること，ベンゼン環の回転による面不斉が存在すること，均一な柱状骨格のために平面や三次元に集合体を形成できることである．これらの特徴から，P[n]A はロタキサンやカテナンから共有結合性の有機骨格構造などの材料形成のキーマテリアルとして注目され，現在では世界的に

研究が行われている．本章では，P[n]A をホスト分子として利用した超分子ポリマーや二次元・三次元連結体について紹介する．

1 超分子ポリマー

1-1 1分子での超分子ポリマー形成

多くの高分子は，重合反応により複数のモノマーが単結合でつながれ，合成される．共有結合による高分子化合物は材料強度の点で有利に働く反面，共有結合は強固な結合なため，組み換わることがなく，結合の配列は形成時に決まる．これに対し，非共有結合であるホスト–ゲスト相互作用は，結合の可逆性をもつ．そのため非共有結合で形成された超分子ポリマーは，配列の組み換えが可能である．

ホスト–ゲスト相互作用による超分子ポリマーの設計は，二官能性（テレケリックな）分子の混合が最も利用される（図4-2）．たとえば，①ホスト分子とゲスト分子の双方が結合したモノマーを利用する（AB モノマー）方法，②ホスト分子が2個結合した分子とゲスト分子が2個結合した分子利用する（AA モノマー＋BB モノマー）方法である．P[n]A は，有機溶媒に可溶であるため，各ベンゼン環ユニットの置換基の有機合成的変換が容易である．たとえばP[n]A のもつアルコキシ基は，三臭化ホウ素による脱保護でヒドロキシ化でき，反応条件を調整することでヒドロキシ基を1個もつ P[n]A の合成が可能である．新たな置換基を再度，エーテル化により導入することで，テレケリックなモノマーを合成できる．置換基にはゲスト分子となりうるアルキル，アルキルハロゲン，アンモニウムカチオン，ビオロゲン，イミダゾリウムカチオンなどがある（図4-1）．実際に，ゲスト部位である1-オクチルブタンを一つ導入した P[5]A は，環状部位が他分子の1-オクチルブタンと C–H/π 相互作用による包接錯体を形成し，直線状ファイバーを与えた[2]．このような超

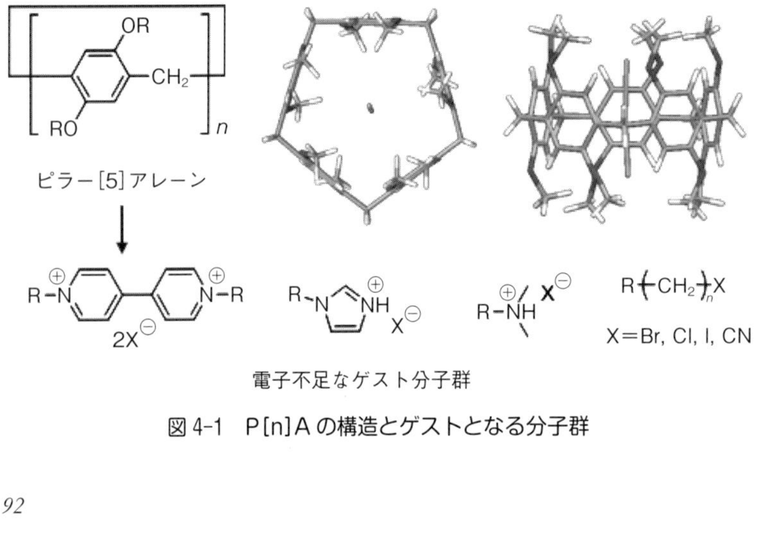

ピラー[5]アレーン

↓

電子不足なゲスト分子群

X=Br, Cl, I, CN

図 4-1　P[n]A の構造とゲストとなる分子群

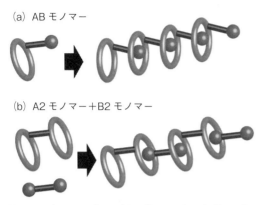

図4-2 ホスト-ゲスト相互作用による超分子ポリマー設計

分子ポリマー形成は，ゲスト分子を変更しても（カチオン性のものであっても）確認されている．これらは，電子豊富なP[5]Aの空孔に電子不足なカチオンゲスト分子が入り込み，包接錯体を形成するためである[3]．

このようなアルキル鎖を利用したABモノマーでは自己包接が生じやすく，高濃度条件で包接錯体を形成する必要があった．そこで筆者らはP[5]AとP[6]Aの空孔サイズの違いを生かし，より効率的に超分子ポリマーを形成しようと試みた［図4-3(a)][4]．1,4-diazabicyclo[2.2.2]octane(DABCO)のカチオンを一つ修飾したP[5]A(AB'モノマー)と，ピリジニウムカチオンを一つ修飾したP[6]A(A'Bモノマー)をそれぞれ合成した．ピリジニウムカチオンはP[5]A(AとB)とDABCOはP[6]A(A'とB')と選択的に包接錯体を形成するため，AB'モノマーとA'B'モノマーの混合により超分子ポリマーが形成された．このとき，DABCOとP[5]A(AとB')，ピリジニウムカチオンとP[6]A(A'とB)の会合定数が小さいため，P[5]AとP[6]Aが交互に連結した超分子ポリマーが優先的に形成された．

包接錯体の形成と解離により，超分子ポリマーはモノマー化とポリマー化を繰り返すことができる．YangらはP[5]Aとゲスト分子のあいだを光応答性分子，stiff stilbene(1,1-biindane)を利用して結合したABモノマーが，光異性化によって超分子ポリマー形成を制御できると報告した［図4-3(b)][5]．stiff stilbeneがシス体のとき，環状分子であるホスト分子のかさ高さや分子の距離の近さから，分子内

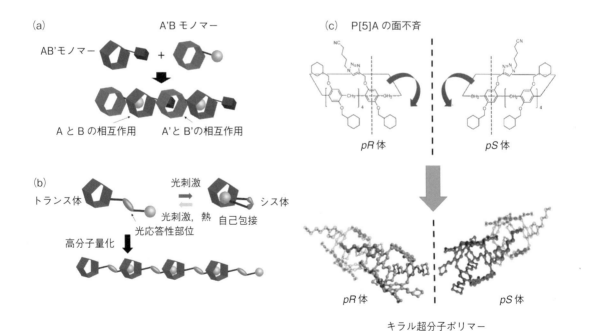

図4-3 ABモノマーから成る超分子ポリマー
(a)交互超分子ポリマー，(b)光応答性超分子ポリマー，(c)キラル超分子ポリマー．

| Part II | 研究最前線 |

✦ COLUMN ✦

★いま一番気になっている研究者

J. Fraser Stoddart

「分子マシンの設計と合成」により Jean-Pierre Sauvage, Bernard L. Feringa とともに 2016 年ノーベル化学賞を受賞した超分子化学の第一人者. 独自に開発した環状ホスト分子ブルーボックス(通称 Stoddart Ring とも呼ばれている)は, 電子アクセプター性であるビオロゲン骨格がもととなっているために, 電子供与性の分子を取り込むことができる. これをもとにさまざまな超分子構造・システムを報告している. その他, シクロデキストリンやクラウンエーテル, ピラーアレーンといったほかの環状分子を用いても先駆的かつ魅力的な超分子化学を展開している. 超分子化学に携わる人間にとっては憧れの「神様」的な存在である.

でホスト-ゲスト相互作用を生じやすい. これに対し, トランス体では, ゲスト分子が同じ分子内ホストと包接しにくく, 分子間で包接錯体形成するため超分子ポリマーが形成される. このように, ホスト分子とゲスト分子の距離を光刺激により制御することで, 超分子ポリマー形成を制御できる.

この包接後の安定性を利用し, 筆者らは AB モノマーによるキラル超分子ポリマーの合成を行った〔図 4-3(c)〕[6]. P[n]A の面不斉は, 修飾置換基の位置により pS 体と pR 体に区別される. これまでの研究で, かさ高いシクロヘキシルメチル基置換を導入することで, ベンゼン環の回転運動が抑制され, どちらかに偏ることがわかっている[7]. 今回, かさ高い置換基の一つをゲスト部位である電子不足なアルキルニトリルへと変換した P[5]A は回転運動が抑制されることがわかった. キラル分割により分けることで, 面不斉をもった AB モノマーが得られた. 面不斉 AB モノマーは室温で, ホスト-ゲスト相互作用により超分子ポリマーを形成した. これは, 環状ホスト分子をもとにしてミラーイメージのキラル超分子ポリマーを合成したはじめての例である.

このように, P[n]A の置換基導入の容易さから, AB モノマーの合成と超分子ポリマーの形成が行われてきた. 近年ではこれを発展させ, 2 種の AB モノマーを利用した三次元構造体の形成も行われている[8]. Fan と Tian らは, 図 4-3(a)の設計を目指し, P[5]A(ホスト分子 A)とゲスト分子のアルキルニトリル(ゲスト分子 B')ベンゾクラウンエーテル(ホスト分子 A')とゲスト分子のアルキルニトリル(ゲスト分子 B)を選択した. これらを交互に結合した AB' モノマーと A'B モノマーの合成と混合をした結果, 異種ホスト分子により交互に連結した超分子ポリマーを与えた. 彼らは臨界ミセル濃度以上で各包接錯体を形成し, 凝集速度を変化させることで球状, ファイバー, 粘性体をつくり分けている. これは, AB モノマーにより得られた超分子ポリマーの一つの利用法として期待される.

1-2 2分子を利用した超分子ポリマー形成

P[n]A を利用した AA モノマー(ホストダイマー)と BB モノマー(ゲストダイマー)の混合による超分子ポリマー形成は, Wang らにより報告された図 4-4(a)などがある[9]. 彼らは一つの水素結合部位を P[5]A に導入し, 溶液中で水素結合により AA モノマーを形成させた. そこへ, ゲスト部位であるビオロゲン 2 個をアルキル鎖で架橋した BB モノマーを混合すると, 超分子ポリマーが形成された. 一方で, AA モノマーは水素結合で形成されているため, 低濃度では AA モノマーを形成しない. そのため, 超分子ポリマーを得るのに, 高濃度条件が必要であった. そこで Yang らは, より安定な AA モノマーを形成するために, アントラセンの光二量化を利用した AA モノマーを合成した〔図 4-4(a)〕[10]. アントラセンは光刺激によって二量化し, 紫外光や熱によってもとに戻る. そのため, アントラセンを

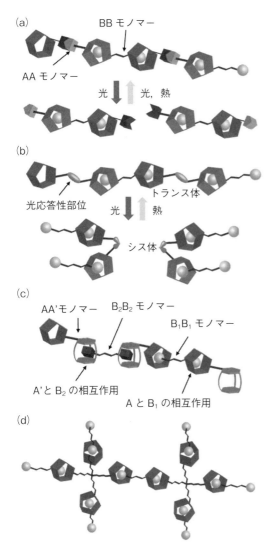

図 4-4　AA モノマーと BB モノマーから成る超分子
(a,b)ポリマー刺激応答性超分子ポリマー，(c)異種のホスト分子によるホスト–ゲスト相互作用から成る超分子ポリマー，(d)ネットワーク型超分子ポリマー．

一つ導入した P[5]A は，光刺激により二量化し AA モノマーを形成する．そこに二つのイミダゾリウム（ゲスト分子）をアルキル鎖で結合した BB モノマーを加えると超分子ポリマーが形成される．光や熱を加えると，アントラセン部位が解離するため解重合が生じる．このように，AA モノマーの形成を制御することで，超分子ポリマーに刺激応答性を付与することが可能となった．

筆者らは，P[n]A の置換基変換の容易さを利用し，アゾベンゼンで P[5]A を結合した AA モノマーを合成した[11]．ここに，ピリジニウムカチオン（ゲスト分子）をアルキル鎖で結合した BB モノマーを加えると，アゾベンゼンがトランス体のときに包接錯体を形成し，超分子ポリマーが得られた〔図 4-4(b)〕．アゾベンゼンは紫外光と可視光で光異性化するため，ここに紫外光を照射すると，アゾベンゼンはシス体となる．その結果，二つの P[5]A が立体障害により BB モノマーとの交互連結構造をとりにくくなり，BB モノマーと 1：1 錯体を形成する．続けて可視光を照射し，アゾベンゼンがトランス体に戻ると，再び超分子ポリマーが得られた．これは，アゾベンゼンの光異性化を利用し，超分子ポリマー形成を制御できる例である．

P[n]A のベンゼン環ユニットは，酸化還元によって 1 ユニットを置換基変換できる．これを利用し，異種のホスト分子を結合した AA' モノマーを合成した例がある[12]．Jiang と Wang らのグループは，1 ユニットをヒドロキノン化した P[5]A にクリプタンドを修飾し，P[5]A とクリプタンドの 2 種のホスト分子をもつ AA' モノマーを形成した．二つのアルキルビオロゲンから成る B_1B_1 モノマーと二つのブロモアルキルから成る B_2B_2 モノマーを加えると，会合定数の大きいホスト部位とゲスト部位（A と B_1，A' と B_2）が包接錯体を形成し，規則的な一次元構造が得られた〔図 4-4(c)〕．このように，合成が困難なホスト分子を二つもつ構造（AA' モノマー）は，P[5]A の置換基変換が容易であるからこそ実現する．

複数個の P[5]A とゲスト分子をもったモノマーを利用することで，一次元構造体のみならず，高次構造体の形成も可能となる〔図 4-4(d)〕．たとえば，テトラフェニルエテンの 4 個の置換基へ P[5]A を導入したテトラマーを合成することで，二次元シートや三次元ネットワーク構造のゲルを形成が可能となる[13]．Yang らは，P[5]A の包接錯体形成と凝集誘起型発光特性を組み合わせ，発光性ゲルの作製や，発光強度を利用した会合定数，熱力学パラメーターの測定にも成功している．これは，超分子ポリマーを利用した新たな測定法や材料の開発に利用できる

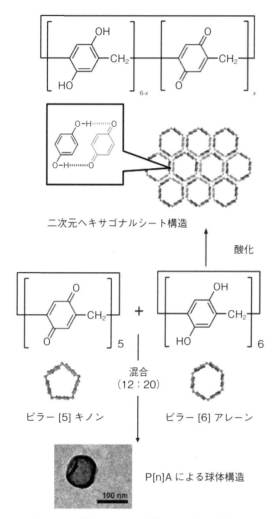

図4-5 P[n]Aにより形成される高次連結体

可能性を秘めている．

2 P[n]Aによる高次構造体の形成

P[n]Aは，幾何学的に対称性の高い正多角柱構造であるために凝集体構造を制御しやすい．筆者らは，この点に着目し，P[n]Aのみによる超分子連結体の形成を試みた（図4-5）[14, 15]．正六角柱のP[6]Aを用いれば，その対称性の高さから二次元的にこの分子を敷き詰めた二次元ヘキサゴナルシート構造を得られると予測した．分子間の連結には，ヒドロキノンとベンゾキノンとの電荷移動錯体を利用した．ヒドロキノンは酸化によりベンゾキノンへと変換され，生じたベンゾキノンは残存するヒドロキノンと電荷移動錯体を形成する．電荷移動錯体の形成は分子間で進行し，六角柱構造が集積化した二次元ヘキサゴナルシートを得ることができた．より高次な集合体形成を目指し，フラーレンを模倣した三次元ベシクル構造の形成を試みた．フラーレンは，六角形構造の中に五角系構造が存在することで曲面を与え球状の構造となる．このことから五角柱構造のP[5]Aが六角柱構造のP[6]Aが形成する二次元シートに組み込まれれば，フラーレン様の球状集合体が得られると予測した．対称性の低い五角柱P[5]Aが六角柱P[6]Aから成る二次元シートに組み込まれるように，五つのベンゾキノンから成るピラー[5]キノンを用いた．P[6]Aのみもしくは過剰の場合では，六角柱分子P[6]Aが敷き詰まることにより六角形の結晶が得られた．一方でピラー[5]キノンのみもしくは過剰の場合では，ファイバー構造を形成した．組成をフラーレン内の六員環と五員環の比（P[6]A：ピラー[5]キノン = 20：12）で混合すると球状の集合体が得られた．TEM観察からも中空の球状構造が確認され，ベシクル構造を形成していることがわかった．通常ベシクル状分子は両親媒性分子の集合によって形成される．本研究では，五角形と六角形を混合して得られるベシクルであり，幾何学的デザインに基づく新しいベシクル形成法であるといえる．

3 まとめと今後の展望

P[n]Aを利用した超分子ポリマーに関して，ホスト-ゲスト相互作用を利用したものを中心に解説した．分子設計により高分子量体の形成条件が異なるが，P[n]Aの利点である使用できる有機溶媒選択の多様さや置換基変換の自由度から，基本となる超分子ポリマーの設計だけでなく，オリジナリティのある超分子ポリマーを設計することが可能になる．さらには，P[n]A自体の特性を利用することで，環状分子でありつつ，ゲスト分子を利用しない超分子ポリマーの設計が可能である．今回紹介した超分子ポリマーの一部を参考に，さらなるアイデアあふれる超分子ポリマーの設計が生まれることを期待したい．

◆ 文 献 ◆

[1] T. Ogoshi, "Pillararenes," Royal Society of Chemistry (2016), p. 201.

[2] Z. Zhang, Y. Luo, J. Chen, S. Dong, Y. Yu, Z. Ma, F. Huang, Angw. Chem. Int. Ed. Engl., **50**, 1397 (2011).

[3] N. L. Strutt, H. Zhang, M. A. Giesener, J. Lei, J. F. Stoddart, *Chem. Commun.*, **48**, 1647 (2012).

[4] T. Ogoshi, H. Kayama, D. Yamafuji, T. Aoki, T. Yamagishi, *Chem. Sci.*, **23**, 3221 (2012).

[5] Y. Wang, J. F. Xu, Y. Z. Chen, L. Y Niu, L. Z. Wu, C. H. Tung, Q. Z. Yang, *Chem. Commun.*, **50**, 7001 (2014).

[6] T. Ogoshi, T. Furuta, T. Yamagishi, *Chem. Commun.*, **52**, 10775 (2016).

[7] T. Ogoshi, K. Masaki, R. Shiga, K. Kitajima, T. Yamagishi, *Org. Lett.*, **13**, 1264 (2011).

[8] H. Li, X. Fan, M. Qi, Z. Yang, H. Zhang, W. Tian, *Chem.*

Eur. J., **22**, 101 (2016).

[9] Y. Guan, M. Ni, X. Hu, T. Xiao, S. Xiong, C. Lin, L. Wang, *Chem. Commun.*, **48**, 8529 (2012).

[10] J.–F. Xu, Y.–Z. Chen, L.–Z. Wu, C.–H. Tung, Q.–Z. Yang, *Org. Lett.*, **15**, 6148 (2013).

[11] T. Ogoshi, K. Yoshikoshi, T. Aoki, T. Yamagishi, *Chem. Commun.*, **49**, 8785 (2013).

[12] Q. Wang, M. Cheng, Y. Zhao, L. Wu, J. Jiang, L. Wang, Y. Pan, *Chem. Commun.*, **51**, 3623 (2015).

[13] N. Song, D. X. Chen, Y. C. Qiu, X. Y. Yang, B. Xu, W. Tian, Y. W. Yang, *Chem. Commun.*, **50**, 8231 (2014).

[14] T. Ogoshi, K. Yoshikoshi, R. Sueto, H. Nishihara, T. Yamagishi, *Angew. Chem. Int. Ed.*, **54**, 6466 (2015).

[15] T. Ogoshi, R. Sueto, K. Yoshikoshi, K. Yasuhara, T. Yamagishi, *J. Am. Chem. Soc.*, **138**, 8064 (2016).

Chap 5

二次元金属錯体ポリマー「配位ナノシート」
Two-dimensional Metal Complex Polymer "Coordination Nanosheet"

前田 啓明　西原 寛
(東京大学大学院理学系研究科)

Overview

本章では，近年注目を集めている二次元物質のなかでも，金属錯体から成る配位ナノシート，とくにその主骨格がビス（ジチオラト）金属錯体およびその類似錯体から成るナノシートの合成手法と機能に焦点をおく．これらの配位ナノシートは構造全体に拡張された共役系により電気伝導性をもつほか，金属錯体部位に由来する触媒能，物質のセンシング能，金属錯体部のレドックスや大きな表面積によるキャパシタ特性などの機能を示すことが報告されてきている．最近の研究から実例を紹介するとともに，今後の配位ナノシート研究の課題や展望を述べる．

▲金属イオンと C_6E_6 (E = SH, NH_2) 配位子から成る配位ナノシート [カラー口絵参照]

■ KEYWORD 📖マークは用語解説参照

- 配位ナノシート (coordination nanosheet)
- 金属錯体 (metal complex)
- 界面合成 (interfacial synthesis)
- 機能性 (functionality)
- 二次元物質 (two-dimensional material)

はじめに

2004年のグラフェンの報告を皮切りに，単原子レベルの膜厚から成る二次元構造物質に関する研究が注目を集めている．代表的な無機二次元物質としては，グラフェンをはじめ，遷移金属カルコゲニド，金属酸化物，金属水酸化物，シリセン，ゲルマネンなどが挙げられ，合成手法の開発や物理的・化学的物性の評価とともに，応用的展開も拡大している．

これらの無機二次元物質のおもな作製手法の一つが，母体となるバルク層状構造体から各層を剥離することにより薄膜化するトップダウン的手法である．しかし近年は二次元物質の合成手法として，素材となる原子，分子，イオンなどを組み合わせることによるボトムアップ的なアプローチが展開されている．この手法の特徴は，無限ともいえる素材の組み合わせにより多種多様な化学構造や化学的，物理的特性をもつ二次元物質を合成することが可能である点である．ボトムアップ的手法では有機分子も構成要素として利用可能であるため，共有結合により分子を規則的に配列させたCovalent Organic Framework (COF)や配位結合により金属錯体を形成する配位ナノシート (Coordination Nanoshee: CONASH) など，有機二次元物質も報告されている．とくに後者の配位ナノシートは構造体内の金属錯体に由来する電気的，磁気的特性や触媒能などをナノシートに付与できる点で魅力的である．

しかしながら従来の配位ナノシートに関する研究の多くは，構造体の作製や構造の解明に焦点が当てられており，その物理的・化学的性質や機能性の評価については未開な面が多かった．しかし，2013年に筆者らがビス(ジチオラト)ニッケル錯体から成る配位ナノシート(NiDT)[1,2]の液液界面および気液界面を利用した合成手法の開発，およびNiDTが金属錯体ポリマー物質としては優れた導電性を示すことを報告してからは，機能性金属錯体ナノシートの合成，物性評価および理論計算による物性予測に関する研究が世界的に展開されてきている．本章ではビス(ジチオラト)金属錯体およびその類似金属錯体から構成される配位ナノシートの合成と機能性に関しておもに紹介する．

1 ビス(ジチオラト)金属錯体ナノシート

ジチオレン金属錯体は金属イオンのd軌道とジチオレン配位子のπ軌道から成る擬芳香族五員環構造をもち，π共役系で接続されたジチオレン錯体同士は強い電子的相互作用を示す．たとえば筆者らが報告したベンゼンヘキサチオール(L^1)で架橋されたジチオレンルテニウム三核錯体は，サイクリックボルタンメトリー測定において3段階のジチオレン部位由来の一電子酸化反応と3段階の金属中心由来の一電子還元反応を示し，これは金属錯体間が混合原子価状態にあり，電子的相互作用が存在することを示唆している[3]．もし，この三核錯体を無限に接続した高分子を合成すれば，金属錯体間の電子的相互作

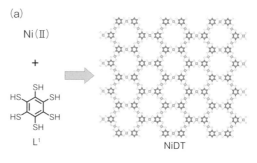

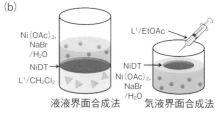

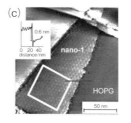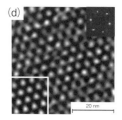

図5-1 ベンゼンヘキサチオール(L^1)とNiDT
(a)化学構造，(b)NiDTの液液界面合成法および気液界面合成法，(c)HOPG上のNiDTのSTM像とラインプロファイル，(d)STM像の拡大図〔(c)内白枠部分〕およびFFT像(右上)，FFT処理後のイメージ(左下)．Adapted with permission from reference[1]. Copyright 2013 American Chemical Society.

用が分子構造全体に拡張された導電性金属錯体物質が創製されると期待される.

そこで金属イオンとして Ni(Ⅱ) を選択した. Ni(Ⅱ) はジチオレン配位子と平面四配位構造のビス(ジチオラト)ニッケル錯体を形成する. ジチオレン配位子として L^1 を用いれば, ビス(ジチオラト)ニッケル錯体が無限に連なったカゴメ格子構造の平面二次元配位ナノシート NiDT を構築できると考えられる〔図 5-1(a)〕. 加えて錯形成反応場を平面に制限するため, 二相界面を利用する界面合成法を開発した〔図 5-1(b)〕[1]. 一つは液液界面合成法である. L^1 のジクロロメタン溶液の上に酢酸ニッケルの水溶液をアルゴン雰囲気下で静かに重ねると, 互いに混じりあわない水とジクロロメタンのあいだに界面が形成される. 錯形成反応は界面でのみ進行するため, NiDT は二つの溶液の界面に形成される. もう一つは気液界面合成法である. アルゴン雰囲気下でニッケルイオン水溶液の水面に L^1 の酢酸エチル溶液を静かに散布すると, 溶媒が蒸発して水面に L^1 が残って錯形成反応が進行し, NiDT が形成される. 前者の手法で合成された NiDT は多層膜であり, 一晩反応させた場合の膜厚は約 1 μm である. 得られた膜の透過型電子顕微鏡(TEM)観察では層状構造が確認され, 制限視野電子回折(SAED), 粉末 X 線回折の結果から $a = b = 1.4$ nm, $c = 0.76$ nm の格子サイズの六角形格子をもつ構造であり, 各層は staggered 型に積層されていることが示された. これはモデル構造とも一致している. それに対して後者の手法は単層から数原子層程度の薄膜を作製するのに適している. この手法により合成された NiDT を HOPG 基板上に転写したサンプルについて, 原子間力顕微鏡(AFM)および走査型トンネル顕微鏡(STM)測定を行うと, 単層膜に該当する 0.6 nm のステップや, 基板の HOPG と単層 NiDT とのモアレ由来の六回対称構造が観測された〔図 5-1(c, d)〕.

液液界面合成法で合成された多層 NiDT ナノシートは $[NiDT]^-$: $[NiDT]^0$ = 3 : 1 の混合原子価状態にある. このシートの導電性を四端子法で測定すると 300 K にて 2.8 S cm^{-1} で, これは有機金属ポリマーとしては優れた伝導率である[2]. さらに

$(BrC_6H_4)_3NSbCl_6$ により, 金属中心をすべて $[NiDT]^0$ とした NiDT ナノシートは, 160 S cm^{-1} というきわめて高い伝導率を示した. これは構成要素である錯体部位の電子状態により配位ナノシートの特性が変化することを如実に示した例である.

NiDT の合成と導電性の報告を受けて, Liu らは単層 NiDT が二次元トポロジカル絶縁体となることを第一原理計算により理論予測した[4]. トポロジカル絶縁体とは物質内部は絶縁性であるが, 表面部位やエッジ部位は導電性をもつ新規物質である. 従来までトポロジカル絶縁体として知られていたのは Bi_2Se_3 や Bi_2Te_3 などの重元素から成る無機物質であった. 単層 NiDT ナノシートは中心金属イオンや硫黄原子など比較的重い元素によるスピン軌道相互作用の効果によりトポロジカルに非自明なギャップが生じたディラック電子系をもっており, トポロジカル絶縁性を示しうる二次元有機金属物質の候補である. それまで提案されてきたトポロジカル絶縁性を示す有機金属物質の候補は合成面において課題があったが, NiDT は実際に合成可能な物質であり, 実験的にその物性を観測することで理論予測を実証することに興味がもたれている. 一般的に, 重い元素のほうが大きなスピン軌道相互作用をもつため, ディラックコーンのギャップが広がり, トポロジカル絶縁性の観測が容易になる. 筆者らは中心金属としてニッケルより重い元素であるパラジウムを用いたビス(ジチオラト)パラジウム錯体(PdDT)ナノシートの合成手法を開発した[5]. PdDT も NiDT と同様に界面合成法により得られるが, 原料である Pd(Ⅱ) イオンは容易に還元されるため, NiDT と同様の合成条件ではナノシート上に Pd(0) のナノ粒子が析出してしまう. そこで Pd(Ⅱ) イオン水溶液に酸化剤として $K_3[Fe(CN)_6]$ を加えることで, Pd(Ⅱ) イオンの還元反応を抑制した. 得られた PdDT の金属錯体部位の中心金属の価数は $[PdDT]^-$: $[PdDT]^0$ = 1 : 3 の混合原子価であり, 298 K で 2.8×10^{-2} S cm^{-1} の電気伝導性を示した.

類似体の合成やその機能に関しても近年報告されてきている. Marinescu らは金属イオンとして Co(Ⅱ) を用いて配位ナノシートを合成し, 水素発生反応の

電極触媒として機能することを示した[6]. また, Zhuらは金属イオンとしてCu(Ⅱ)を用いて, $[Cu_3C_6S_6]_n$ の組成で表される配位ナノシートを形成し, これが1580 S cm^{-1} というきわめて優れた電気伝導率と高いキャリア移動度（ホール：99 cm^2 V^{-1} s^{-1}, 電子：116 cm^2 V^{-1} s^{-1})を示すことを報告した[7]. さらに結晶性を向上させることで, このナノシートが超伝導性（T_c = 250 mK)を示すことも報告している[8]. このほかにも配位子にトリフェニレン-2,3,6,7,10,11-ヘキサンチオールを用いた例もある. この配位子とNi(Ⅱ), Co(Ⅱ)を反応させて合成されたナノシートは, どちらも水素発生反応の電極触媒として機能することが報告されている[6,9].

2 ビス（ジイミノ）金属錯体ナノシート

ベンゼンヘキサチオールと同様に C_6 対称性をもった等電子的配位子として, ヘキサアミノベンゼン（L^2）がある. この配位子でもNiDTのような平面構造をもつ配位ナノシート, ビス（ジイミノ）金属錯体ナノシートを作製することが可能である. 金属イオン-窒素原子間, 窒素原子-炭素原子間の結合距離は, 金属イオン-硫黄原子間, 硫黄原子-炭素原子間の結合距離に比べて短いため, ベンゼン環で架橋された金属イオン間の距離が近くなり, より大きな金属-金属間の相互作用が期待される.

筆者らは, 気液界面合成によりビス（ジイミノ）ニッケル錯体ナノシート（NiDI）を合成した〔図5-2(a)〕[10]. まずアルゴン下で L^2 の塩酸塩と酢酸ニッケルをアンモニア水に溶解させる. この系に微小量の酸素を注入すると, 気液界面で反応が進行し水面に NiDI が形成される〔図5-2(b)〕. 金属イオンと配位子が同一の溶液に含まれている点と, 酸素の注入を行う点が NiDT の合成とは異なる. NiDI を形成するビス（ジイミノ）ニッケル錯体が形成される反応においては, 2当量の配位子がニッケルイオンに配位したあとに1電子ずつ酸化され, ビラジカルを形成する過程が含まれる. 酸素はビラジカルを生成するための酸化剤として必要であり, 単純に金属イオンと配位子を混合したのみでは NiDI は形成されない. この手法で合成された NiDI は各層が eclipsed

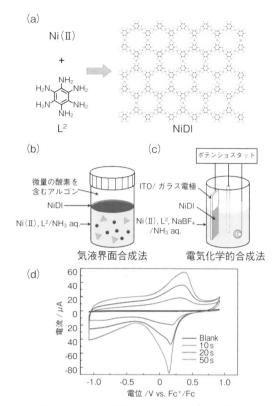

図 5-2 ヘキサアミノベンゼン（L^2)と NiDI
(a)化学構造, (b)NiDI の気液界面合成法の模式図, (c)NiDI の電気化学的合成法の模式図. (d) 電気化学的合成法で作製した NiDI/ITO 電極（作製時の電位印加時間10秒, 20秒, 50秒および無修飾 ITO 電極）のサイクリックボルタモグラム. Adapted with permission from reference [10]. Copyright 2018 The Chemical Society of Japan.

型で積層した $a = b$ = 13.01 Å, c = 3.25 Å のヘキサゴナル単位格子をもち, 半導体的電気伝導性と反強磁性的磁気特性を示す.

酸素による化学的手法に代わり, NiDI 合成時のビラジカル形成過程を電気化学的に進行させることも可能である. 筆者らはアルゴン雰囲気で酢酸ニッケル, L^2 塩酸塩, $NaBF_4$ を溶かしたアンモニア水に ITO 電極を浸漬し, 0.56 V (vs. Ag/AgCl) を印加することにより, ITO 表面に直接 NiDI を生成可能であることを見いだした〔図5-2(c)〕. このように合成された NiDI は結晶性こそ劣るものの, 気液界面合成法で得られる NiDI と同様の構造をとることが, 各種スペクトル測定, 粉末X線回折により示された. また, 電気化学的手法で ITO 電極上に作製

したNiDIのサイクリックボルタンメトリー測定を行うと，0.28 V（vs. Fc$^+$/Fc）に錯体部位のレドックス由来の酸化還元ピークが観測されるとともに，大きな電気二重層電流が観測された〔図5-2(d)〕．サンプル作製時の電位印加時間を長くし，電極上のNiDIの量が増えるほど，ピーク強度と電気二重層電流は大きくなっており，キャパシタ材料としての利用が期待できる．

ビス（ジイミノ）金属錯体ナノシートの合成や物性評価の報告に関しても近年盛んに行われてきている．DeshpandeとLouieのグループは，液液界面，気液界面を利用してNi（Ⅱ），Cu（Ⅱ），Co（Ⅱ）を含むナノシートを合成し，電気特性を評価した[11]．そして合成されたNiDIの，電気伝導度はnSオーダーであり，わずかにバックゲート電圧依存性を示したと報告している．DincăらはNi（Ⅱ）とCu（Ⅱ）を用いてナノシートを合成し，粉末X線回折，広域X線吸収微細構造（EXAFS），高分解能透過型電子顕微鏡による詳細な構造解析を行った[12]．また，四端子法により得られた導電率は，NiDIが8 S cm^{-1}，CuDIが13 S cm^{-1}であったと報告している．

ビス（ジイミノ）ニッケル錯体ナノシートでも，L^{2}に代わり2,3,6,7,10,11-ヘキサアミノトリフェニレンを配位子として利用し，Cu（Ⅱ）およびNi（Ⅱ）と反

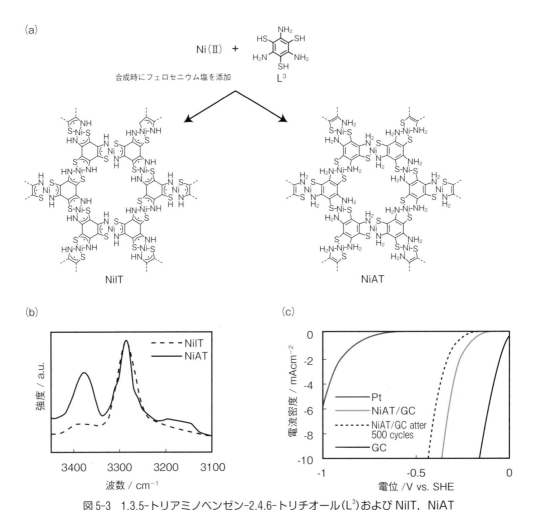

図5-3 1,3,5-トリアミノベンゼン-2,4,6-トリチオール（L^3）およびNiIT, NiAT
(a)化学構造，(b)NiIT（点線）とNiAT（実線）のIRスペクトル，(c)Pt, NiAT/GC, GC電極の水素発生反応触媒活性（0.05 M H$_2$SO$_4$溶液中）．Adapted from reference[18]-Published by The Royal Society of Chemistry.

応させて合成した配位ナノシートの導電性が評価されている。二端子法でペレット化したサンプルを測定すると、Cu(II)を用いた場合は $0.2\ S\ cm^{-1}$、Ni(II)を用いた場合は $2\ S\ cm^{-1}$ と報告されている[13]。また、その導電性や空孔構造を生かした、揮発性有機溶媒やアンモニアガスに対するセンシング材料[13, 14]、電気二重層キャパシタ材料[15]、電気化学的酸素還元触媒[16]としての応用が展開されている。

③ その他の類似体配位ナノシート

配位子として 1,3,5-トリアミノベンゼン-2,4,6-トリチオール(L^3)と Ni(II)を反応させることにより、ビス(イミノチオラト)ニッケル錯体ナノシート(NiIT)とビス(アミノチオラト)ニッケル錯体ナノシート(NiAT)の 2 種類の配位ナノシートを合成することができる〔図 5-3(a)〕[17, 18]。これらのナノシートはニッケルアセチルアセトナートのジクロロメタン溶液の上に L^3 の水溶液を重ねる液液界面合成により得られるが、水溶液に酸化剤としてフェロセニウム塩を添加した場合は、配位子が錯形成時に酸化されて NiIT、添加しない場合は NiAT が形成される。それぞれのナノシートは AFM、走査型電子顕微鏡(SEM)、TEM、X 線光電子分光法(XPS)などで同定されているが、両ナノシートの差異が顕著に表れるのは IR スペクトルである〔図 5-3(b)〕。NiIT はイミノ構造(= NH)の N−H 伸縮振動に由来する 1 本のピークを $3270\ cm^{-1}$ に示すが、NiAT はアミノ構造($-NH_2$)をもつため N−H の対称伸縮振動と非対称伸縮振動に由来する 2 本のピークを 3270、$3380\ cm^{-1}$ に示す。また、SAED や微小角入射 X 線回折(GIXD)による解析から、NiIT はヘキサゴナル格子、NiAT は各層が staggered 型に積層された $a = b = 1.41\ nm$、$c = 0.84\ nm$ のヘキサゴナル格子をもつことがわかっている。両ナノシートは化学構造こそ類似しているが、その物性は異なり、NiIT の半導体的電気伝導性は $1 \times 10^{-1}\ S\ cm^{-1}$ と半導体的であるのに対し、NiAT は $3 \times 10^{-6}\ S\ cm^{-1}$ と絶縁的である。これらの結果は NiIT がシート全体に非局在化した不対自由電子をもつのに対し、NiAT はもたないという化学構造的観点や、第一原理計算で得られたそれぞれのナノシートのバンド構造とも一致する。NiIT と NiAT は化学的酸化還元反応により変換可能であるため、導電性をスイッチング可能な材料としての活用が期待される。また、NiAT は水素発生反応の電極触媒として利用でき、500 サイクル後もその活性は保たれる〔図 5-3(c)〕。

複数の配位子を組み合わせた例も報告されている。Feng らは 2,3,6,7,10,11-ヘキサアミノトリフェニレンとトリフェニレン-2,3,6,7,10,11-ヘキサチオールを混合した溶液と、Co(II)および Ni(II)イオンを反応させ、ビス(ジイミノ)金属錯体、ビス(ジチオラト)金属錯体、ジチオラト-ジイミノ金属錯体の 3 種が含まれるナノシートを合成した[19]。この混合配位ナノシートの水素発生触媒能は、単独の金属錯体から成るナノシートよりも優れていることが示された。

④ まとめと今後の展望・課題

本章ではビス(ジチオラト)金属錯体ナノシートとその類似配位ナノシートの合成と機能について紹介した。グラフェンや遷移金属カルコゲナイドなどの無機二次元物質が大きく脚光を浴び、特異な電子物性を利用したダイオード、トランジスタ、共振器、スピンバルブなどのエレクトロニクス、スピントロニクス分野への応用が展開されている。さらに、その大きな表面積を活用し、他材料とのハイブリッド化や他元素のドーピング、膜内に微小な空孔を作製するなどといった加工を施すことにより電池材料、キャパシタ、吸着剤、触媒、バイオセンサ、分離膜などへの展開を行っている。一方で、配位ナノシートは近年ようやくその物理的・化学的特性の評価が行われるようになり、有機物二次元機能性物質として産声を上げたところである。しかし、配位ナノシートは、内部にもつ錯体由来の物性を示し、シート内部の化学構造や空孔サイズを任意に設計可能であることから、無機二次元物質のようなハイブリッド化や加工を施すことなく、単一物質で触媒材料、エネルギー材料、センシング材料、分離膜への展開や、金属イオンや配位子が異なる配位ナノシート同士のハイブリッドによる高次機能化が期待できる。

| Part II | 研究最前線 |

　今後，配位ナノシートが材料としてさらなる一歩を踏み出すには，何が課題となるであろうか．一つは結晶性と考えられる．X線回折などから配位ナノシートが周期性をもつことは示されてきているが，その結晶性は無機二次元物質と比較するといまだ劣っている．結晶性はナノシートの物性に影響すると考えられ，高い結晶性をもつ配位ナノシートを合成する手法の開発が求められる．同時にシート内の欠損の有無や割合を評価することも重要となるであろう．

　金属イオンと配位子の無限ともいえる組み合わせが織りなす配位ナノシートの世界には，まだわれわれが予想もしなかった機能を秘めた二次元物質が眠っているかもしれない．また，配位ナノシートは複数の研究分野を横断する研究対象である．配位子やナノシートを設計・合成する化学者，物性の測定や評価，解釈を行う物理学者，理論的側面から観測された現象を解釈やナノシートが示しうる機能を予測する計算科学者が互いに手を取り合うことで，配位ナノシートの基礎研究，応用研究が展開されていくことに期待したい．

◆ 文　献 ◆

[1] T. Kambe, R. Sakamoto, K. Hoshiko, K. Takada, J.-h. Ryu, S. Sasaki, J. Kim, K. Nakazato, M. Takata, H. Nishihara, *J. Am. Chem. Soc.*, **135**, 2462 (2013).

[2] T. Kambe, R. Sakamoto, T. Kusamoto, T. Pal, N. Fukui, K. Hoshiko, T. Shimojima, Z. Wang, T. Hirahara, K. Ishizaka, S. Hasegawa, F. Liu, H. Nishihara, *J. Am. Chem. Soc.*, **136**, 14357 (2014).

[3] T. Kambe, S. Tsukada, R. Sakamoto, H. Nishihara, *Inorg. Chem.*, **50**, 6856 (2011).

[4] Z. F. Wang, N. Su, F. Liu, *Nano Lett.*, **13**, 2842 (2013).

[5] T. Pal, T. Kambe, T. Kusamoto, M. L. Foo, R. Matsuoka, R. Sakamoto, H. Nishihara, *ChemPhysChem*, **80**, 1255 (2015).

[6] A. J. Clough, J. W. Yoo, M. H. Mecklenburg, S. C. Marinescu, *J. Am. Chem. Soc.*, **137**, 118 (2015).

[7] X. Huang, P. Sheng, Z. Tu, F. Zhang, J. Wang, H. Geng, Y. Zou, C.-a. Di, Y. Yi, Y. Sun, W. Xu, D. Zhu, *Nat. Commun.*, **6**, 7408 (2015).

[8] X. Huang, S. Zhang, L. Liu, L. Yu, F. Chen, W. Xu, D. Zhu, *Angew. Chem. Int. Ed.*, **57**, 146 (2018).

[9] R. Dong, M. Pfeffermann, H. Liang, Z. Zheng, X. Zhu, J. Zhang, X. Feng, *Angew. Chem. Int. Ed.*, **54**, 12058 (2015).

[10] E. J. H. Phua, K.-H. Wu, K. Wada, T. Kusamoto, H. Maeda, J. Cao, R. Sakmoto, H. Masunaga, S. Sasaki, J.-W. Mei, W. Jiang, F. Liu, H. Nishihara, *Chem. Lett.*, **47**, 126 (2018).

[11] N. Lahiri, N. Lotfizadeh, R. Tsuchikawa, V. V. Deshpande, J. Louie, *J. Am. Chem. Soc.*, **139**, 19 (2017).

[12] J.-H. Dou, L. Sun, Y. Ge, W. Li, C. H. Hendon, J. Li, S. Gul, J. Yano, E. A. Stach, M. Dincǎ, *J. Am. Chem. Soc.*, **139**, 13608 (2017).

[13] M. G. Campbell, S. F. Liu, T. M. Swager, M. Dincǎ, *J. Am. Chem. Soc.*, **137**, 13780 (2015).

[14] M. G. Campbell, D. Sheberla, S. F. Liu, T. M. Swager, M. Dincǎ, *Angew. Chem. Int. Ed.*, **54**, 4349 (2015).

[15] D. Sheberla, J. C. Bachman, J. S. Ellas, C.-J. Sun, Y. Shao-Horn, M. Dincǎ, *Nat. Mater.*, **16**, 220 (2017).

[16] E. M. Miner, T. Fukushima, D. Sheberla, L. Sun, Y. Surendranath, M. Dincǎ, *Nat. Commun.*, **7**, 10942 (2016).

[17] X. Sun, K.-H. Wu, R. Sakamoto, T. Kusamoto, H. Maeda, H. Nishihara, *Chem. Lett.*, **46**, 1072 (2017).

[18] X. Sun, K.-H. Wu, R. Sakamoto, T. Kusamoto, H. Maeda, X. Ni, W. Jiang, F. Liu, S. Sasaki, H. Masunaga, H. Nishihara, *Chem. Sci.*, **8**, 8078 (2017).

[19] R. Dong, Z. Zheng, D. C. Trance, J. Zhang, N. Chandrasekhar, S. Liu, X. Zhuang, G. Seifert, X. Feng, *Chem. Eur. J.*, **23**, 2255 (2017).

Chap 6

特異な分子認識により形成される超分子ポリマー
Supramolecular Polymers Formed via Molecular Recognition

池田　俊明　　灰野　岳晴
（東海大学理学部）（広島大学大学院理学研究科）

Overview

超分子ポリマーの配列構造は，適切な分子認識を用いることによって自在に制御可能である．相補的な相互作用を用いたホモポリマーや共重合体など，さまざまな配列構造を設計することができる．最近では，ネットワークポリマーや ABC 三元周期共重合体など，共有結合から成るポリマーにおいても合成が困難な構造をもった超分子ポリマーが報告されている．超分子ポリマーの配列構造に着目し，その分子設計指針と配列制御のメカニズムを解説する．

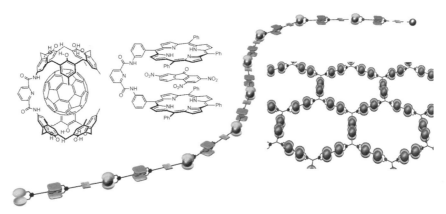

▲特異な分子認識によって生成するホスト-ゲスト構造と複雑な配列構造をもった超分子ポリマー［カラー口絵参照］

■ KEYWORD 　マークは用語解説参照

- 分子認識（molecular recognition）
- ポルフィリン（porphyrin）
- フラーレン（fullerene）
- カリックス[5]アレーン（calix[5]arene）
- 共重合体（copolymer）
- ネットワークポリマー（network polymer）
- 三元周期共重合体（periodic terpolymer）

はじめに

単一のモノマーから成るポリマーの物性は，そのポリマーを構成するモノマーの構造によって変化する．一方，複数のモノマーから成る共重合体においては，それぞれのモノマーの構造や組成比が異なる場合に物性が変化するのは当然だが，同じモノマーの組成比でもモノマーの配列構造が異なると物性が大きく変化する．代表的な2種類のモノマーAとBから成る共重合体の配列構造は，図6-1のように分類することができる．すなわち，モノマーが不規則に配列したランダム共重合体，ABABと交互配列構造をもつ共重合体，AのブロックとBのブロックがつながったブロック共重合体，そしてAから成る主鎖ポリマーにBから成る側鎖ポリマーが結合したグラフト共重合体である．これらの共重合体はまったく異なる物性を示すことが知られている．2種類のモノマーの組成が同じにもかかわらず物性が異なる材料を生み出すことができるのは，高分子ならではの特徴である．そのため，高分子を構成するモノマーの配列構造を精密に制御し，その物性を直接制御する研究は，高分子化学の中心的課題として広く研究されている．

共有結合から成るポリマーにおいて，配列構造を制御するために重合反応を精密に制御する必要があり，これは現在の高分子化学においても容易なことではない．一方，超分子ポリマーにおいては，分子認識による相補的な相互作用を利用することによって，配列制御された超分子共重合体をつくり出すことができる．図6-2に超分子ポリマーのおもな配列構造を示す．単一のモノマーから成る超分子ポリマーは，自己相補的な相互作用部位をモノマーの両末端に導入する〔図6-2(a)〕，あるいは相補的な相互作用部位をモノマーのそれぞれの末端に導入する〔図6-2(b)〕ことで実現可能である．近年盛んに研究が行われている平面分子の積層型超分子ポリマーもこのカテゴリに分類することができる．一方，超分子共重合体は，特異な分子認識による相補的ホスト－ゲスト相互作用を利用することで2種類のモノマーが交互に並んだ共重合体を簡便に構築することができる．すなわち，両末端にホスト部位をもった

(a) ランダム共重合体

(b) 交互配列構造をもつ共重合体

(c) ブロック共重合体

(d) グラフト共重合体

図6-1　さまざまな共重合体

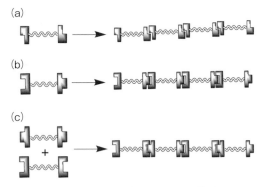

図6-2　超分子ポリマーの配列構造

モノマーAと，両末端にゲスト部位をもったモノマーBを混合するだけで，自発的に超分子ポリマーが生成する〔図6-2(c)〕．このように分子認識を利用することで，「混ぜるだけ」という簡便な方法で配列制御された共重合体を構築することが可能である．一方，超分子ポリマーのもつ可逆性のために超分子ブロック共重合体の生成は現在でも難しく，その報告例は非常に限られている．本章では分子認識による相補的相互作用によって生成する超分子ポリマーについて，その配列構造に着目して紹介する．

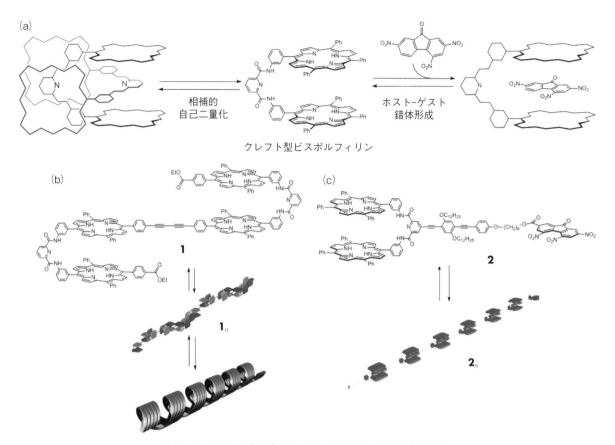

図 6-3 クレフト型ビスポルフィリンを基盤とした超分子ポリマー

1 自己相補的相互作用を用いた超分子ポリマー

自己相補的な相互作用部位を両末端にもったモノマーは，自己集合により超分子ポリマーを形成する．筆者らのグループは，自己相補的な相互作用として，二つのポルフィリンをピリジンジカルボキシアミドで架橋したクレフト型ビスポルフィリンがπ-πスタッキングおよび電荷移動相互作用を駆動力として自己二量化することを報告している〔図6-3(a)〕[1]．この自己二量化を用いて一次元の超分子ポリマーを構築するためには，ビスポルフィリンクレフトを両端にもったモノマーを用いればよいと考えられる．そこで，二つのビスポルフィリンクレフトをブタジインで連結したテトラキスポルフィリン 1 を合成した〔図6-3(b)〕[2]．1 から成る超分子ポリマー 1_n の形成については，NMR スペクトルと紫外・可視吸収スペクトル，そして原子間力顕微鏡（AFM）による直接観察によって明らかにした．とくに AFM による超分子ポリマーの直接観察の結果，1_n はらせん状の組織を形成していることがわかった．

2 分子認識による相補的ホスト-ゲスト相互作用を用いた超分子ポリマー

分子認識による相補的な相互作用は，酵素反応などの生体系において非常によく見られる．一方，人工的な有機分子においては，クラウンエーテルをはじめとした大環状ホスト分子によるゲスト包接が数多く報告されている．近年では，カリックスアレーン骨格を用いたカプセル型分子など，より複雑でゲスト選択性に優れたホスト分子が合成されている．このような相補的ホスト-ゲスト相互作用を用いた超分子ポリマーとしては，同一分子内にホスト部位とゲスト部位をもったモノマーを用いた head-to-

| Part II | 研究最前線 |

+ COLUMN +

★いま一番気になっている研究者

Frank Würthner

(ドイツ共和国・Würzburg 大学 教授)

Frank Würthner 教授は 1993 年に Stuttgart 大学, Effenberger 教授のもとでオリゴチオフェンについての研究で学位を取得した. その後, Rebek Jr. 教授のもとでポスドクとして研究を行った後, ドイツの BASF 社にて有機色素の研究を始めた. 1997 年には Ulm 大学へと移り, 2002 年から Würzburg 大学にて full professor を務めている. Würthner 教授といえば, 有機色素, とくにペリレンビスイミド(PBI)の化学において非常に著名な研究者である. さまざまな有機色素の合成を行い, その単量体や超分子集合体の物性を明らかに

してきた. さらに, 有機エレクトロニクスや光学材料など, 応用へ向けた研究も盛んに行っている.

近年では, アミド結合を導入した PBI が超分子リビング重合によって超分子ポリマーを形成することを報告している. 超分子リビング重合は, 共有結合におけるリビング重合のように重合度のそろった超分子ポリマーを与えることから, 近年注目を集めている. Würthner 教授らはアミドの分子内／分子間水素結合を巧みに使い分けることで, 超分子リビング重合を達成した. 有機色素を用いた応用志向の研究だけではなく, 超分子ポリマー生成のメカニズムを明らかにする基礎的な研究にも注力しており, 超分子ポリマーの化学を牽引する研究者である.

---

tail 型超分子ポリマー〔図 6-2(b)〕, または両端にホスト部位をもったモノマー A と両端にゲスト部位をもったモノマー B を用いた超分子ポリマー〔図 6-2(c)〕が挙げられる.

2-1 head-to-tail 型超分子ポリマー

同一分子内にホスト部位とゲスト部位をもったモノマーは, 自発的に超分子重合し, head-to-tail 型超分子ポリマーを形成する. 先述したビスポルフィリンクレフトの自己二量化体にトリニトロフルオレノンのような電子不足なゲスト分子を加えると二量体が解離し, クレフト部位にゲスト分子が包接されたホスト–ゲスト錯体が形成される〔図 6-3(a)〕[1]. このホスト–ゲスト錯体形成を重合の駆動力として head-to-tail 型超分子ポリマーを構築するために, ビスポルフィリンクレフト部位とトリニトロフルオレノン部位を同一分子内にもったモノマー **2** を合成した〔図 6-3(c)〕[3]. **2** から成る超分子ポリマー $\mathbf{2}_n$ の形成は, NMR スペクトルと紫外・可視吸収スペクトル, そして AFM による直接観察によって明らかにした. DOSY〔Diffusion-Ordered(NMR) SpectroscopY〕測定の結果, $\mathbf{2}_n$ の重合度は重クロロ

ホルム中 66 mmol L^{-1} という条件でおよそ 660 と見積もられ, 非常に大きな超分子ポリマーを形成していることがわかった. また, 粘度測定において比粘度と溶液濃度をプロットした際に, 傾きが変化する濃度(このときポリマー同士が相互作用し始める), すなわち重なり濃度が観測されたことから, 超分子ポリマー $\mathbf{2}_n$ が溶液中において高分子として振る舞っていることが明らかとなった.

2-2 2種類のモノマーが交互に配列された超分子ポリマー

2-1 で述べたように, 同一分子内にホスト部位とゲスト部位を両方もった分子は自発的に超分子重合し, 超分子ポリマーを形成する. 一方, 両端にホスト部位をもったモノマー A と両端にゲスト部位をもったモノマー B は, それぞれ単一成分では自発的に超分子ポリマーを形成することはない. しかしこれらを混合すると, 相補的ホスト–ゲスト相互作用を駆動力として選択的に配列制御された超分子ポリマーを形成する. 筆者らは二つのカリックス[5]アレーンをピリジンジカルボキシアミドで連結したビスカリックス[5]アレーンがフラーレン C$_{60}$ を選択

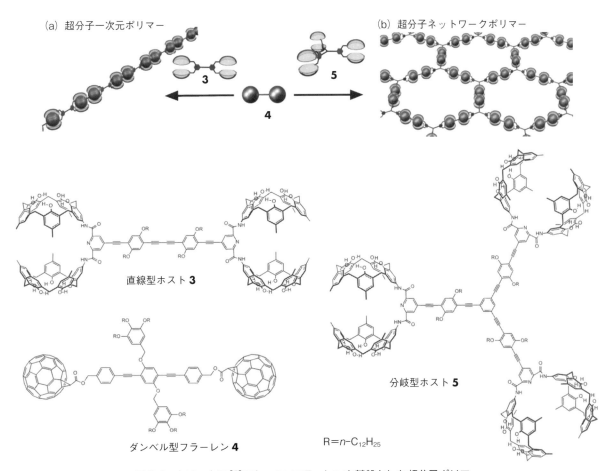

図6-4 カリックス[5]アレーン-フラーレンを基盤とした超分子ポリマー

的に包接することを報告した[4]. そこで, ビスカリックス[5]アレーンを両端にもったモノマー **3** およびフラーレンを両端にもったモノマー **4** を合成した〔図6-4(a)〕[5]. ^{1}H NMR, DOSY および吸収スペクトル測定, 走査型電子顕微鏡(SEM) と AFM による直接観察の結果, **3** のみおよび **4** のみでは超分子ポリマーを形成しないが, **3** と **4** を混合することで超分子ポリマー (**3**・**4**)$_n$ が形成されることが明らかとなった.

3 複雑な一次構造をもった超分子ポリマー

ここまでは, 分子認識による相補的な相互作用を用いた一次元の鎖状超分子ポリマーについて述べた. 超分子ポリマーの構造は用いるモノマーによって自在に変化する. また, 共有結合から成るポリマーにおいては精密な反応制御を必要とする複雑な一次構造をもったポリマーであっても, 適切な相互作用部位を組み込んだモノマーを混合するだけで簡便に得ることができる. ここからは, 複雑な構造をもった超分子ポリマーについて述べる.

3-1 分岐構造をもったモノマーを用いた超分子ネットワークポリマー

2-2で述べたように, ビスカリックス[5]アレーンを両端にもったモノマー **3** は, 両端にゲスト部位であるフラーレンをもった **4** と混合することで一次元の鎖状超分子ポリマーを与える. では, ホスト部位を三つ以上もつ分岐型モノマーを用いるとどのような超分子ポリマーが生成するのだろうか. 筆者らはビスカリックス[5]アレーン部位をそれぞれの末端にもつ三分岐型モノマー **5** を合成し, **4** と混合する

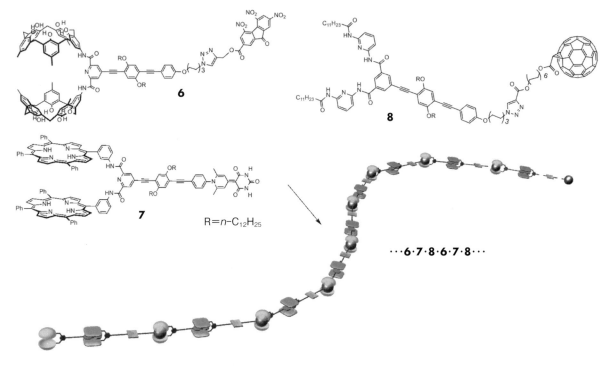

図6-5 超分子三元周期共重合体

ことで超分子ポリマーの合成を試みた〔図6-4(b)〕[6]. Jobプロットの結果, **5**と**4**は2：3の比で会合体を形成することがわかった. また DOSY および粘度測定の結果, **5**と**4**は超分子ポリマーを形成し, その重合度は高濃度領域において100以上に達するということが明らかになった. **5**と**4**を混合して得られる超分子ポリマーを SEM および AFM で直接観察をした結果, ネットワーク状の組織が観察された. とくに, AFM においてはおよそ14 nm の規則正しい空孔が観察された. これは, **5**と**4**が6：6の比で会合した際に形成される空孔と近い大きさで, **5**と**4**から成る超分子ポリマーがネットワークポリマーとなっていることを強く示唆している.

3-2　3種類の相補的ホスト-ゲスト相互作用を用いた超分子 ABC 三元周期共重合体

ここまで述べてきたように, 超分子ポリマーにおいて分子認識を巧みに用いることで, 共重合体の配列制御を達成することが可能である. そこで筆者らは, 共有結合から成るポリマーにおいても報告例が非常に限られている ABC 三元周期共重合体の合成を試みた（図6-5）. 3種類のモノマー A, B, C より合成される共重合体は三元共重合体と呼ばれる. 三元共重合体の構造制御は2種類のモノマーから成る共重合体に比べて複雑であり, その合成は非常に困難である. 交互共重合体を合成する場合には A−A, B−B, A−B という A と B のあいだの反応だけを制御すれば, 望む構造を選択的に得ることができる. 一方, 三元周期共重合においては A−A, B−B, C−C, A−B, B−C, C−A の6種類の反応を制御する必要がある. さらに交互共重合体なら, A−A および B−B よりも A−B の反応が優先するように反応の特異性だけを制御すればよいが, 三元共重合体の場合は, 反応の特異性だけでなく, 反応を起こす順番を A−B, B−C, C−A, A−B, …のように制御する必要がある. つまり, B が A とも C とも反応し, かつ A と B と反応して生成した A−B が C とだけ反応すれば, 求める配列 A−B−C・・・が得られる. 共有結合から成るポリマーにおいて, このような高度な反応性の制御を行うためには, きわめて高度な分子設計が求めら

れる．そのため三元共重合体の配列制御は，固相合成法を用いる，高い特異性を示すモノマーを用いる，あらかじめ望む配列を組み込んだモノマーを重合するなどの非常に限られた系でしか成功していない[7]．

一方超分子ポリマーにおいては，分子認識の非常に優れた選択性を利用することで，共重合体の配列制御が可能である．そのため，3種類のホスト–ゲスト相互作用を利用すれば，選択的に ABC 三元周期共重合体を得られると考えられる．前述したとおり，筆者らは「ビスポルフィリンクレフト–トリニトロフルオレノン」，「ビスカリックス[5]アレーン–フラーレン」という2種類の特異なホスト–ゲストペアを開発してきた．そこで，3種類目のホスト–ゲストペアとして高い相補性を示すことがよく知られている Hamilton 型水素結合ペアを用いることとした．モノマーとして，ビスカリックス[5]アレーンとトリニトロフルオレノンをもつ **6**，ビスポルフィリンクレフトとバルビツール酸をもつ **7**，そして Hamilton レセプターとフラーレンをもつ **8** を合成した[8]．DOSY および粘度測定の結果，これらのモノマーおよび2種類のモノマーの混合物は超分子ポリマーを形成しないことがわかった．一方，3種類のモノマーを混合した場合は拡散係数の減少と比粘度の増加が観測され，超分子ポリマーを形成していることが明らかとなった．さらに，詳細な質量分析の結果，・・・**6・7・8・6・7・8**・・・という配列制御された超分子 ABC 三元周期共重合体が生成していることが明らかになった．

4　まとめと今後の展望

超分子ポリマーは，分子認識による相補的相互作用部位をもったモノマーが自発的集合し，あるいは複数のモノマーを混合するだけで生成する．さらに，相互作用の種類や相互作用部位の数を変えることで，さまざまな配列をもった超分子ポリマーを簡便に合成することが可能である．ポリマーの配列構造はポリマーの物性を決める重要な要素であり，複雑な配列構造をもったポリマーの合成は現在でも挑戦的な課題である．分子認識を巧みに利用することで，共有結合から成るポリマーでは困難な配列構造の実現が期待される．

◆　文　献　◆

[1] Y. Fukazawa, *Tetrahedron Lett.*, **46**, 257 (2005).

[2] T. Haino, T. Fujii, A. Watanabe, U. Takayanagi, *Proc. Natl. Acad. Sci. USA*, **106**, 10477 (2009).

[3] T. Haino, A. Watanabe, T. Hirao, T. Ikeda, *Angew. Chem. Int. Ed.*, **51**, 1473 (2012).

[4] T. Haino, M. Yanase, Y. Fukazawa, *Angew. Chem. Int. Ed.*, **37**, 997 (1998).

[5] T. Haino, Y. Matsumoto, Y. Fukazawa, *J. Am. Chem. Soc.*, **127**, 8936 (2005).

[6] T. Hirao, M. Tosaka, S. Yamago, T. Haino, *Chem. Eur. J.*, **20**, 16138 (2014).

[7] (a) N. Miyaki, I. Tomita, T. Endo, *Macromolecules*, **29**, 6685 (1996) ; (b) K. Nakatani, Y. Ogura, Y. Koda, T. Terashima, M. Sawamoto, *J. Am. Chem. Soc.*, **134**, 4373 (2012) ; (c) K. Satoh, S. Ozawa, M. Mizutani, K. Nagai, M. Kamigaito, *Nat. Commun.*, **1**, 6 (2010).

[8] T. Hirao, H. Kudo, T. Amimoto, T. Haino, *Nat. Commun.*, **8**, 634 (2017).

Part II 研究最前線

Chap 7 リビング超分子重合：エネルギーランドスケープの観点から

Living Supramolecular Polymerization from a Viewpoint of Energy Landscape

杉安 和憲
（物質・材料研究機構機能性材料研究拠点）

Overview

ひとくちに「ポリエチレン」といっても，分子量が違えばまったくの別物である．したがって，ポリマーの分子量を制御するための精密重合法の確立は，さまざまな基礎・応用研究に波及する根本的な研究課題である．

実用的な材料にはいまだ程遠いものの，超分子ポリマーについても同様のことを期待してよいだろう．また，精密超分子重合のためには，分子の自己集合を平衡論と速度論の両方の観点から自在に制御することが必須であり，このような研究を通じて，分子の振る舞いを深く理解し，応用へとつなげることが可能になると期待される．

本章では，超分子ポリマーの長さを制御するための手法「リビング超分子重合」について最近の展開を紹介する．とくに，平衡論と速度論をつなげてそのメカニズムを理解するために，エネルギーランドスケープを用いて，系を俯瞰する．

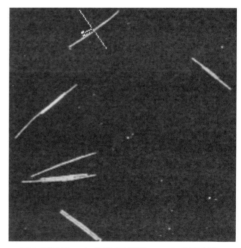

▲長さがそろった超分子ポリマーの AFM 像

■ **KEYWORD** マークは用語解説参照

- リビング超分子重合（living supramolecular polymerization）
- エネルギーランドスケープ（energy landscape）
- 準安定状態（metastable state）
- 核形成-伸張（nucleation-elongation）
- タネ重合（seeded-polymerization）
- アミロイド（amyloid）

Chap.7 リビング超分子重合：エネルギーランドスケープの観点から

はじめに

超分子ポリマーは，水素結合などの弱い分子間相互作用によってモノマー分子が連結された一次元の分子集合体である[1]．したがって，超分子ポリマーの成長は自発的かつ可逆的であり，そのメカニズムは熱力学的平衡を前提として理解される．超分子ポリマーの最大の特徴はこの可逆性であり，刺激応答性や自己修復性などの興味深い性質をもつ，新しい材料の創出につながっている[2]．

しかしながら，裏を返せば超分子ポリマーの成長は「分子まかせ」であり，思うようにコントロールすることが難しい．最近まで超分子ポリマーの長さを制御するための手法「リビング超分子重合」は，大きな難題として残されていた．モノマーがくっついたり離れたりしながらポリマー化する様子をイメージして欲しい．いくら待ったところで，これらの超分子ポリマーの長さが自発的にそろうということはありそうにない．これはエントロピーの問題である．

「可逆的」→「熱力学的平衡」→「いくら待ったところで」と話を進めてきたが，実はここに大きな落とし穴がある．

高分子合成における「リビング重合」でポリマーの分子量を制御することができるのは，開始反応速度が成長反応速度に比べて著しく大きい場合に限られる[3]．すなわち，重合プロセスは速度論的に制御されている．したがって，先述のようにリビング超分子重合が実現できない理由を平衡論の観点から説明するのは間違っている．モノマーがどのくらいすばやく"くっついたり離れたり"しているのか，という速度論的な考え方が重要になってくる．系が平衡に達するのを待つ必要はなく，重合条件を工夫して，手際よく実験を行えばよい．

実のところ，筆者ら自身が"落とし穴"にはまっていた．そこから抜け出せたのは，上記のような思考を辿ったからではなく，速度論的に興味深い超分子重合プロセスを偶然見つけたからである．本章では，筆者らがリビング超分子重合を実現するまでの経緯とその後の展開を述べる．

1 時間発展する超分子集合体

筆者らは，ポルフィリン分子 **1**（図 7-1）の自己集合挙動を調べている際に，珍しい時間発展現象に気づいた（図 7-2）[4]．

1 をメチルシクロヘキサンに加熱溶解した後，放

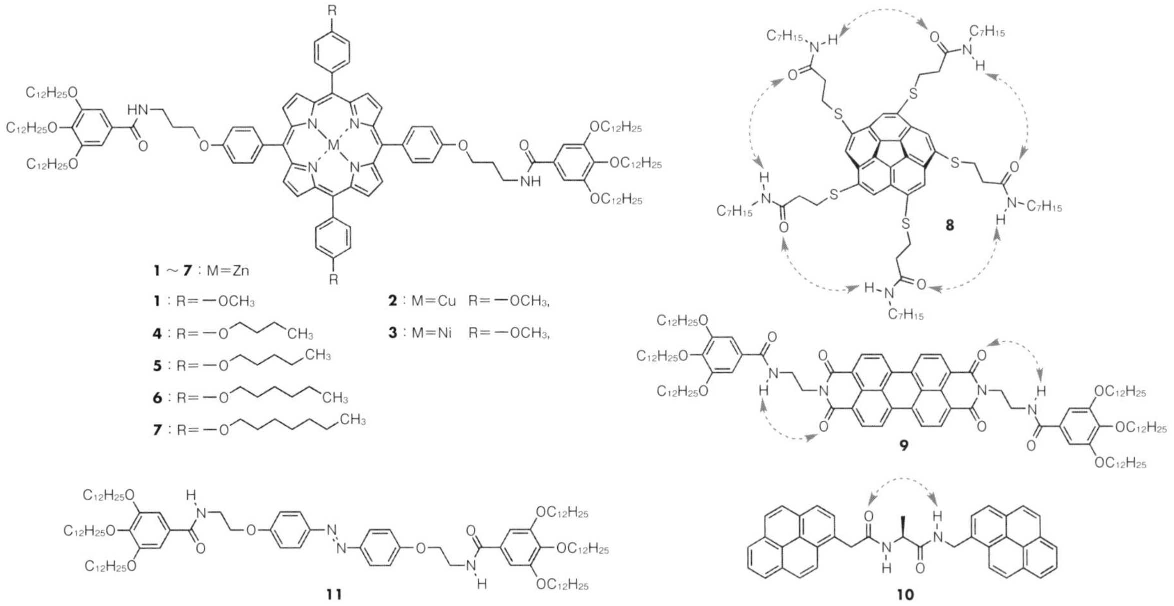

図 7-1　本章で登場するモノマー分子の構造
分子 **8**，**9**，**10** 中の両矢印は分子内水素結合を示す．

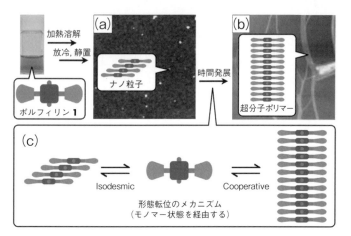

図7-2 ポルフィリン分子 1 の時間発展的な自己集合挙動

冷するとナノ粒子状の会合体が得られた〔図7-2(a)〕.当初,一次元の超分子ポリマーが得られることを期待していたので,この結果には落胆した.ところが,ナノ粒子の溶液を1週間程度放置していたところ,溶液の色が紫色から緑色に変化し,それに付随して一次元の超分子ポリマーが生成することを発見した〔図7-2(b)〕.さらに興味深いことに,こうして得られた超分子ポリマーの溶液を,別途調製したばかりのナノ粒子の溶液と混合すると,ただちにナノ粒子が消失し,超分子ポリマーになった.

このような速度論的な挙動は,当時超分子ポリマーの化学ではあまり知られていなかった.一方,視点を超分子化学の外へと移せば,アミロイドの形成メカニズムや結晶多形など類似の現象が連想される.自己集合や結晶化に共通する重要なコンセプトに関連していると感じた.分子論的にはどのように説明できるのかを考えていたところ,同様の現象がオランダの Meijer グループから報告された(Part I,4章④,図2参照)[5].この論文を参考にして本研究は一気に進んだ.

ナノ粒子から超分子ポリマーへの形態転移は溶液の色の変化を伴うので,吸収スペクトルによって追跡することができる.形態転移にかかる時間に対する 1 の濃度依存性を評価したところ,1 の濃度が高いほど形態転移が遅くなることがわかった.つまり,

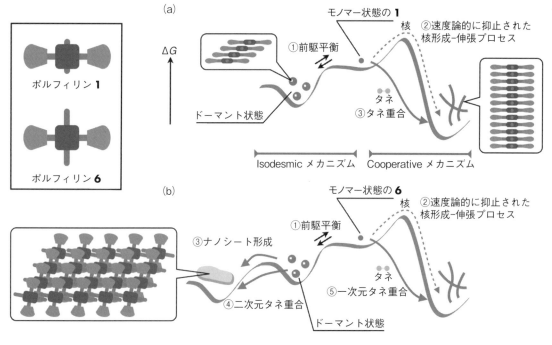

図7-3 ポルフィリン分子(a)1 と(b)6 の自己集合のエネルギーランドスケープ

ナノ粒子が増えると超分子ポリマーはできにくくなった．この結果は，ナノ粒子が集まって超分子ポリマーを形成しているわけではないということを示唆している．図7-2(c)に示すように，ナノ粒子と共存しているモノマー状態の**1**が自己集合し，超分子ポリマーを形成すると結論づけられる．

温度可変吸収スペクトル測定から，「モノマー⇌ナノ粒子」の平衡はIsodesmicモデルで，「モノマー⇌超分子ポリマー」の平衡はCooperativeモデルで解析できることがわかった（Part I，4章②参照）．こうしてそれぞれの集合体の熱力学的安定性を求め，系全体のエネルギーランドスケープを描くことができた〔図7-3(a)〕．以下では，図7-3(a)中の番号を追いながら形態転移のメカニズムを概説する．

最終的に超分子ポリマーが得られることからも予想される通り，ナノ粒子よりも超分子ポリマーのほうが熱力学的に安定である．しかしながら，Cooperativeモデルに従う超分子ポリマーの成長には核形成過程という"活性化障壁"が存在する．このため，モノマー状態の**1**は速度論的にナノ粒子を形成してしまう〔図7-3(a)①〕．ナノ粒子は準安定状態であるので，「モノマー⇌ナノ粒子」の集合・解離は前駆平衡（pre-equilibrium）と呼ぶのが適切である．前駆平衡がつかさどる準安定状態の静穏は数日間続くが，溶液中にわずかに存在するモノマー状態の**1**がひとたび超分子ポリマーの核を形成すれば，系は超分子ポリマー化（熱力学的平衡）へと一気に偏る〔図7-3(a)②〕．これこそがナノ粒子から超分子ポリマーへの形態転移のメカニズムであり，現象としては過飽和の溶液から突然に結晶化が起こるプロセスと類似している．

2 リビング超分子重合への展開

形態転移では超分子ポリマーの核形成過程が律速になっているので，核の代わりになるような「タネ（seed）」を添加すれば，系はもはや核形成を待たずして形態転移すると考えられる（「タネ」は「核」よりも重合度が非常に大きいので呼称を使い分けた）．Cooperativeモデルに従う超分子ポリマーは「タネ」から成長する．したがって，タネとナノ粒子の混合比によって，得られる超分子ポリマーの長さが規定されるはずである．ここで「タネ」を開始剤，「ナノ粒子」をモノマーと読み替えてみると，「リビング超分子重合」への展開が見えてくる．

まずは「タネ」が必要である．ナノ粒子の溶液に超音波を照射すると，超分子ポリマーへと形態転移しながら，それが分断され，長さが短い超分子ポリマーのタネを得ることができた．このタネを開始剤として前駆平衡の溶液に添加すると，ただちにナノ粒子が消失し，超分子ポリマーが成長した〔図7-3(a)③〕．重合速度解析の結果，タネの濃度についての反応次数は1であり，超分子ポリマーはタネから連鎖重合的に成長していることが証明された．

重合中の溶液にナノ粒子の溶液を加えるたびに，ナノ粒子は消失し，超分子ポリマーが成長した〔図7-4(a)〕．原子間力顕微鏡（AFM）観察から数平均長さ（L_n）と重量平均長さ（L_w）を求めると，超分子ポリマーの長さは，タネとナノ粒子の仕込み比に対して直線性を示した．また，各段階での多分散度（PDI：L_w/L_n）は1.1であった．以上の実験から「リビング超分子重合」が実証された[4]．

この系のポイントは，前駆平衡と熱力学的平衡（超分子ポリマー化）とが絶妙なバランスで競合することにある．この前駆平衡は，リビング重合における「ドーマント状態⇌活性状態」の可逆平衡に対応している[3]．このように，複数の平衡が交錯すると系が速度論に支配され，超分子重合を制御できるチャンスが生まれる．超分子ポリマーにかかわる速度論

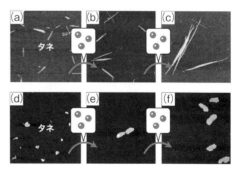

図7-4 リビング超分子重合による超分子ポリマーのAFM像（2.5 × 2.5 μm）
リビング超分子重合によって(a, b, c)長さ（ポルフィリン**1**）および(d, e, f)面積（ポルフィリン**6**）が制御された．

| Part II | 研究最前線 |

の研究については，Part I，4章④を参照されたい．

3 モノマー構造とエネルギーランドスケープの相関

図7-3(a)に示すように **1** のリビング超分子重合は2種類の集合体の安定性が絶妙にバランスすることで成り立っていた．これは **1** に特有の現象なのだろうか．**1** の分子構造の何が鍵であったのかを明らかにすることができれば，リビング超分子重合の一般性を拡張することができる．

そこでまず，**1** の亜鉛を銅(**2**)やニッケル(**3**)に変えてみたところ，ナノ粒子状会合体が生じることなく，超分子ポリマーが生成した．このような系ではドーマント状態がないためにリビング超分子重合を行うことはできなかった．

次に **1** のメトキシ基に着目し，アルキル鎖長が異なるポルフィリン分子(**4**〜**7**)を合成した[6]．その結果，**4** および **5** の自己集合のエネルギーランドスケープは，**1** のそれと同様であることがわかった．

一方，**6** および **7** の場合には，**1** と同様にまずナノ粒子を形成するものの，その後，単分子厚の二次元ナノシートへと形態転移することを見いだした．ただし，**6**(あるいは **7**)が一次元の超分子ポリマーを形成できなくなったわけではなく，**6**(あるいは **7**)のナノ粒子の溶液に超音波を照射することで一次元の超分子ポリマーを得ることができた(メカニズムは後述)．**6** のナノ粒子，ナノシート，および超分子ポリマーの熱力学的安定性から導かれるエネルギーランドスケープを図7-3(b)に示す．**6** と **7** の自己集合挙動は本質的には同じなので，以下では **6** についてのみ述べる．

6 は，まず速度論的にナノ粒子を形成し[図7-3(b)①]，その結果として，超分子ポリマーへの核形成−伸張プロセスが速度論的に抑制される[図7-3(b)②]．ここまでは **1** と同様である．**1** と **6** で異なるのは，**6** のナノ粒子がさらに集合してナノシートを形成できることである[図7-3(b)③]．種々の測定から，ポルフィリンの π-π スタッキングとアルキル鎖のファンデルワールス力の2種類の相互作用が，二次元的な自己集合の駆動力となっていることを明らかにした[図7-3(b)左側の囲み]．

ところでよく知られているように，核形成過程にはさまざまな摂動が影響する．超音波は一般に核形成を促進する．したがって，ナノシートが生じる前に，ナノ粒子の溶液に超音波を照射すれば，**6** の一次元の超分子ポリマー化を促すことができる[図7-3(b)②]．

では超音波を用いない場合，なぜ **6** の前駆平衡の溶液からは一次元の超分子ポリマーが生じなかったのだろうか．図7-3(b)のエネルギーランドスケープに示すように，超分子ポリマーの核形成プロセスに比べて，ナノシートの形成プロセスの活性化障壁が低いと考えれば説明がつく．つまり，一次元の超分子ポリマーになるか，二次元の超分子ナノシートになるかは，速度論的に決定されている．

こうして得られた超分子ポリマーやナノシートを超音波で細かく砕いたものをタネとして用い，リビング超分子重合することにも成功した．超分子ポリマーのタネでは **1** と同様に一次元のリビング超分子重合ができた．ナノシートのタネを添加すれば，二次元のリビング超分子重合ができた．図7-4(b)のAFM像が示すように，得られたナノシートは，面積だけでなく，アスペクト比まで制御されていた[6]．

速度論に支配された系は，安定性(自由エネルギー)ではなく，経路(障壁の高さ)によって生成物が決定されるため，サンプルの調製法次第でさまざまな集合形態をつくり分けられる可能性がある．これは結晶多形の制御にも通じていると考えられる．

4 モノマーを不活性化するための分子設計

宮島・相田ら(Part II，8章)はコランニュレン誘導体(**8**)を[7]，Würthner らはペリレン誘導体(**9**)を用いて[8,9]，リビング超分子重合を達成した．ポイントは，モノマーの分子内水素結合形成である．分子内水素結合した状態は，図7-3(a)におけるドーマント状態に対応しており，自発的な超分子ポリマー化を抑制する．

このアプローチではモノマー分子構造を合理的に設計できるため，さまざまな超分子ポリマー系へと適用できる可能性がある．事実，大城・山口らはペプ

チドの環状水素結合を組み込んだモノマー（**10**）を設計し，リビング超分子重合することに成功した[10]．

5 精密超分子重合の光制御

これまでに述べた通り，モノマー分子を準安定状態としてドーマント化し，超分子ポリマーの成長を速度論的に抑制することがリビング超分子重合を実現するための鍵となる〔図 7-5(b)〕．しかしながら，準安定状態の設計は非常に難しい．準安定状態の安定性が不十分であると（ΔE が小さすぎると），自発的な超分子ポリマー化を抑止することができない〔図 7-5(a)〕．一方で，準安定状態が安定すぎると超分子重合へのドライビングフォース（ΔG）が得られない〔図 7-5(c)〕．**4** で述べた分子内水素結合を利用したアプローチであっても本質的には同様の問題をはらんでおり，分子内と分子間の水素結合の相対的な安定性の差を設計することは非常に難しい．これまでの成功例では，超分子ポリマーとドーマント状態の安定性のバランスが，幸運にもとれていたといわざるを得ない〔図 7-5(b)〕．

図 7-5(a)〜(c)を見比べながら次の展開を模索していたときに，エネルギーランドスケープが必ずしも"ひと続き"になっている必要はないのではないかという着想に至った．具体的には，励起状態のエネルギーランドスケープを使うアイデアである〔図 7-5(d)〕[11]．

まず，ドーマント状態と活性状態の二つの状態を光異性化によって行き来できるモノマーを設計する．ここでは，代表的なフォトクロミック分子であるアゾベンゼンを基体としたモノマー **11**（図 7-1）を設計した．シス体の **11** はその屈曲した分子構造のために自己集合できないが，トランス体では π-ス

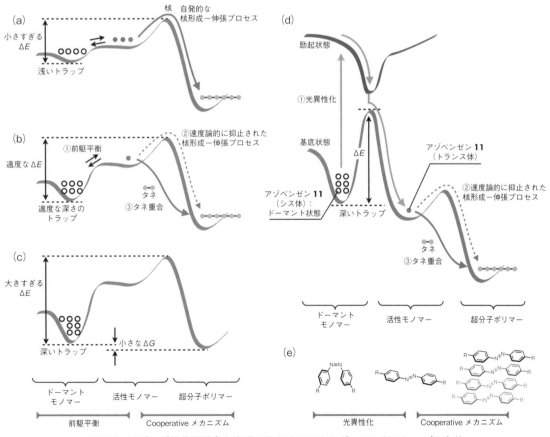

図 7-5 リビング超分子重合を実現するためのエネルギーランドスケープの条件

タッキングを駆動力として超分子ポリマー化する.

実験は,図7-5(d)のシス体の**11**(ドーマント状態)をスタートとする.熱的なシス→トランス異性化の活性化障壁(ΔE)を十分に大きく設定しておけば,トランス体の**11**の濃度を低く抑えることができるので,超分子ポリマー化は自発的には起こらない〔図7-5(d)②〕.先に述べた通り,これまでの手法ではΔEを大きくとるとΔGが小さくなるというトレードオフがあった〔図7-5(c)〕.一方,図7-5(d)の場合には,ΔEが熱的に乗り越えられないほど大きかったとしても,励起状態を経由することによってドーマント状態を抜け出すことができる〔図7-5(d)①〕.このとき,超分子ポリマーのタネを共存させておけば,活性化されたモノマー(トランス体の**11**)は,図7-5(d)③の経路でタネに結合し,超分子ポリマー化するだろう.このアプローチが優れている点は,光異性化に関する過去の研究を参考にΔEを設計できることである.また,照射する光の波長や強度によってモノマーの活性化をコントロールできるため,光照射時間によって生成する超分子ポリマーの長さを制御することも可能である.リビング重合の光制御は高分子化学においても注目を集めており[12],ポリマーの成長を時空間的に制御できる重合法としてさまざまな応用が検討されている.

6 まとめと今後の展望

超分子ポリマーの「可逆性」に話を戻そう.本章で紹介したリビング超分子重合は,速度論の話である.リビング超分子重合を行った後,時間経過とともに系が熱力学的平衡に近づけば,重合と解重合はまったく同じ速度で繰り返され,やがて超分子ポリマーの長さ分布は分散するだろう.このようなモノマーの交換プロセスに関する速度論的な研究も近年注目を集めている.一例として,Part Ⅰ,4章④でMeijerらによるSTORMを用いた研究を紹介した[13].

高分子化学では,リビング重合を扇の要として,広大な研究領域が開拓された.ブロックポリマーの合成とミクロ相分離の物理や応用研究はその代表例であり,類似の概念の確立が超分子ポリマーの化学における当面の課題となるだろう[14,15].また近年で

は,DNAやタンパク質のようにシークエンスが制御されたポリマーを合成しようという挑戦的な研究が展開されているが[16],超分子ポリマーでも(A-B-C)$_n$タイプの共重合体がごく最近報告された(Part Ⅱ,6章)[17].超分子ポリマーの精密合成は端緒についたばかりである.

◆ 文 献 ◆

[1] T. F. De Greef, M. M. Smulders, M. Wolffs, A. P. Schenning, R. P. Sijbesma, E. W. Meijer, *Chem. Rev.*, **109**, 5687 (2009).

[2] T. Aida, E. W. Meijer, S. I. Stupp, *Science*, **335**, 813 (2012).

[3] 日本化学会編,『〈CSJカレントレビュー20〉精密重合が拓く高分子合成』,化学同人 (2016).

[4] S. Ogi, K. Sugiyasu, S. Manna, S. Samitsu, M. Takeuchi, *Nat. Chem.*, **6**, 188 (2014).

[5] P. A. Korevaar, S. J. George, A. J. Markvoort, M. M. Smulders, P. A. Hilbers, A. P. Schenning, T. F. De Greef, E. W. Meijer, *Nature*, **481**, 492 (2012).

[6] T. Fukui, S. Kawai, S. Fujinuma, Y. Matsushita, T. Yasuda, T. Sakurai, S. Seki, M. Takeuchi, K. Sugiyasu, *Nat. Chem.*, **9**, 493 (2017).

[7] J. Kang, D. Miyajima, T. Mori, Y. Inoue, Y. Itoh, T. Aida, *Science*, **347**, 646 (2015).

[8] S. Ogi, V. Stepanenko, K. Sugiyasu, M. Takeuchi, F. Würthner, *J. Am. Chem. Soc.*, **137**, 3300 (2015).

[9] S. Ogi, V. Stepanenko, J. Thein, F. Würthner, *J. Am. Chem. Soc.*, **138**, 670 (2016).

[10] S. Ogi, K. Matsumoto, S. Yamaguchi, *Angew. Chem. Int. Ed.*, **57**, 2339 (2018).

[11] M. Endo, T. Fukui, S. H. Jung, S. Yagai, M. Takeuchi, K. Sugiyasu, *J. Am. Chem. Soc.*, 138, 14347 (2016).

[12] 山子 茂, 中村泰之, 高分子, **64**, 103 (2014).

[13] L. Albertazzi, D. van der Zwaag, C. M. Leenders, R. Fitzner, R. W. van der Hofstad, E. W. Meijer, *Science*, **344**, 491 (2014).

[14] S. H. Jung, D. Bochicchio, G. M. Pavan, M. Takeuchi, K. Sugiyasu, *J. Am. Chem. Soc.*, **140**, 10570 (2018).

[15] B. Adelizzi, N. J. V. Zee, L. N. J. de Windt, A. R. A. Palmans, E. W. Meijer, *J. Am. Chem. Soc.*, **141**, 6110 (2019).

[16] J. F. Lutz, M. Ouchi, D. R. Liu, M. Sawamoto, *Science*, **341**, 628 (2013).

[17] T. Hirao, H. Kubo, T. Amimoto, T. Haino, *Nat. Commun.*, **8**, 634 (2017).

Chap 8

高分子化学にならう精密超分子重合
Precise Supramolecular Polymerization Inspired by Polymer Chemistry

宮島 大吾　相田 卓三
(理化学研究所創発物性科学研究センター)

Overview

高分子化学の発展の歴史を振り返ると，アニオン重合，カチオン重合，そしてラジカル重合まで，あらゆる重合が制御可能であることが実証されてきた．一方，ごく最近まで「超分子ポリマーの長さは制御できない」というのが超分子化学に携わる者にとって常識であった．この先入観を取り払い，超分子重合の化学を発展させるために，高分子化学から学べることは多いはずである．本章では高分子化学の視点から精密超分子重合を実現するための戦略を概説する．本章を通じて，超分子重合を研究するにあたり，高分子化学を学ぶことの重要性を共有できれば幸いである．

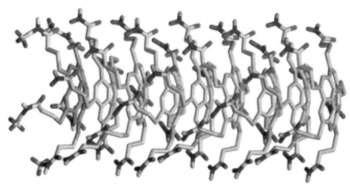

▲ 超分子連鎖重合により長さが制御された超分子ポリマーの模式図

■ **KEYWORD** 📖マークは用語解説参照

- 連鎖重合 (chain-growth polymerization)
- 逐次重合 (step-growth polymerization)
- 水素結合 (H-bonding)
- コランニュレン (corannulene)
- サイズ排除クロマトグラフィー (size exclusion chromatography)

| Part II | 研究最前線

はじめに

　超分子ポリマーとは，非共有結合により分子(モノマー)が接着され形成された長大な分子集合体であり，共有結合でつながれていないにもかかわらず高分子としての性質をもつ．同時に，モノマーが互いに化学結合していないため，分子間の連結を可逆に解除でき，刺激応答性や自己修復能，原料のリサイクル性などさまざまな特性が実現できる．超分子ポリマーは原料をただ混ぜるだけで，化学反応を伴わず合成できるため，その特性と相まって新時代の高分子材料として大きな期待が寄せられている[1]．一方「分子量，立体選択性，シークエンスの制御」など，今日の高分子化学では当たり前のように実現されていることが，超分子ポリマーでは困難であった．なぜなら，超分子重合は精密に制御する方法論が存在しなかったからだ．「超分子ポリマーの合成を精密に制御したい」と思っていたのは筆者らだけではなかったようで，2016年に杉安・竹内(物質材料研究機構)らがはじめて超分子ポリマーの長さに成功し[2]，筆者らも連鎖重合機構に基づく精密超分子重合を2017年にはじめて報告した[3]．これらの研究成果が契機となり，近年超分子ポリマーの分子量制御に関して興味深い成果が報告され始めている[4〜8]．本章では筆者らが実現に成功した超分子連鎖重合の成果を解説し，精密超分子重合実現に向けた戦略を概説する．

1 連鎖重合と逐次重合

　超分子ポリマーの精密重合が困難であるのには，大きく二つの理由がある．一つはモノマーが可逆的に接着するため，超分子ポリマーの長さが濃度や温度によって変化してしまうことである．長さを精密に制御するには少なくとも重合中，そして室温付近でモノマーの脱離が起きないほど分子間の接着は強くなければならない．この問題はモノマー間に働く非共有結合を強くし(たとえばモノマーあたりのアミド基の数を増やすなど)，温度や溶媒条件を限定することで解決できる．もう一つの理由を説明するために，高分子化学の基礎を振り返る．小分子がモノマーとしての役割を果たすためには，結合点を2点以上もつ必要がある．1点しかもたなければモノマーが二つ結合した二量体を形成しておしまいである〔図8-1(a)〕．2点以上もつことで結合反応が繰り返され，高分子を形成することができる．ではこのようなモノマーを重合させるとどのようになるだろうか．結合反応はモノマー・モノマー，モノマー・ポリマー，ポリマー・ポリマーなどさまざまな組み合わせで起きるため，できあがったポリマーの長さは必然的に不均一になる〔図8-1(b)〕．この開始剤を必要としない重合は逐次重合と呼ばれ，超分子重合は逐次重合に近い機構で進行する．

　では高分子化学ではいかにしてポリマーの合成を精密に制御しているのだろうか．それには二つの工

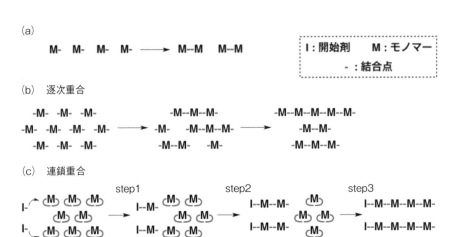

図8-1　分子がもつ結合点の数や様式が重合に与える影響を示す模式図
(a)結合点が一つ，(b)二つ，(c)そして二つの結合点が分子内で環化している場合．

夫が必要である〔図8-1(c)〕．(1)モノマーの二つの結合点を分子内であらかじめ結合（環化）させ，モノマー同士での結合が起きないようにすること．(2)開始剤と呼ばれる結合点を一つだけもつ分子，ならびに同じく結合点を一つだけもつポリマーの成長末端と反応し，新たに分子間結合を形成し重合できることである．こうすることで，まず開始剤とモノマーが反応し，モノマーがもっていた二つの結合点のうち，1点が開始剤との結合に使われ，もう1点はフリーになる〔図8-1(c)step1〕．この結合点がほかのモノマーとさらに反応し，開始剤・モノマー・モノマーの三量体を形成し，新たにフリーな結合点を再生する(step2)．このように反応が繰り返されることでポリマーが形成される(step3)．開始剤を伴ったこのような重合は連鎖重合と呼ばれる．ポリマーの平均長（結合されたモノマーの数）は開始剤とモノマーの比で決まるため，重合を精密に制御することが可能になり，高分子の精密重合は基本的にこの連鎖重合の機構で実現されている．重合でよく用いられるビニルモノマーなどの二重結合は二員環と見なすことができるため，環状モノマーを用いるという戦略は連鎖重合における本質的要求であるといえる．つまり，精密超分子重合実現するためには，超分子重合を連鎖重合の機構で実現する必要があり，そのための確かな戦略は接着点が環化したモノマーを準備することである．

2 分子内水素結合を利用した環状モノマー

どのようにしたら超分子モノマーにおける接着点を分子内で環化し，自発的な重合を抑制することができるだろうか．その一つの解として筆者らが辿り着いたのが，お椀型（非平面構造）のコランニュレンと呼ばれる分子を利用することであった．

図8-2のように置換基を導入したコランニュレンは C_5 対称性をもち，非平面構造が故にキラルである．しかし，溶液中でお椀が高速に反転するコランニュレンは，エナンチオマーを単離することができない．当初筆者らは，M_R（図8-2）のように，不斉炭素と分子間水素結合形成可能なアミド基を導入し，よく知られた「一方巻きのらせん状超分子ポリマー」を構築

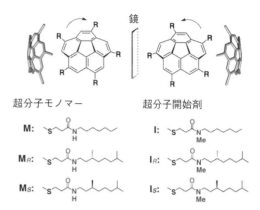

図8-2 C_5 対称コランニュレンをもつ超分子モノマーと開始剤の分子構造

することで，構成するコランニュレン部位の立体化学を一方に偏らせようともくろんでいた．しかしながら，あらゆる測定結果が超分子ポリマー形成を否定し，M, M_R, M_S（図8-2）はいずれもメチルシクロヘキサン（MCH）中，単分子として存在していることが示唆された．これまで類似の分子デザインから成る化合物が例外なく超分子ポリマー形成した事実を鑑みると，Mが超分子ポリマーを形成できない特別な理由があるに違いないと考え，DFT（密度汎関数理論）計算によりMの安定なコンフォメーションを見積もった．すると，いかなる初期配置からも図8-3(a)のように分子内で環状に水素結合を形成した構造に辿り着いた．これは，お椀状構造ゆえ，側鎖が同じ方向に伸びやすいからこそ実現できるコンフォメーションであり，この分子内環状水素結合の

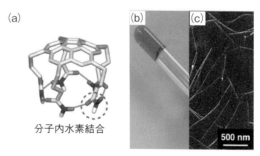

図8-3 (a)DFT計算による導かれた化合物Mの安定なコンフォメーションと(b)Mが超分子重合することで形成されたゲルの写真，(c)AFMによる超分子ポリマーMの観察結果

存在により分子間水素結合形成，すなわち超分子ポリマーの形成が抑制されたと結論づけた．

この分子内環状水素結合に気づいた段階では，筆者らはまだ超分子連鎖重合の可能性に気づいていなかった．きっかけはMのMCH溶液を60℃で一晩加熱した際，溶液がゲル化したことであった〔図8-3（b）〕．得られたゲルを希釈し，原子間力顕微鏡（AFM）により観察すると，一次元状の超分子ポリマーの存在がはっきりと確認され，加熱によりMの超分子重合が誘起されたことが確認できた〔図8-3（c）〕．Mの濃度を下げて同様の加熱操作をすると，今度はゲル化することなく，しかし動的光散乱法（DLS）やDOSY（Diffusion-Orderd SpectroscopY）NMRにより，明らかに単量体Mに比べ高分子量体の形成が確認され，均一に分散した状態でも超分子ポリマーが形成されることが明らかになった．そして最も重要な発見だったのは，この超分子ポリマーの一部を，モノマーであるMの溶液に加えることで，単量体として存在していたMが室温ですべて超分子ポリマーに変換されたことである．この事実は，Mがポリマーの成長末端と反応し，新たに分子間結合を形成し重合できることを意味している．つまり，Mが前述の連鎖重合のモノマーに要求される二つの性質を満たしていることを意味している．この時点で初めてMが超分子連鎖重合を実現のためモノマーとして理想的であることに気がついた．

③ 超分子連鎖重合のための開始剤の設計

重合は，開始反応・生長反応・停止反応から成り立っている．超分子重合においては基本的に副反応が起こらないため，停止反応をあえて行わずとも，モノマーが完全に消費されれば重合は停止する．ここまででMが熱的に重合を開始できることが明らかとなったが，これでは開始反応を制御できているとはいえない．連鎖重合によってポリマーの長さを制御できるのは，開始剤以外からの開始反応を抑制することで，正確に開始反応の数（＝ポリマーの数）を制御できるからである．ポリマーの数が決まれば，モノマーの数をポリマーの数で割った値がポリマーの平均重合度であり，すなわち開始剤とモノマーの

比に対応する．すなわち，超分子連鎖重合の実現には，適切な開始剤の開発が不可欠である．

開始剤開発を試みた当初は，分子デザインに関して迷走したが，やがて高分子化学の基本に立ち返り，図8-1（c）のように接着点を一つもつ分子こそが開始剤に相応しいと認識を改めた．すなわち，接着点を二つもつモノマーの一方を潰せば，開始剤に成るのではないかと考えた．そこでMの窒素をメチル化し，Mの水素結合ドナー性だけを失わせた化合物Iを合成した．IをMのMCH溶液に加えると，室温にもかかわらず超分子ポリマーが合成され，開始剤として適切に機能することが確認された．超分子ポリマーのMCH溶液を赤外分光法で解析すると，MのC＝OとNHの伸縮に対応するピークがモノマーのそれと比べどちらも低波数側にシフトしており，超分子ポリマー形成に伴い水素結合が強くなっていることが確認できた．また，このポリマーは温度を室温に下げてもモノマーに脱重合することなく安定に存在し続けた．すなわち，分子内水素結合による環状モノマー構造は，速度論的に優先された生成物であり，熱力学的にはポリマーよりも不安定であることが明らかとなった．これらの結果を踏まえると，超分子重合の機構は図8-4のようにまとめられる．まず開始剤であるIは水素結合アクセプターであるカルボニルしかもっていないので，分子内水素結合ならびにI同士での分子間水素結合は形成することができない．そのため，水素結合ドナーをもつモノマーと相互作用し，分子間水素結合を形成する．できあがった二量体I-Mには開始剤と同じくフリーのカルボニルが存在し，それが次のMと分子間水素結合を形成する．この繰り返しにより超分子ポリマーが形成される．重合反応が駆動されるのは，分子内水素結合よりも分子間水素結合のほうが熱力学的により安定だからである．

④ 超分子ポリマーの長さ（重合度）評価

超分子重合が本当に連鎖重合の機構で進行しているならば，得られる超分子ポリマーのサイズはM/Iに比例しなければならない．一般にポリマーの長さ（分子量）はサイズ排除クロマトグラフィー（SEC）

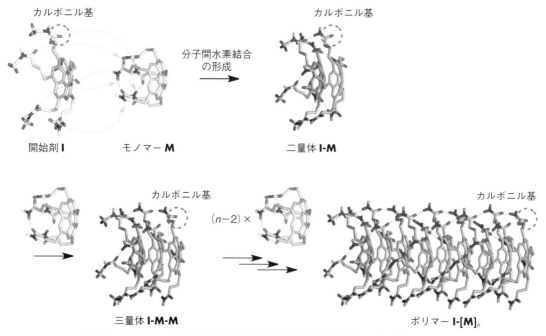

図 8-4 開始剤 I と M による超分子連鎖重合の機構を説明した模式図[カラー口絵参照]

を用いて解析する．しかしながら，超分子ポリマーは脱重合が進行しやすいため，これまで SEC による解析はほとんど行われてこなかった．実際，M から成る超分子ポリマーも，ハロゲン系溶媒の比率が多いと速やかに脱重合してしまう．そこでまず，DLS, DOSY NMR によって超分子ポリマーのサイズを比較したところ，M/I の比に応じて得られる構造体が大きくなっていることが示された〔図 8-5(a, b)〕．DOSY NMR 測定によって求められた拡散係数を比較することで，ある程度超分子ポリマーのサイズが M/I に比例していることは確認できたが，ポリマー材料を評価するにあたり，最も重要な指標の一つである多分散度（どれだけ個々のポリマーの長さがそろっているか）に関する情報は，これらの測定からは得ることができない．そこで溶媒組成・流速・温度・カラムの種類・長さなど，さまざまなパラメーターを最適化することで，何とか超分子ポリマーが壊れにくい条件を見つけ，SEC による解析を行った．すると DLS や DOSY NMR の結果ともよく合致した結果が得られ，期待通り得られた超分子ポリマーは M/I に比例し大きくなっているこ

とが示された〔図 8-5(c)〕．ポリスチレンスタンダードをもとに PDI（多分散度）を評価すると，M/I によらず 1.3 以下に収まり〔図 8-5(d)〕，ポリマーの長さもよくそろっていることが確認された．SEC の条件は可能な限り最適化したものの，それでもカラム内で超分子ポリマーの一部が脱重合し，実際よりも PDI を過小評価している可能性がある．いずれにせよ，合成・解析条件にはまだまだ改良の余地はあるが，常温・常圧・大気下で水分の混入を気にせず，ただ原料を混ぜるだけで精密重合実現できるのは，超分子重合の大きなメリットの一つである．

本研究成果を発表後，多くの研究者から「超分子ポリマーを SEC で評価できるとは思いませんでした」と，お褒めの言葉を頂戴した．実は筆者らのグループでは，古くは 2002 年から超分子ポリマーを SEC によって解析しており[9,10]，立体選択的超分子重合を SEC による解析を用いて証明している．グループとしての研究背景が SEC を超分子ポリマーへ利用することへの心理的障壁を下げることにつながったことも言及しておきたい．

5 超分子ポリマーであるが故の特性

開始剤Iによる超分子重合は，モノマーの側鎖の不斉点の存在によらず進行する．しかし，M_R, M_S をモノマーとして用いた場合，側鎖の不斉情報に従い，コランニュレンの立体化学がほぼ100％選択的に重合されていることが明らかとなった．そこで同じ不斉源をもつ IR もしくは IS（図8-2）を開始剤とし，アキラルな側鎖をもつ M を重合したところ，末端（開始剤）の不斉情報のみですべてのモノマーの立体化学を制御することに成功した．さらに開始剤 IR を M_R/M_S のラセミモノマーに加えると，M_R のみ選択的に重合し超分子ポリマーを与え，M_S はモノマーとして残り続けた．すなわち，この超分子重合はモノマーの光学分割にも利用できることが明らかとなった．高分子化学においても，開始剤の不斉情報で100％の立体選択重合を成功した例は非常に稀有であり，ラセミックなモノマーの一方だけを選択的に重合し，もう一方のモノマーをまったく重合しないという例に関しては1例しか報告されていない[11]．当初，この結果には非常に驚かされたが，現在はこの高い選択性こそ超分子重合の特徴であり，DNAなど生体分子の複製機構にも通じるものがあ

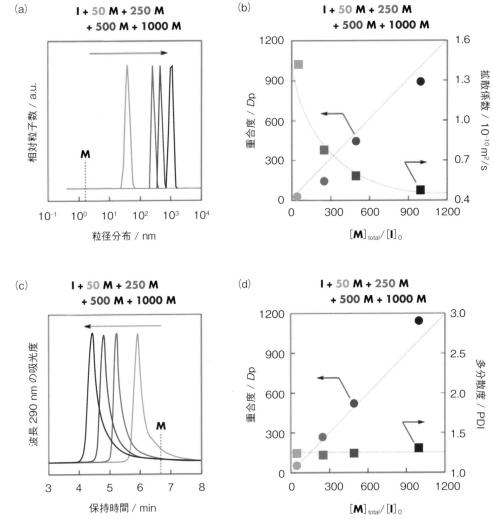

図8-5 (a)DLS，(b)DOSY NMR[■]，(c)SEC による超分子ポリマー M の解析結果と，そこから導かれた重合度と M/I との相関(b, d；●)，多分散度(d)

ると考えている．すなわち，DNA は複数の水素結合を同時に形成し，適切な相手を認識している．誤った相手だと適切に水素結合が形成できずに解離しやすく，間違いが自然に修正される．可逆な結合を組み合わせることで形成される超分子重合だからこそ，このように特別な工夫もなく高い立体選択性が実現できたと推察される．

6 高分子化学と超分子重合

分子が非共有結合により結び付けられた超分子ポリマーは「分子集合体」と表現でき，その合成は「重合」という言葉よりも「自己組織化」という表現が多用されてきた．これは超分子ポリマーを「高分子化学」ではなく，「超分子化学」の視点から捉えてきたことに起因すると推察される．今回筆者らは「高分子化学」の視点から超分子ポリマーを捉え直すことで，従来の「自己組織化」を「精密重合」と呼べるレベルまで磨き込むことに成功した．そして，まだまだ高分子化学の知見を応用することで超分子重合の発展が見込めると期待している．神奈川大学の横澤らはポリアミドの重縮合を連鎖重合様式で実現しているが，環状モノマーを用いていない[12]．ほかにも遷移金属触媒を利用したクロスカップリングも連鎖重合のように精密高分子合成に利用できることが報告されている[13]．これらの戦略は直接的・間接的にも超分子連鎖重合を実現へ向けた大きなアドバイスになると考えている．冒頭に述べたように，筆者ら以外にもブリストル大学の I. Manner 教授[14]，ならびに物質材料研究機構の竹内正之グループディレクターらの研究グループが，独自の方法で超分子重合

の制御に取り組んでいる．超分子重合に関する研究は今後ますます増えていき，超分子ポリマーの新たな可能性が展開されることを期待したい．

◆ 文 献 ◆

[1] T. Aida, E. W. Meijer, S. I. Stupp, *Science*, **335**, 813 (2012).

[2] S. Ogi, K. Sugiyasu, S. Manna, S. Samitsu, M. Takeuchi, *Nat. Chem.*, **6**, 188 (2014).

[3] J. Kang, D. Miyajima, T. Mori, Y. Inoue, Y. Itoh, T. Aida, *Science*, **347**, 646 (2015).

[4] M. E. Robinson, D. J. Lunn, A. Nazemi, G. R. Whittell, L. De Cola, I. Manners, *Chem. Commun.*, **51**, 15921 (2015).

[5] S. Ogi, V. Stepanenko, J. Thein, F. Würthner, *J. Am. Chem. Soc.*, **138**, 670 (2016).

[6] A. Aliprandi, M. Mauro, L. De Cola, *Nat. Chem.*, **8**, 10 (2016).

[7] E. E. Greciano, L. Sánchez, *Chem. Eur. J.*, **22**, 13724 (2016).

[8] T. Fukui, S. Kawai, S. Fujinuma, Y. Matsushita, T. Yasuda, T. Sakurai, S. Seki, M. Takeuchi, K. Sugiyasu, *Nat. Chem.*, **9**, 493 (2017).

[9] Y. Ishida, T. Aida, *J. Am. Chem. Soc.*, **124**, 14017 (2002).

[10] K. Sato, Y. Itoh, T. Aida, *Chem. Sci.*, **5**, 136 (2014).

[11] W. Hirahata, R. M. Thomas, E. B. Lobkovsky, G. W. Coates, *J. Am. Chem. Soc.*, **130**, 17658 (2008).

[12] T. Yokozawa, T. Asai, R. Sugi, S. Ishigooka, S. Hiraoka, *J. Am. Chem. Soc.*, **122**, 8313 (2000).

[13] T. Yokozawa, Y. Ohta, *Chem. Rev.*, **116**, 1950 (2016).

[14] X. Wang, G. Guerin, H. Wang, Y. Wang, I. Manners, M. A. Winnik, *Science*, **317**, 644 (2007).

Chap 9

エネルギーランドスケープの分子組織化制御と光エネルギー変換

Photon Upconversion by Controlling Energy Landscapes of Molecular Self-Assemblies

君塚 信夫
(九州大学大学院工学研究院)

Overview

地表に到達する太陽光の光子束密度は低く(約 1 kW/m²),このような希薄な太陽光エネルギーを有効に活用するために,光合成系はチラコイド膜上におけるアンテナクロロフィル-タンパク質超分子複合組織体において励起状態を量子化学的に非局在化させ,光エネルギーを効率よく光化学系反応中心によく受け渡している.さらに,電子伝達系を光駆動する過程で電気化学的勾配を生み出し,エネルギー的に uphill な ATP 合成を達成している.このような光エネルギーの捕集-変換分子システムにおけるエネルギーランドスケープの自己組織化制御は,分子組織化に基づくフォトン・アップコンバージョンの設計に展開されている.

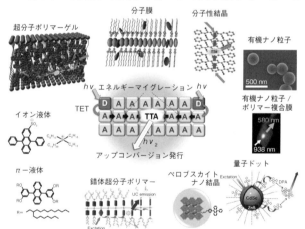

▲自己組織化を基盤とするさまざまなフォトン・アップコンバージョン分子システム[カラー口絵参照]

■ KEYWORD 📖マークは用語解説参照

- ■自己組織化 (self-assembly) 📖
- ■フォトン・アップコンバージョン (photon upconversion) 📖
- ■三重項-三重項消滅 (triplet-triplet annihilation)
- ■エネルギーマイグレーション (energy migration) 📖
- ■分子システム化学 (molecular systems chemistry)

はじめに

分子の自己組織化は，エネルギーランドスケープの極小，すなわち熱力学的平衡とその近傍に向かう downhill プロセスであるが，分子組織化と uphill な仕事を共役させる仕組み "分子システム" を創製するうえで，自己組織化に基づくエネルギーランドスケープの制御をエネルギー変換技術に結び付けることの意義は大きい．本章では，自己組織化フォトン・アップコンバージョンを例に，エネルギーランドスケープの分子組織化制御について紹介する．

1 フォトン・アップコンバージョンとその課題

フォトン・アップコンバージョン(UC)とは，低いエネルギーの光を高いエネルギーの光に変換する方法論である．これまで活用できなかった近赤外光などの低エネルギー光を，より高エネルギーの光に変換できれば，太陽電池や人工光合成，バイオイメージングなど，さまざまな分野に大きな波及効果をもたらすことが期待される．

これまで UC として，希土類元素の多段階励起がバイオイメージング分野を中心に研究されているが，この手法は太陽光強度(全波長積算~100 mW/cm^2)に比べて桁違いに強い励起光(W/cm^2~MW/cm^2)を必要とし，また効率も低いことから，太陽光エネルギーの有効利用には適さない．一方，1960 年代初頭に見いだされた三重項-三重項消滅(triplet-triplet annihilation, TTA)機構に基づく TTA-UC は，太陽光程度の弱い励起光でも効率的な波長変換を達成可能なことから注目されている[1,2]．

TTA-UC の機構を図 9-1 に示す．まず光励起されたドナー(D)分子の一重項($S_{1,D}$)が系間交差(ISC)により励起三重項状態($T_{1,D}$)となる．その後，アクセプター(A)分子への三重項-三重項励起エネルギー移動(TET)を経て A 分子の励起三重項状態($T_{1,A}$)が生成する．2 分子の A が励起三重項寿命中に衝突して TTA を起こすと，励起一重項($S_{1,A}$)状態が生成してアップコンバージョン発光を発する．ここで三重項励起エネルギー移動の各過程(TET，TTA)は電子交換(Dexter)機構により進むため，分子は約 1 nm 以下の距離に接近する必要がある〔図 9-1(a)〕．

従来，TTA-UC に関する研究の多くは，溶液中における分子の拡散・衝突を利用してきたが[1,2]，

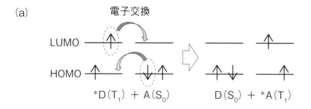

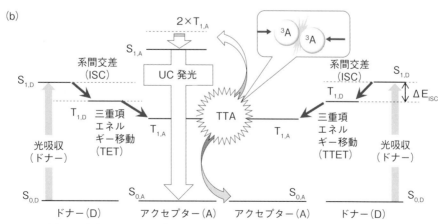

図 9-1 (a)電子交換(Dexter)機構による励起三重項エネルギー移動，(b)TTA-UC の機構

このアプローチにはいくつもの問題が存在する．まず，TTA-UC を効率化するために必要な励起光強度 I_{th} は，溶液中における励起三重項分子の拡散速度（〜10^{-5} cm^2 s^{-1}）に支配される．低粘性の溶媒を用いたとしても，溶液中における分子拡散速度は太陽光強度で最大の UC 効率を達成するには不十分である．揮発性有機溶媒の使用は応用に適さないために，低いガラス転移温度をもつ高分子をマトリックスとする TTA-UC も報告されているが[3]，粘度の高い媒体中では分子の拡散速度がより小さいために，低い励起光強度で UC を高効率化することは本質的に困難である．また，励起三重項状態は溶存酸素により容易に失活し，厳密な脱酸素条件が必要であるなど，TTA-UC の応用展開にあたってはいくつものハードルがあった．

2 有機媒体中における分子組織化 UC

分子拡散系の TTA-UC が抱える問題を解決すべく，筆者らは分子組織系における励起エネルギーマイグレーションに基づく UC の研究をスタートした[4,5]．これまで π 電子系液体[6]，イオン液体[7,8]，超分子ゲル[9,10]，分子膜組織体[11]，分子性結晶[12〜15]をはじめとする多彩な分子集合・組織系において自己組織化系 UC が達成されている（Overview 図）．これら一連の研究のなかから，構成分子の協奏的な働きによってエネルギーランドスケープが規定されることを，有機溶媒中における長鎖グルタミン酸誘導体 **1** と PtOEP(D)，DPA(A)分子（図 9-2）の自己組織化 UC を例に説明しよう．

化合物 **1** は，多くの有機溶媒をゲル化する性質をもつが，**1** と PtOEP，DPA を含む DMF ゲルを作成したところ，驚くべきことに大気中であるにもかかわらず，強いアップコンバージョン発光が観測された〔図 9-3(a)⑤〕[9]．この超分子ゲルは，**1** の超分子ファイバーから成る網目構造と DMF から構成されている．PtOEP・DPA を含む DMF ゲルにおいては，この超分子ファイバーの幅ならびにゲルの力学的強度が増大した．また，PtOEP から DPA への TET ならびに TTA-UC 発光〔図 9-3(b)②〕は，分子運動が凍結する 77 K においても観測された．これらの結果は，PtOEP と DPA が DMF 中の超分子ファイバーに高密度に取り込まれて自己組織化し，その励起三重項状態が溶存酸素から保護されていること，また UC が励起三重項エネルギーマイグレーション機構に基づくものであることを示している．

一方，非極性の CCl$_4$ を溶媒とする超分子ゲル中においては，溶存酸素の存在下 TTA-UC 発光は観測されない〔図 9-3(b)①〕．この結果は，DPA，PtOEP は CCl$_4$ ゲル中の溶媒相に溶解しており，溶存酸素により励起三重項が失活することを示してい

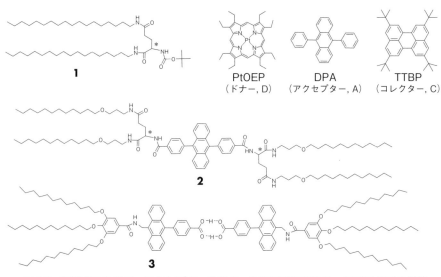

図 9-2 有機ゲル化剤 **1**，アクセプター分子 **2**，**3** ならびに用いた π 電子系分子の構造

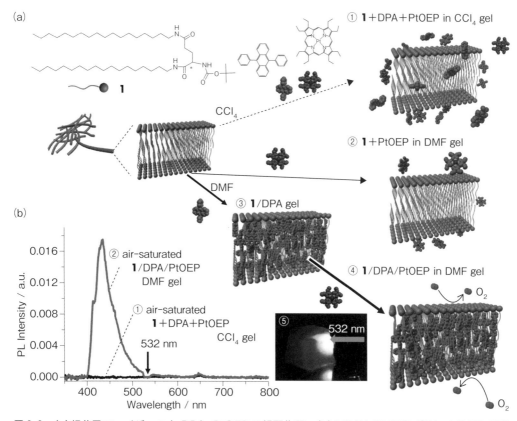

図9-3 (a)超分子ファイバー 1 と DPA, PtOEP の相互作用, (b) 1/DPA/PtOEP ゲルによる UC 発光

る〔図9-3(a)①〕．極性の高い DMF ゲル中において，PtOEP, DPA が DMF 相よりも低極性の超分子ファイバー内に取り込まれて集積化することは，疎媒性を駆動力とする自己組織化現象として理解できる[9]．

先に述べた I_{th} は，生成した A 分子の 50% が TTA に用いられる励起光強度であり，TTA-UC における重要な性能指数である．1/DPA/PtOEP 超分子ゲルについて観測された I_{th} 値は 1.5 mW/cm^2 と低く，また超分子ファイバー中における三重項エネルギーの拡散速度は 6.5×10^{-4} cm^2 s^{-1} と求められ，これは低粘度溶液中の分子拡散速度（1.2×10^{-5} cm^2 s^{-1}）を大きく上回る．これらの結果は，超分子ファイバー中に自己集積したドナー・アクセプター分子が三重項エネルギーマイグレーションに有利な高密度かつ高秩序の分子組織化状態にあることを示している[9]．

興味深いことに，PtOEP と 1 から成る 2 成分 DMF ゲル中において，PtOEP は超分子ファイバー構造中には取り込まれていないが〔図9-3(a)②〕，DPA は超分子ファイバーに取り込まれる〔図9-3(a)③〕．ここで，DPA が超分子ファイバー内に取り込まれて濃縮されると，PtOEP は DMF 相から 1-DPA 複合超分子ファイバー内部へ取り込まれる〔図9-3(a)④〕．このように，超分子ポリマー 1 中における PtOEP と DPA の自己組織化においては協同性が観測され，分子組織化のプロセスに依存してエネルギーランドスケープが制御されている[9]．

酸素存在下における TTA-UC の発現は，溶液分散系においても観測される．DPA 発色団に複数のアミド基を介してグルタミン酸長鎖誘導体を導入した 2 は，クロロホルム中で一分子膜を基本とする超分子ナノファイバーとして分散する．この分子膜 2 に PtOEP を添加すると，アルキル鎖部位に取り込まれ，溶存酸素の存在下であるにもかかわらず，効率のよい TTA-UC が観測された[11]．これは，分子

2の多重水素結合ネットワークを含む緻密な分子組織化が溶存酸素に対してバリア能を発揮したためである．

3 デュアルエネルギーマイグレーションによるTTA-UC制御

TTA-UCを光変換デバイスに応用するためには，固体材料であることが望ましい．一方，固体（分子凝縮）状態におけるTTA-UCには，いくつかの問題がある．まず，Aの結晶中でD分子は均一には混合せず凝集しやすいために，DからAへのTET効率は低くなる．また，溶液中で高い蛍光量子収率を示す色素は，多くの場合，固体状態では無輻射失活サイトによる消光のため量子収率が低下する．さらに，A分子の蛍光スペクトルはD分子の吸収スペクトルと多少なりとも重なるため，TTA-UCにより生じたA分子の励起一重項状態からD分子へのFörsterエネルギー移動（back energy transfer）もUC量子収率を低下させる原因となる．

固体系TTA-UCにおけるこれらの問題を解決するためには，固体状態におけるD分子との高い相溶性と，高い分子配向秩序を両立できるA分子が必要である．筆者らはPtOEPを可溶化する柔軟なアルキル鎖をもち，かつ固体状態で高い結晶性を示す3を設計・合成した[13]．また，逆エネルギー移動を抑えるべく，TTAにより生じた3のアントラセン基の励起一重項エネルギーを第二の発光分子であるTTBP（コレクター，C）に一重項エネルギーマイグレーションを介して受け渡すエネルギーランドスケープを設計した〔図9-4(b)〕[15]．

ここで，3の蛍光とTTBPの吸収の重なりはPt(OEP)吸収との重なりより大きく，Pt(OEP)よりもTTBPへの一重項励起エネルギー移動のほうが有利である．3をクロロホルム溶液から基板上にス

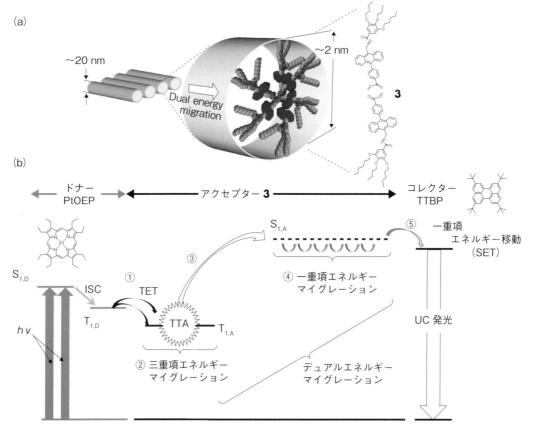

図9-4 （a）超分子ファイバー3の構造模式図，（b）TTAとデュアルエネルギーマイグレーションの機構模式図

ピンコートすると，高さ～20 nm の発達したナノファイバー配向構造から成るフィルムが得られ，ナノファイバー中で **3** の水素結合ダイマー（幅～2 nm)はカラム構造を形成し，並行に配列している〔図9-4(a)〕．興味深いことに **3** の蛍光寿命はクロロホルム溶液中(5.9 ns)よりもナノファイバー中で長く(29.7 ns)，非局在化した一重項励起子の形成を反映している．またこの励起子はきわめて長い拡散長(～37 nm)をもつことがわかった[15]．

PTOEP と TTBP を可溶化した超分子ファイバー組織体においては，① Pt(OEP)から **3** へのTET，②規則配向したアクセプター間の励起三重項エネルギーマイグレーションを経由して，③ TTA-UC により **3** の励起一重項状態が生じ，引き続いて，④分子間の励起一重項エネルギーマイグレーションを経て，⑤ TTBP に一重項励起エネルギーが移動した〔図9-4(b)〕．この励起三重項と一重項両者のエネルギーマイグレーションを駆使するデュアルエネルギーマイグレーションシステムのUC 量子効率 $\varPhi_{UC}{}'$ は9.0%　（PtOEP/3/TTBP)で，C 分子を含まない系4.2%　(PtOEP/3)に比べて約2倍に向上し[15]，D，A，C 分子すべての分子構造，エネルギーランドスケープを考慮した分子システムの設計が，TTA-UC の高効率化にとり重要なことは明らかである．

④ まとめと今後の展望

以上のように，エネルギーランドスケープの自己組織化制御は，「分子の自己組織化と有用(uphill)な仕事を生み出す物理・化学的現象を時間的・空間的に共役組織化させる分子システム化学」[4]の創成につながる．分子組織におけるD,A 空間配置の制御と，指向性のある電子，スピン，エネルギーの輸送と化学エネルギー変換を実現することは，今後の課題である．また励起一重項から二つの三重項状態を生み出すシングレット・フィッションと分子組織化学の融合を通し，分子組織化スピントロニクスに迫ることも挑戦に値しよう．チャレンジングな若手研究者により，分子システム化学が大きく発展されてゆくことを期待したい．

◆ **文　献** ◆

[1] T. N. Singh-Rachford, F. N. Castellano, *Coord. Chem., Rev.,* 254, 2560 (2010).

[2] A. Monguzzi, R. Tubino, S. Hoseinkhani, M. Campione, F. Meinardi, *Phys. Chem. Chem. Phys.,* 14, 4322 (2012).

[3] R. R. Islangulov, J. Lott, C. Weder, F. N. Castellano, *J. Am. Chem. Soc.,* 129, 12652 (2007).

[4] N. Kimizuka, N. Yanai, M. Morikawa, *Langmuir,* 32, 12304 (2016).

[5] N. Yanai, N. Kimizuka, *Chem. Commun.,* 52, 5354 (2016).

[6] P. Duan, N. Yanai, N. Kimizuka, *J. Am. Chem. Soc.,* 135, 19056 (2013).

[7] S. Hisamitsu, N. Yanai, N. Kimizuka, *Angew. Chem. Int. Ed.,* 54, 11550 (2015).

[8] S. Hisamitsu, N. Yanai, H. Kouno, E. Magome, M. Matsuki, T. Yamada, A. Monguzzi, N. Kimizuka, *Phys. Chem. Chem. Phys.,* 20, 3233 (2018).

[9] P. Duan, N. Yanai, H. Nagatomi, N. Kimizuka, *J. Am. Chem. Soc.,* 137, 1887 (2015).

[10] P. Bharmoria, S. Hisamitsu, H. Nagatomi, T. Ogawa, M. A. Morikawa, N. Yanai, N. Kimizuka, *J. Am. Chem. Soc.,* 140, 8788 (2018).

[11] T. Ogawa, N. Yanai, A. Monguzzi, N. Kimizuka, *Sci. Rep.,* 5, 10882 (2015).

[12] P. Duan, N. Yanai, Y. Kurashige, N. Kimizuka, *Angew. Chemie Int. Ed.,* 54, 7544 (2015).

[13] M. Hosoyamada, N. Yanai, T. Ogawa, N. Kimizuka, *Chem. –A Eur. J.,* 22, 2060 (2016).

[14] T. Ogawa, N. Yanai, S. Fujiwara, T.–Q. Nguyen, N. Kimizuka, *J. Mater. Chem. C,* 6, 5609 (2018).

[15] T. Ogawa, M. Hosoyamada, B. Yurash, T. Q. Nguyen, N. Yanai, N. Kimizuka, *J. Am. Chem. Soc.,* 140, 8788 (2018).

Part II 研究最前線

Chap 10

アミロイド線維：変性タンパク質が形成する超分子ポリマー

Amyloid: A Supramolecular Polymer Formed by Disordered Proteins:

宗 正智　後藤 祐児
（大阪大学蛋白質研究所）

Overview

生体分子であるタンパク質がつくる超分子ポリマー"アミロイド線維"は，さまざまな疾病にかかわる異常凝集として発見された．その構造は高度に秩序だった一次元結晶であり，詳細な分子構造や物性を明らかにすることで治療方法を確立すべく，研究が発展してきた．また，その物性や構造的特徴を利用して新規素材を開発する動きもある．しかし，アミロイド線維の形成機構はいまだ完全な理解には至っておらず，その制御は難しい．一般的な自然現象である過飽和現象や溶解度といった概念を通してアミロイド線維形成を見ると，新たな発見があり，生命環境がいかにしてこれを利用してきたか，あるいはいかにこれを利用していくべきかを教えてくれる．このような新たな切り口により，領域を超えた自然科学の発展が期待される．

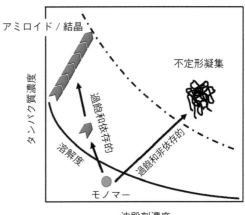

▲変性タンパク質の超分子ポリマー形成と過飽和状態［カラー口絵参照］

■ **KEYWORD** □マークは用語解説参照

- ■アミロイド線維（amyloid fibrils）
- ■機能性アミロイド（functional amyloid）
- ■クロスβ構造（cross-β structure）
- ■結晶化（crystallization）
- ■過飽和（supersaturation）□
- ■溶解度（solubility）
- ■オストワルド熟成（Ostwald ripening）
- ■速度論と熱力学（kinetics and thermodynamics）□
- ■準安定（metastable）□

はじめに

タンパク質は20種類のアミノ酸が枝分かれなく重合した高分子である．タンパク質は正しく折り畳み（フォールディングして），特定の立体構造をとり生体内で機能を発揮する．このような構造は天然構造と呼ばれ，生理的な条件下では天然構造が熱力学的に最安定な構造であることがAnfinsenによって示された[1]．この構造が崩れ，機能が失われる現象をタンパク質の変性という．熱や酸によって変性したタンパク質はしばしば凝集をする．生卵を熱するとゆで卵ができる現象である．

これまでのタンパク質研究は，X線結晶構造解析や溶液NMR法などの手法によりタンパク質の構造に基づいて機能を理解することを目標として発展してきた．タンパク質解析手法の多くは溶液を対象としており，タンパク質は溶けている必要があった．そのため，ほとんどの研究者にとって，タンパク質凝集は実験の妨げであった．しかし，タンパク質凝集は頻繁に起きるもので，凝集させずに何とかうまくフォールディングさせようとする実験や，フォールディングを助ける分子であるシャペロンなどの研究も盛んに行われてきた．

一方で，タンパク質凝集は生体内で沈着し，病気を引き起こす．なかでもアミロイド線維がかかわる牛海綿状脳症（BSE）やプリオン病，近年ではアルツハイマー病やパーキンソン病などは大きな社会問題となっている．これらの病気はアミロイドーシスと呼ばれ30種類以上もの疾患が報告されている．また，アミロイド線維は病気にかかわるものばかりでなく，正常な細胞や組織で機能する「機能性アミロイド」といったものも見つかっている．バイオフィルムやペプチドホルモンの貯蔵形態などがその例である[2]．このようにアミロイド線維は生命現象を担うものとして発見されてきたが，最近ではアミロイド線維の構造や特性を利用して，新規素材の開発に応用する提案も盛んになっている．

1 アミロイド線維の構造

アミロイド線維は病気の治療や予防の重要性から，その構造や物性に関する多くの研究がなされてきた．その結果，分子内相互作用により正しく折りたたまれていたタンパク質が変性し，分子間で水素結合を形成した構造であることがわかってきた．つまり，アミロイド線維は分子間の水素結合によるβシート構造を基本とした幅数十ナノメートル，長さが数マイクロメートルにも及ぶ線維であり，一つの線維には数千以上もの単一の分子が含まれる．一次元の結晶に相当する超分子複合体と見なすことができる〔図10-1(a)〕[3]．

分子間水素結合によるβシートが線維軸に垂直に並んだ構造をクロスβ構造と呼び，実験的にはX線線維回折による特異的なパターンや，円二色性スペクトルの特徴的なスペクトル，アミロイド線維特異的に結合するチオフラビンTの蛍光などで検出することができる．このような基本構造は，アミロイド前駆体タンパク質やペプチドのアミノ酸配列によらず，すべてのアミロイド線維に共通している．しかし，1分子内の詳細な構造や線維密度，長さなどは，構成タンパク質やアミロイド線維形成条件によって多様であり，線維の物性や病態にも影響すると考えられている．したがって，アミロイド線維構

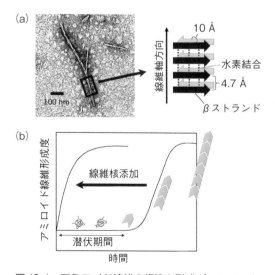

図10-1　アミロイド線維の構造と形成プロフィール
(a)アミロイド線維の透過型電子顕微鏡像と構造．βストランド（一般的に矢印で表される）が線維軸に垂直に水素結合で積み重なっている．(b)アミロイド線維形成のプロフィール．自発線維形成では核形成に時間がかかるが，線維核を添加したシーディング反応は速く進む．

造を明らかにすることは，その物性を理解することや病気の治療や予防，創薬の観点から非常に重要な研究であり，現在，原子分解能の電子顕微鏡や固体NMRを中心とした研究が盛んに行われている[4]．

2 アミロイド線維形成と結晶化の類似点

アミロイド線維の形成反応は結晶化反応とよく似た反応で，まず構造基盤となる核が形成し，それを鋳型として大きな複合体が積みあがって伸長反応が起きる[5]．タンパク質結晶やアミロイド線維の核形成反応はエネルギー障壁が高く時間がかかるのに対し，伸長反応は速く進む．このため，アミロイド線維形成の反応プロフィールは，一定時間の潜伏時間（ラグタイム）後に急激に反応が進むシグモイド型の曲線を描く〔図10-1(b)〕．できあがった線維を細かく砕き，単量体の溶液にタネ（seed）として加えるとラグタイムのない伸長相のみからなる反応が見られることから，この反応が核依存的に起きる反応であることがわかる．

結晶化反応は，過飽和状態に核が発生すると起こる．アミロイド線維形成も，原因タンパク質濃度が上昇し，過飽和状態になっているところに核形成が起きると，タンパク質がアミロイド線維として析出することが示唆された[6~8]．長期血液透析患者の血中$\beta 2$ミクログロブリンタンパク質濃度は健常者に比べ高いが，すべての患者で透析アミロイドーシスが発症するわけではなく，一部の患者のみが発症する[9]．これは，血中$\beta 2$ミクログロブリン濃度が上昇し過飽和状態となっている患者のうち，核形成が起き，過飽和が解消された患者のみで発症したと考えることができる．

このようなアミロイド線維形成反応形成機構は相図を用いると理解しやすい（図10-2）[7]．溶質である変性タンパク質が析出するのは，溶解度を超えたときである．たとえば，ミョウバン溶液を熱すると完全に溶け未飽和状態になるが，温度を下げていくと溶解度が下がり結晶が析出する．変性タンパク質のアミロイド線維形成もまったく同じであり，溶液状態からの析出現象と考えられ，タンパク質濃度や沈殿剤濃度に強く依存する．$\beta 2$ミクログロブリンはpH 2付近で変性しているが，塩を加えないかぎり未飽和状態で溶けている（領域1）．ここへ塩を加えていくとやがて溶解度を超える．しかし，すぐには析出せず，過飽和状態となる準安定状態（領域2）が存在する．この領域では，自発的な核形成は起きず，アミロイド線維形成も起きない．ところが，タネ（既存のアミロイド線維）を加えると直ちに線維伸長が起き，溶質濃度が溶解度と等しくなるまで反応が進む．さらに塩濃度を上げていくと，自発的に核形成が起こる不安定状態（領域3）になる．さらに高濃度になると，過飽和状態を長時間維持することはできず，不定形（アモルファス）の凝集体ができる（領域4）．おそらく，核形成が至る所で起きたために秩序だった構造ができず，アモルファス凝集に至ったと考えられる．

このように，変性タンパク質の析出反応は，溶液条件によっておもな構造状態が決まることが予測できるが，実際の反応はもう少し複雑である．アミロイドーシスの研究分野では，高度な秩序構造であるアミロイド線維よりも，線維形成過程に存在するオリゴマー種が細胞毒性の原因であると考えられている．このため，不定形凝集やオリゴマーを含めた凝集全体の形成機構を理解することが医学的にも重要である．

アミロイド原性タンパク質をある条件に置くと，不定形凝集が一旦できた後に，

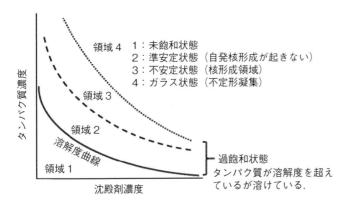

図10-2　タンパク質の沈殿剤濃度に依存した構造状態の相図

> **+ COLUMN +**
>
> ★いま一番気になっている研究
>
> ## 膜のないオルガネラ〜液-液相分離〜
>
> われわれのからだを含む生体内では，DNAがその機能のいわば設計図として働き，タンパク質はその機能を具現化し発現するものである．細胞内には数々の細胞内小器官が存在し，生体機能の役割分担をしている．それらの細胞小器官を"小器官"たらしめているのは，脂質を構成成分とする生体膜である．膜で部屋を分けることで環境を変え，それぞれの機能に応じた化学反応を使い分けているのである．比較的強固な脂質の壁で区切られているため，小器官内外のやり取りや小器官自身の形成には，時間やエネルギーあるいは複雑な反応を必要とする．細胞内で新規の機能を発現しようとタンパク質を合成するためには，DNAからRNAへの転写，さらにタンパク質への翻訳が必要で，核からリボソームと呼ばれる細胞内小器官の移動も必要とする．しかし，ストレス応答など緊急性を必要とする機能においてはタンパク質の発現を悠長に待っていられない．そこでこの数年ほどで発展してきた新たな考え方が，液-液相分離（liquid-liquid phase separation）である．細胞内で膜を介さず，タンパク質や核酸が高濃度に集合した状態（liquid droplet）がしばしば観察され，しかもこれらは比較的流動的であり，アミロイド線維のような固い凝集とは違い液体のようであることがわかってきた．液-液相分離は流動的な性質のため微妙なイオン強度やpH変化に応答して形成と分解が非常に速く起こる．このような高濃度顆粒が生体反応に重要であることが盛んに報告されており，さらにさまざまな生体機能や病気への関連，分子機構の解明へと進むことが期待される．

アミロイド線維形成が進む現象がしばしば見られる．最終産物がほとんどアミロイド線維であることから，反応過程で不定形凝集からアミロイド線維への転換が起きたことが示唆された．アミロイド線維と不定形凝集の形成モデルを考えると，高いエネルギー障壁を超える必要があるアミロイド線維形成の遅い反応に対して，核形成非依存的な不定形凝集は速い反応である．これらの反応が可逆的であり，最終的にエネルギー的に再安定な状態へと遷移していくと仮定すると実験結果をうまく説明することができる．つまり，アミロイド線維形成と不定形凝集形成は，速度論的，および熱力学的な競争によって，その反応過程や最終的な分配が決まる（図10-3）[10, 11]．このような現象は結晶化の分野の古典的な概念であるオストワルド熟成と合致しており，アミロイド線維形成がやはり結晶化とよく似た形成機構によって起きることを示唆している[12, 13]．

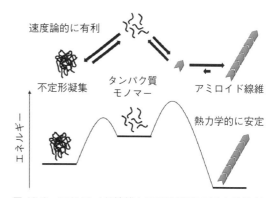

図10-3 アミロイド線維と不定形凝集の速度論的競争と熱力学的安定性

3　新たな視点"過飽和"からのアミロイド線維形成

ここまで，アミロイド線維形成が過飽和状態から起きることを主張してきたが，過飽和とはどういった現象であろうか．過飽和状態とは，溶質がその溶

解度を超えた状態で溶けた状態，あるいは溶液が凝固点以下で溶けた状態であり，きわめて一般的な自然現象である．水の過冷却が代表的な例である．水を静かに冷却していくと0℃を下回っても凍らないが，わずかに振動させたり触れたりすることで一気に凍ってしまう．

"エコカイロ"という，簡易で再生可能なカイロがある．構成成分は酢酸ナトリウムの高濃度溶液である．酢酸ナトリウムの室温での溶解度は5M程度であるが，実際にそれより高濃度の酢酸ナトリウム溶液を温めて溶解し，室温に戻しても酢酸ナトリウムは析出しない．酢酸ナトリウムの過飽和状態は非常に安定であり，激しく振ろうが床に叩きつけようが一向に解消されない．エコカイロには金属片が入っており，これをクリックすると直ちに結晶化が始まり，たちまち全体が石のように固くなってしまう．結晶化を途中で止めるのは不可能である．しかし，過熱して再溶解し過飽和状態に戻すことで繰り返し使用できる．

雨や雪も水蒸気の過飽和状態から生じるように過飽和現象は身近な現象である．過飽和現象を理解することがアミロイド線維形成を理解することにもつながる．過飽和現象は一見ありふれた理解の進んでいる現象であるようであるが，意外にもまだよくわかっていない現象である[14]．過冷却水での準安定な相互作用はいまだに重要なトピックスである[15]．これまでアミロイド線維核の形成は確率論的に起こる反応であり，その頻度が非常にまれであることがアミロイド線維形成の遅い原因とされてきた．しかし本当にそうだろうか．強く叩いても反応しなかったエコカイロが，いつかひとりでに石になってしまうのだろうか．過飽和は永久に解消されない．ところが，一粒のタネによって，あるいは不純物として存在するゴミによって結晶化は始まり，途中止めることはできず，すべては石になってしまう．これこそがアミロイド線維形成の本質であり，アミロイドーシスの恐ろしいところであるかもしれない．しかし，過飽和状態を理解し，制御することで，高次構造形成を制御することにつながり，病気の治療や予防，ひいては新規材料開発につながるのである．

4 アミロイド線維形成の促進

アミロイド線維形成は，前述したように核形成のエネルギー障壁のために非常に時間がかかり，アミロイド線維形成の研究を妨げてきた．研究者は撹拌や振とうなど，さまざまな方法により線維形成を速めてきた．超音波はその最たるものとして見いだされ，筆者らの研究室でも長年用いられてきた．超音波を水中に照射するとキャビテーション気泡が生じる．気泡界面は疎水的であり，タンパク質の吸着や変性が起きやすい．さらに，超音波の振動収縮に合わせて，この現象が幾度となく繰り返されることにより，気泡界面での局所的な変性や濃縮が起こり，アミロイド線維核が形成されると考えられる[16]．

われわれのからだがこのような超音波にさらされることはまれであるが，生体内で疎水性界面による局所的なタンパク質高濃度濃縮が生じるケースは少なからずある．生体膜はそのような界面をつくり出しやすいと考えられ，実際に細胞内での膜上へのアミロイド原性タンパク質の局在や生体膜モデルによるアミロイド線維形成の促進などが見られている[17, 18]．このように核形成の促進現象は生体内でも生体外でも見られる．それらの仕組みを理解することができればアミロイド線維形成を自在に操ることができ，発病の抑制や材料としてのアミロイドを用いた応用材料の開発の可能性が期待できる．

5 まとめと今後の展望

タンパク質がつくるアミロイド線維超分子ポリマーは非常に複雑で制御困難な凝集体であるが，過飽和現象に注目すると，低分子化合物や無機物の結晶化と同様に理解することが可能である．過飽和現象は前述した通り自然界にありふれた現象であり，生体内でも多くの現象が見られる．アミロイド線維や結石のような異常凝集からアクチンや微小管などの細胞内高次構造形成まで，さまざまな過飽和現象が生体環境に影響を与えていると考えられる．このように生命現象は，あるときには過飽和状態を維持し，またあるときにはそれを解消し，高次構造形成を行わせることで利用してきた．過飽和という視点から，アミロイド線維をはじめとするタンパク質凝

集現象を理解することで，超分子ポリマーの精密合成に新たな展開が期待できる．

◆ 文　献 ◆

[1] C. B. Anfinsen, *Science*, **181**, 223 (1973).

[2] F. Chiti, C. M. Dobson, *Annu. Rev. Biochem.*, **75**, 333 (2006).

[3] D. Eisenberg, M. Jucker, *Cell*, **148**, 1188 (2012).

[4] L. Gremer, D. Schölzel, C. Schenk, E. Reinartz, J. Labahn, R. B. G. Ravelli, M. Tusche, C. Lopez-Iglesias, W. Hoyer, H. Heise, D. Willbold, G. F. Schröder, *Science*, **358**, 116 (2017).

[5] A. M. Morris, M. A. Watzky, J. N. Agar, R. G. Finke, *Biochemistry*, **47**, 2413 (2008).

[6] J. T. Jerrett, P. T. Lansbury, Jr., *Cell*, **73**, 1055 (1993).

[7] Y. Yoshimura, Y. Lin, H. Yag, Y. Lee, H. Kitayama, K. Sakurai, M. So, H. Ogi, H. Naiki, Y. Goto, *Proc. Natl. Acad. Sci. U. S. A.*, **109**, 14446 (2012).

[8] P. Ciryam, R. Kundra, R. I. Morimoto, C. M. Dobson, M. Vendruscolo, *Trends Pharmacol. Sci.*, **36**, 72 (2015).

[9] F. Gejyo, N. Homma, Y. Suzuki, M. Arakawa, *New Eng. J. Med.*, **314**, 585 (1986).

[10] M. Adachi, M. So, K. Sakurai, J. Kardos, Y. Goto, *J. Biol. Chem.*, **290**, 18134 (2015).

[11] A. Nitani, H. Muta, M. Adachi, M. So, K. Sakurai, E. Chatani, K. Naoe, H. Ogi, D. Hall, Y. Goto, *J. Biol. Chem.*, **292**, 21219 (2017).

[12] A. Levin, T. O. Mason, L. Adler-Abramovich, A. K. Buell, G. Meisl, C. Galvagnion, Y. Bram, S. A. Stratford, C. M. Dobson, T. P. J. Knowles, E. Gazit, *Nat. Commun.*, **5**, 5219 (2014).

[13] M. So, D. Hall, Y. Goto, *Curr. Opin. Struct. Biol.*, **36**, 32 (2016).

[14] Y. Matsushita, H. Sekiguchi, W. J. Chang, M. Nishijima, K. Ikezaki, D. Hamada, Y. Goto, Y. C. Sasaki, *Sci. Rep.*, **7**, 13883 (2017).

[15] M. Matsumoto, S. Saito, I. Ohmine, *Nature*, **416**, 409 (2002).

[16] K. Nakajima, H. Ogi, K. Adachi, K. Noi, M. Hirao, H. Yagi, Y. Goto, *Sci. Rep.*, **6**, 22015 (2016).

[17] N. Gal, A. Morag, S. Kolusheva, R. Winter, M. Landau, R. Jelinek, *J. Am. Chem. Soc.*, **135**, 13582 (2013).

[18] M. S. Terakawa, H. Yagi, M. Adachi, Y. Lee, Y. Goto, *J. Biol. Chem.*, **290**, 815 (2015).

Chap 11

トポロジカルポリマー：高分子鎖の
ロタキサン連結がもたらす動的機能と物性

Topological Polymer: Dynamic Function and Property Induced by Rotaxane-Linking of Polymer Chains

高田 十志和
（東京工業大学物質理工学院）

Overview

緩やかに束縛された構成成分から成るロタキサンの自由度を生かし，分子スイッチや分子機械，分子触媒などへの応用に加えて，高分子の世界でこれまでになかった斬新な応用が種々展開されている．この高分子の柔軟さはまさに超分子ポリマーの新たな側面を見せてくれる．ロタキサンを高分子鎖の連結構造とする高分子には，構成成分の高い運動性に基づく高分子トポロジーの可逆的変換など，きわめて興味深い動的特性と物性・機能が生まれる．本章では，(i) 軸ポリマーと輪成分がロタキサンユニットで連結した構造をもつ「1 分子連結型高分子」を用いた環状高分子の合成と線状-環状高分子トポロジー変換，(ii) 3 個の高分子をロタキサンで連結した ABC トリブロックコポリマーの線状-分岐状（星形）高分子トポロジー変換，(iii) ロタキサン構造による高分子鎖の多重連結が生み出す架橋点での高分子鎖の可動性を特徴とする架橋構造とその優れた強靭化機能について述べる．

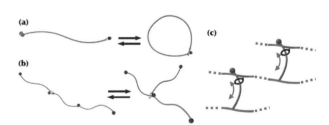

▲高分子鎖をロタキサンで連結することにより，高分子のトポロジーを線状→環状(a)，ABC 線状トリブロック→ ABC 星形(b)へ変換できる．また，架橋点にロタキサン構造を導入することで可動な架橋点をもつ架橋高分子(c)が生まれる

■ **KEYWORD** マークは用語解説参照

- ロタキサン連結（Rotaxane linkage）
- トポロジカルポリマー（topological polymer）
- トポロジー変換（topology conversion）
- 環状高分子（cyclic polymer）
- ABC トリブロックコポリマー（ABC tri block copolymer）

はじめに

近年高分子のトポロジーが注目されているが，高分子の物性や機能はその一次構造や分子量のみならず，高分子鎖全体のかたち，すなわちトポロジーにも大きく依存する．図11-1に代表的な高分子のかたちである直鎖状，星形，環状の三つのトポロジーの異なる構造と分子の大きさ，粘度（希薄溶液）との関係を示した．希薄溶液の粘度は高分子鎖の変形しやすさと正の相関があり，よりコンパクトな形態をもつ高分子ほど低粘度である．環状高分子は末端をもたないため，線状高分子に比べて絡まり合いにくく，低い粘度を示す．このように，同じ分子量と組成をもつ高分子でも，かたちが異なれば異なる特性を示す．もちろん，粘度だけでなく結晶性などのバルク物性を含むさまざまな特性が異なる．

こうした物性・機能の鍵を握る高分子のトポロジーは，合成された時点で決定され，通常高分子は共有結合で固定されるので，当然ながら合成後にトポロジーを変換することは基本的に不可能である．しかし，高分子鎖を結ぶ連結点に可動な結合を用いれば，トポロジーを変換することが可能となる．ここでは，ロタキサンの構成成分である輪成分と軸成分の両方に高分子鎖を導入した超分子ポリマー（ここではこれをトポロジカルポリマーと呼ぶ）が刺激を受けて，そのトポロジー，ひいては物性・機能を変換する刺激応答性高分子について紹介する[1～4]．

1 ロタキサン構成成分への高分子鎖の導入

超分子は「二つ以上の分子が共有結合以外の弱い相互作用（配位結合・水素結合・ファンデルワールス力など）によって結合して形成される集合体」であり，集合体がポリマーであれば超分子ポリマーになる．ロタキサンは，最も単純な場合，軸成分と輪成分の二つが機械的に組み合わさった構造をもつ分子[5]で，構成成分間に共有結合をもたない点で超分子といえ，実際にその運動の自由度は非常に高い．構成成分間には弱い引力的相互作用が働いている場合も多いが，たとえ斥力が働いても，その構造が維

図11-1　高分子のトポロジーと性質の関係

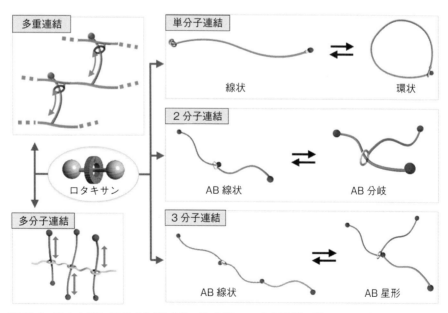

図11-2　ロタキサン構成成分（輪成分，軸成分）への高分子鎖の導入により得られる高分子連結構造とその可動性による構造変換

持される点で,一般の分子とは異なる.つまり,分解するには超分子的相互作用ではなく,機械的結合を構成する共有結合を切らなければならず,そういう意味では超分子と共有結合分子の中間的な特徴をもつといえるかも知れない.

このようなロタキサンを高分子鎖の連結構造とする高分子には,構成成分の高い運動性に基づくきわめて興味深い動的特性と物性・機能が期待される.図 11-2 にロタキサン構成成分への高分子鎖の導入により生まれるトポロジカルポリマーの構造と運動性による構造変換の可能性を示した.

トポロジカルポリマーでは,一つの高分子鎖を二つの構成成分が共有する 1 分子連結に始まり,2 分子,3 分子,多分子,さらには多重の連結,すなわち架橋へと至る一連の連結様式を考えることができる.紙面の関係上,本章では 1 分子連結[6~9],3 分子連結[12,13],および多重連結[16~19]について代表例を紹介する.

図 11-3 ロタキサン法による環状高分子の生成および可逆的トポロジー変換

2 1 分子連結

環状高分子は鎖末端をもたないので,鎖状高分子とは大きく異なる特性を示すことが知られている.大きく分ければ,その合成は高希釈条件下における高分子末端の連結による方法と,環状開始剤と環状モノマーによる環拡大重合によるものに限定されるが,いずれも多彩かつ純粋な環状高分子を大量に得るには不適である.近年,環状高分子に注目が集まり,多様な環状高分子が合成されているが,共有結合を用いる限り,線状-環状の可逆変換は不可能である.そこで,筆者らは最近,高分子の末端に[1]

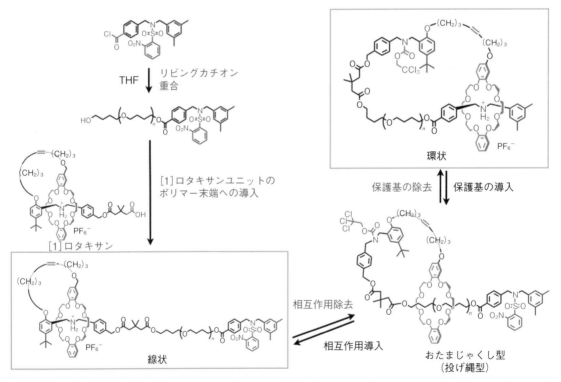

図 11-4 ポリテトラヒドロフラン(線状高分子)への[1]ロタキサン構造の導入と輪成分の移動による環状高分子の合成と線状-環状高分子トポロジー可逆変換

ロタキサン構造を導入し，輪成分をもう一方の軸末端へ移動させるとその構造を線状から環状に変換できること，また輪成分をもとに戻せば，線状–環状の可逆的な高分子トポロジー変換を実現できること（ロタキサン法）を明らかにした（図11-3）[5～8].

実際の合成スキームを図11-4に示す．この手法では，環化過程は[1]ロタキサンの合成過程で行っており，高分子状態での環化過程を含まない環状高分子合成と見なすこともできる．これは純粋な環状高分子を線状ポリマーから直接大量合成できる手法となりうる．具体的には，Ns基でN上を保護した酸クロリド開始剤でTHFのリビングカチオン重合を行い，成長末端OH基へカルボン酸型[1]ロタキサンを導入し"線状"高分子を得る．輪成分は非常に強い相互作用をもつ二級アンモニウム窒素上に固定されているが，アンモニウム窒素上を保護し，Ns保護してある窒素を脱保護し二級アンモニウムにすると，輪成分はもう一方の高分子鎖末端へ移動する．すると高分子の形状は線状から"環状"へとトポロジー変化する[5]．見方を変えれば，高分子スイッチによって輪成分を高分子鎖の左末端から右末端へ移動させトポロジーを変えたともいえる．当然ながら保護／脱保護を繰り返すことで環状から線状へのトポロジーの逆変換も容易に行うことができ，これはロタキサン法の大きな特徴である．生成する3種類のトポロジーをもつ高分子（図11-4）の流体力学半径は，期待通り線状構造の低下に伴って，線状→おたまじゃくし型→環状と減少した．

固相系での環状–線状トポロジー変換は実用的な観点から意義深い．筆者らは，トリクロロ酢酸アニオンを対アニオンにもつ三級アンモニウム型ロタキサンが無溶媒下加熱により機能する分子スイッチになることを明らかにした[10]．トリクロロ酢酸は加熱により分解し二酸化炭素とクロロホルムを与えるため，酸／塩基型スイッチにもかかわらず，塩は蓄積せず，固相系にふさわしい系となる．これを活用することにより，ε-カプロラクトンとδ-カプロラクトンをモノマーとして合成したブロックコポリマーにおいて，トリクロロ酢酸による三級アンモニウム塩の形成に伴う線状高分子への変換と，加熱によるトリクロロ酢酸の分解に伴う環状高分子への変換が固相系で容易に達成され，可逆的環状–線状高分子トポロジー変換が可能となった．ここで重要なことは，24員環のクラウンエーテルは三級アンモニウムとも比較的強い相互作用を示すが，加熱によりその相互作用を断ち切られると，輪成分は次に強い相互作用をもつウレタン部位に移動することである[8, 11]．

環状高分子合成で最も困難な作業は，合成プロセスのどこかの段階で導入せねばならない「環構造の形成」である．最終段階で高分子の両末端を結合させて環化させるには相当の高希釈条件が必要となるが，最近筆者らは，自発的な小分子二量化による完全環化を利用した高効率環状高分子合成に成功した（図11-6）[9]．すなわち，クラウンエーテルに二級アンモニウム塩構造をもたせると即座に環化二量化し，自発的に環構造を形成するので，軸末端の開始点から重合を行うことで線状高分子へ，続く輪成分と軸

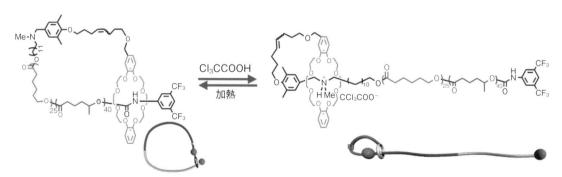

図11-5 ポリテトラヒドロフラン（線状高分子）への[1]ロタキサン構造の導入と輪成分の移動による環状高分子の合成と線状–環状高分子トポロジー可逆変換

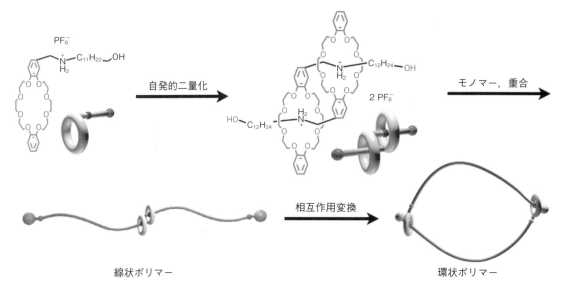

図 11-6　自発的二量化により形成される擬ロタキサン二量体を用いた高効率環状高分子合成

成分の相互作用を変換することで環状高分子へ導くことができる．この方法では，50 mL のフラスコから 7.3 g（91％）の環状高分子が合成できる．

3　3分子連結

松下らは，線状の ABC トリブロックコポリマーと，それと同じ組成をもつ星形の ABC トリブロックコポリマーをそれぞれを合成し，相分離構造が高分子のトポロジーに大きく依存することを報告している〔図 11-7(a)〕[14, 15]．もしこのような同組成の高分子のトポロジーを（可逆的に）変換できるならば，新しいタイプの刺激応答性高分子が生まれる．高分子鎖をロタキサン連結すればそれは達成できる．AB ジブロックコポリマーの B 成分上の輪成分に高

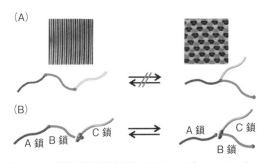

図 11-7　線状-星形（分岐型）ABC トリブロックコポリマーのモルフォロジーと可逆トポロジー変換

分子鎖 C を導入して得られる線状 ABC トリブロックコポリマーの輪成分を B 鎖の逆末端に移動させると，ABC 星形トリブロックコポリマーへ変換できた〔図 11-7(b)〕．

具体的な分子構造を図 11-8 に示す．同一高分子鎖の線状-星形トポロジー変換システムを参考に，三官能性ロタキサンの A および B 成分としてポリδ-バレロラクトン鎖とポリエチレングリコール鎖を，B 成分上の輪成分に C 成分としてポリスチレン鎖を導入し，星形（分岐型）ABC トリブロックコポリマーを合成した．二級アンモニウム部位をアセチル化し相互作用を切断すると，輪成分は次に相互作用の強いウレタン結合部位へ移動し，分子トポロジーは線状となった[14]．この系では明確なモルフォロジー変化の確認は困難であったが，より分子量の高い三つの成分をもつ系において，明確なトポロジー変化に伴うモルフォロジー変化が見いだされている．

4　多重連結

高分子鎖のロタキサン型多重連結では架橋点における高分子鎖の可動性により特異な物性が生まれる．筆者らは，貫通している軸成分に重合性ビニル基をもつことを特徴とするロタキサン型架橋剤を合成した（図 11-9）[16〜19]．A シリーズは輪成分としてシク

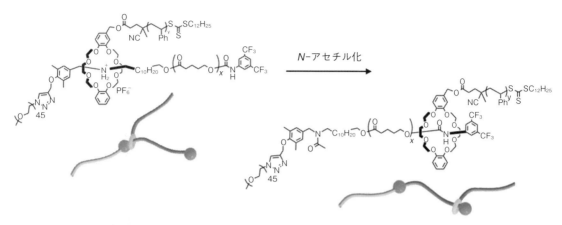

図 11-8 ロタキサン構成成分間の相互作用変換による ABC トリブロックコポリマーの星形(分岐型)-線状トポロジー変換

(a) ビニル型超分子(擬ロタキサン型)架橋剤

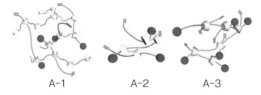

(b) ビニル型ロタキサン架橋剤

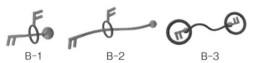

図 11-9 ロタキサン軸成分にビニル基をもつ各種超分子架橋剤

ロデキストリン(CD)をもつもので，複数のマクロモノマーと CD から成る超分子架橋剤である．つまり，擬ロタキサン構造をもち，架橋剤自身が架橋構造をもつ「架橋された架橋剤」である．B シリーズは，輪成分と軸成分の両方に重合性ビニル基をもつロタキサン架橋剤である．B-3 は類似のロタキサン架橋を与えるが，架橋様式は異なる．

一例として，ポリ THF 型マクロモノマーと γ-CD から合成した超分子架橋剤(図 11-9, A-3, 0.1 mol%)と N,N-ジメチルアクリルアミド(DMAAm)のラジカル共重合により得られるヒドロゲル(RCP_D)を挙げる(図 11-10)[19]．比較のため N,N'-メチレンビスアクリルアミド(BIS)を架橋剤として共有結合型架橋のヒドロゲル(CCP_D)を合成し，それらのゲルフィルムを用いて力学物性を比較した．

その結果，図 11-11 に示すように，ロタキサン架橋型ヒドロゲル RCP_D は，マクロモノマーの重合度(RCP_{Dn}: n = 15, 35, 70)によらず，共有結合型架橋剤(BIS)により得られる CCP_D に比べて延びと応力

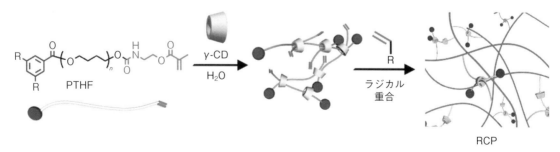

図 11-10 ポリ THF 型マクロモノマーと γ-CD からの超分子架橋剤の合成，およびそれを用いるロタキサン架橋高分子 RCP の合成

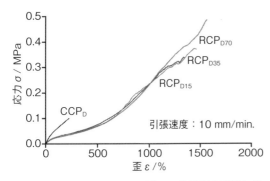

図 11-11　DMAAm ヒドロゲルの架橋剤の構造に依存した力学物性（S-S 曲線）

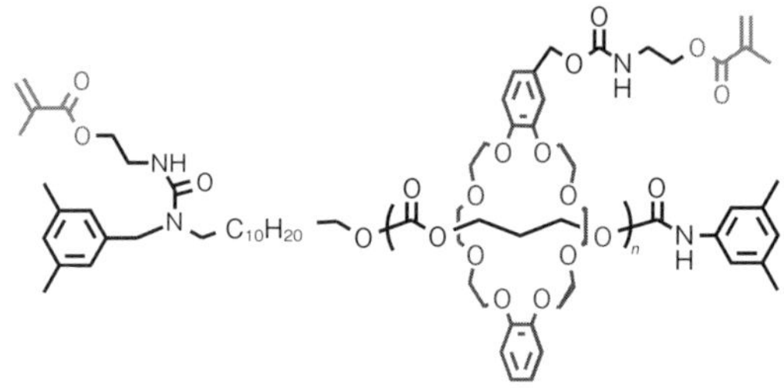

図 11-12　ロタキサン架橋剤の分子構造

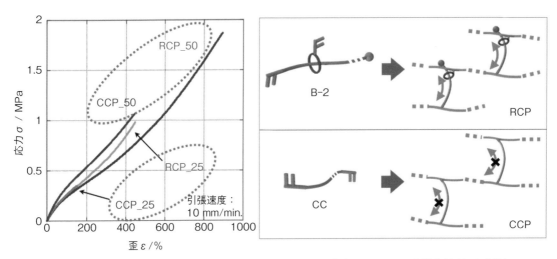

図 11-13　ロタキサン架橋剤および共有結合架橋剤を用いて合成した RCP の力学物性（S-S 曲線）

の両方に優れ，格段に大きな破断エネルギーをもつことがわかった[19]．

一方，エラストマーにおいてもロタキサン架橋による同様の顕著な強靱化効果が認められている．すなわち，図 11-12 に示す B-2 タイプのロタキサン架橋剤（0.5 mol %，$n = 25, 50$）存在下での n-ブチルアクリレートのラジカル重合によりエラストマーフィルム（RCP_25，RCP_50）を作製し力学物性を評価した結果，いずれも共有結合型架橋剤で合成したエラストマーフィルム（CCP_25，CCP_50）に比べて高い伸びと応力が観測された（図 11-13）[20, 21]．

また，軸成分高分子の重合度（n，図 11-12）が 50 のほうが 25 の場合よりもより強靱な架橋体を与え

ることから（図 11-13），輪成分の可動域の大きな架橋構造が強靱化に寄与していることがわかる．

図 11-13 の架橋構造式に示すように，CCP の共有結合架橋とは異なり，RCP では架橋がロタキサン架橋となっているため，架橋剤を構成する高分子鎖の可動性が大きく，それによる応力集中回避がバルクでの強靱化につながっているものと考えられる．

5　まとめと今後の展望

ここまで述べてきたように，ロタキサン型超分子構造を高分子鎖の連結点にもつトポロジカルポリマーでは，その高分子鎖の可動性により高分子トポロジーの可逆的変換という共有結合分子では達成不

可能な機能をもたせることが可能となった．一方，ロタキサン架橋高分子系では，その高分子鎖の可動性を応力集中の回避に利用できることがわかり，架橋高分子の強靱化が達成された[21〜23]．このように，ロタキサン構造と高分子鎖の連結を活用することで，さまざまな動的高分子システムを生み出すと期待され，とくにゴムやエラストマーといったソフトマテリアルの世界に新たな素材を提供できる可能性がある．ロタキサンという超分子と高分子を組み合わせた超分子ポリマーの応用はさらに広がるものと期待される．

◆ 文 献 ◆

[1] T. Takata, *Bull. Chem. Soc. Jpn.*, **92**, 409 (2019).

[2] D. Aoki, T. Takata, *Polymer*, **128**, 276 (2017).

[3] T. Takata, D. Aoki, *Polym. J.*, **50**, 127 (2018).

[4] T. Takata, *Polym. J.*, **38**, 1 (2006).

[5] C. J. Bruns, J. F. Stoddart, "The Nature of the Mechanical Bond: From Molecules to Machines," Wiley (2017).

[6] T. Ogawa, D. Aoki, S. Uchida, K. Nakazono, T. Takata, *Chem. Commun.*, **52**, 5606 (2015).

[7] T. Ogawa, K. Nakazono, D. Aoki, S. Uchida, T. Takata, *ACS Macro Lett.*, **4**, 343 (2015).

[8] S. Valentina, T. Ogawa, K. Nakazono, D. Aoki, T. Takata, *Chem. Eur. J.*, **22**, 8759 (2016).

[9] D. Aoki, G. Aibara, S. Uchida, T. Takata, *J. Am. Chem. Soc.*, **139**, 6195 (2017).

[10] Y. Abe, H. Okamura, K. Nakazono, Y. Koyama, S. Uchida, T. Takata, *Org. Lett.*, **14**, 4122 (2012).

[11] N. Zhu, K. Nakazono, T. Takata, *Chem. Commun.*, **52**, 3647 (2016).

[12] D. Aoki, S. Uchida, T. Takata, *Angew. Chem. Int. Ed.*, **54**, 6770 (2015).

[13] H. Sato, D. Aoki, T. Takata, *ACS Macro Lett.*, **5**, 699 (2016).

[14] Y. Mogi, M. Nomura, H. Kotsuji, K. Ohnishi, Y. Matsushita, I. Noda, *Macromolecules*, **27**, 6755 (1994).

[15] A. Takano, S. Wada, S. Sato, T. Araki, K. Hirahara, T. Kazama, S. Kawahara, Y. Isono, A. Ohno, N. Tanaka, Y. Matsushita, *Macromolecules*, **37**, 9941 (2004).

[16] T. Arai, K.Jang, Y. Koyama, S. Asai, T. Takata, *Chem. Eur. J.*, **19**, 5917 (2013).

[17] K. Iijima, D. Aoki, H. Sogawa, S. Asai, T. Takata, *Polym. Chem.*, **7**, 3492 (2016).

[18] K. Jang, K. Iijima, Y. Koyama, S. Uchida, S. Asai, T. Takata, *Polymer*, **128**, 379 (2017).

[19] K. Iijima, D. Aoki, H. Otsuka, T. Takata, *Polymer*, **128**, 392 (2017).

[20] J. Sawada, D. Aoki, S. Uchida, H. Otsuka, T. Takata, *ACS Macro Lett.*, **4**, 598 (2015).

[21] J. Sawada, D. Aoki, T. Takata, *Macromol. Symp.*, **372**, 115 (2017).

[22] J. Sawada, D. Aoki, M. Kuzume, K. Nakazono, H. Otsuka, T. Takata, *Polym. Chem.*, **8**, 1878 (2017).

[23] J. Sawada, D. Aoki, H. Otsuka, T. Takata, *Angew. Chem. Int. Ed. Engl.*, **58**, 2765 (2019).

Chap 12

トポロジカルゲル(環動ゲル)の合成，物性と応用

Synthesis, Physical Properties, and Application of Topological Polymer Gel (Slide-Ring Gel)

伊藤 耕三
(東京大学大学院新領域創成科学研究科)

Overview

代表的なトポロジカル超分子であるポリロタキサン中の環状分子を架橋したトポロジカルゲルは，架橋点が自由に動くことから環動ゲルとも呼ばれる．環動ゲルは，滑車効果と環のエントロピーという通常の高分子材料にはない特徴をもつことから，低ヤング率，高伸長，低ヒステリシス，スライディング転移などの特異な力学特性を示す．とくに，環状分子にグラフト鎖を修飾して架橋した環動高分子は，無溶媒下でも架橋点が動くため，さまざまな高分子材料に環動ゲルの特徴をもたらすことができる．たとえば環動ゲルの構造をコーティング材料に応用すると顕著な耐傷特性を示し，これは自己修復性塗膜として実用化されている．

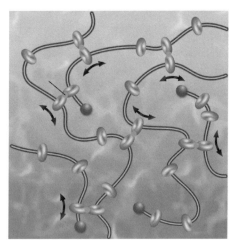

▲架橋点が自由に動くトポロジカルゲル(環動ゲル)の模式図[カラー口絵参照]

■ KEYWORD ロマークは用語解説参照

- ■トポロジカル(topological)
- ■ゲル(gel)
- ■架橋(cross-link)
- ■シクロデキストリン(cyclodextrin)
- ■エントロピー弾性(entropic elasticity)
- ■自己修復性(self-healing)
- ■自己組織化(self-assembling) ロ

はじめに

超分子化学のなかでも，幾何学的に拘束された分子から構成されているトポロジカル超分子は最近とくに大きな注目を集めている．その典型的な例が，線状高分子が多数の環状分子を貫き，さらに環状分子が抜けないように大きな分子で高分子の両末端を留めたポリロタキサン構造である．1990年ころに原田らは，α-シクロデキストリン(CD)とポリエチレングリコール(PEG)を水溶液中で混合すると自己組織的に多数のα-CDとPEGが包接錯体を形成することを発見し，さらにその両末端を大きな分子で封止したポリロタキサンの合成に成功した[1]．

筆者らは，2000年ころにポリロタキサン構造を利用して，従来とはまったく異なる架橋高分子材料を合成した[2]．具体的には，まず高分子量のPEGを用いてα-CDがすかすかに入ったポリロタキサンを合成してから，異なるポリロタキサン上のα-CDを化学的に架橋することで，ハの字状の架橋点が自由に動く高分子材料を作成し，これをトポロジカルゲル(Topological Gel)または環動ゲル(Slide-Ring Gel)と名づけた．このような，架橋点が自由に動く高分子材料は，1999年にde Gennesがsliding gelと名づけて理論的に考察した例があるのみで[3]，概念としても新しく，日米中欧で物質に限定されない基本特許が成立済みである．1839年にGoodyearによる化学架橋の発見以来，架橋高分子材料については，架橋点が固定していることを前提として，膨大な研究が実験，理論の両面で行われてきた．しかし2000年になって架橋点が自由に動く材料がはじめて登場すると，架橋高分子材料に関するこれまでの常識が次つぎと塗り替えられてきている．本章では，環動高分子の合成，物性，耐傷性塗膜としての特性などを紹介する．

1 環動ゲルの合成

環動ゲルの原料としては，軸分子にPEG，環状分子にα-CD，キャッピング分子としてアダマンタンを用いたポリロタキサンが，現在のところ収率などの点で最も優れており，量産化が進んでいる．環動高分子材料の特性を発揮させるためにはCD環が長い距離を動けるほうが有利なので，軸分子はなるべく長く，また包接するCDの数は少ないほうが好ましい．一例として分子量35,000程度のPEGを軸とし，90〜100個のCDを包接した試料[4]などがよく用いられるが，ほかにもさまざまな合成例が報告されている．また，ポリロタキサン中のCD数の制御もある程度可能であり，ポリロタキサンおよび環動高分子材料の構造や物性は，CDの包接率によって大きく変化することがわかっている．

このようにして得られたPEG/CDのポリロタキサンはCD間の強い分子内，分子間水素結合のため，水や大半の有機溶媒には溶解しない．ポリロタキサンの良溶媒としてはこれまでに，DMSO，NaOH水溶液，Li塩を含むDMAcやDMF，環状アミンオキシド，$Ca(SCN)_2$水溶液，イオン液体などの特殊な溶媒が報告されている[5]．このポリロタキサンの溶解性の問題はCDの修飾によって劇的に改善され，ポリロタキサン誘導体は水やアセトン，トルエン，クロロホルム，酢酸ブチルなどへも溶解可能である．ポリロタキサンの架橋には，未修飾の場合には水酸基同士の架橋剤，誘導体の場合にはそれ以外の架橋剤あるいは光などが利用できる．一方，環動高分子材料の軸高分子としては，PEG以外のさまざまな高分子が利用可能である．実際に筆者らは，軸高分子にポリシロキサンあるいはポリブタジエンとγ-CDを用いた環動高分子材料や，PEGとPPGのブロックコポリマーとβ-CDを用いた環動高分子材料の合成に成功している[6]．

2 滑車効果と環のエントロピー

環動高分子が従来の高分子材料と根本的に異なる点として，架橋点の可動性による滑車効果と環のエントロピーの二つが挙げられる[7]．環動高分子に含まれる軸高分子は，架橋点を自由に通り抜けることができるため，力学的には高分子は1本のままとして振る舞うことができる．この協調効果は1本の高分子内にとどまらず，架橋点を介してつながっている隣り合った高分子同士でも有効なため，高分子材料全体の構造および応力の不均一を分散し，高分子の潜在的強度を最大限に発揮することが可能と考え

られる．架橋点が滑車のように振る舞っていることから，この協調効果は滑車効果と呼ばれる[2]．滑車効果は，軸高分子の架橋点間距離の不均一性を解消し，低ヤング率や優れた伸長性などの原因となっている．

環動高分子のもう一つの重要な特性が環のエントロピーである[7]．ポリロタキサンには，軸高分子の形態エントロピーと環状分子の配置エントロピーの二つのエントロピーが存在する．任意の高分子形態において環状分子は任意の配置を取れるので，ポリロタキサンでこの二つのエントロピーは，ほとんど独立に振る舞う．ところが架橋して環動高分子になると状況は大きく変化し，二つのエントロピーが結合してキャッチボールを始める．よく知られているように，高分子の形態エントロピーはゴム弾性（エントロピー弾性）の原因となることから，環動高分子では環のエントロピーが紐のエントロピーを通じて力学物性などに大きな影響をもたらすことになる．

その結果として環動高分子のダイナミクスをまとめると，図 12-1 のようになる．すなわち，低温・高周波では高分子のミクロブラウン運動と環状分子のスライディング運動はともに凍結しており，ガラス状態を示す．温度の上昇あるいは周波数の低下に伴い，高分子のミクロブラウン運動によってガラス転移を経て，いわゆるゴム弾性が現れる（ゴム状態）．このとき滑車効果はまだ働いておらず，高分子は架橋点をすり抜けていない．すなわち，通常のゴムや化学ゲルと同様に，架橋点は固定された状態にある．さらに温度が上がるか周波数が下がると，今度は滑車効果が働いて高分子が架橋点を自由にすりぬけるようになり，ゴム弾性が消失して，スライディング運動によるスライディング弾性が現れる（スライディング状態）．これはちょうど，未架橋の高分子が絡み合っているときにはゴム平坦領域を示すのに対して，絡み合いがほどけると流動することに対応する．このようにゴム弾性からスライディング弾性に変化することを，スライディング転移と呼ぶ．

最近筆者らは，実際にいくつかの軸高分子の異なる環動高分子材料でスライディング転移の観測に成功した[8]．転移の緩和時間は，架橋点間分子量の三乗に比例しており，これはレプテーションモデルで最長緩和時間が高分子の全長の三乗に比例することとよく似ていた．環動高分子の場合，高分子全体の拡散は両末端のストッパーによって抑えられているので，最長の緩和モードは架橋点間での分子拡散ということになる．これが，スライディング転移の緩和時間が架橋点間分子量の三乗に比例する原因であると考えている．また，簡単な理論モデルに基づいてスライディング弾性を計算して求めたところ，弾性率は環状分子の包接率にほぼ比例するという結果

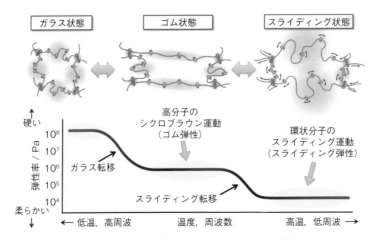

図 12-1 環動高分子のダイナミクスの模式図
自由な環状分子の運動が新しいエントロピー弾性を生み出すため，架橋密度だけでなく包接率が環動高分子の力学特性に影響を与える．

が得られた[9].

3 環動高分子を用いた自己修復材料

人間や動物は生まれながらにして自然治癒力をもっており，病気やけがなどをしたとき，とくに手を施さなくても自然にもとのように治る．このような自己修復性を人工的な材料でも実現する試みは，金属，セラミック，コンクリート，高分子，生体材料など，幅広い分野で古くから行われている．外部環境の影響により劣化したり損傷を受けたりしても，それが自発的に回復してくれれば，補修やメンテナンスの手間を大幅に軽減でき，また材料自体を長期間使用できるようになるため，材料の使用量を低減することが可能となり，経年劣化のコストを低減するという経済的メリットも期待できる．とくに構造材料や建材をはじめとした耐久性を必要とする分野での需要が高い．

近年，省資源や省エネルギーに対する意識の高まりとともに，高分子材料の分野においても，自己修復性材料の研究・開発がますます盛んになってきている．その代表的な方法は，高分子のなかに特異的な反応をする分子骨格を組み込んでおくというものである[10]．材料が損傷を受けたり破壊されたりしても，熱や光などの外部刺激によってその部位が活性化されたり，あるいは自発的に結合，解離を繰り返したりする化学種を用いることによって，破断した部位を互いに結合させて高分子のネットワークを再構築し，材料の修復を実現することができる．そのほか，可逆的な水素結合やイオン結合[11]を利用するものや，環状分子と低分子との自己組織的な包

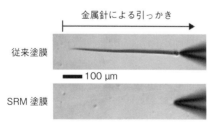

図12-2 塗膜の傷つき性を比較した顕微鏡像
従来塗膜(上)とSRM塗膜(下)を，連続的に荷重を増加させながら金属針で引っかいた直後の様子．従来塗膜では傷が残るのに対し，SRM塗膜では傷は直ちに回復している．

接・解離挙動を利用したもの[12]など，多岐にわたる方法が現在までに提案されている．環動高分子を塗膜として用いたSRM(Slide-Ring Materials)塗膜は，顕著な耐傷性や耐剝離性を示すことが明らかになってきており，現在，民間企業と共同で，自動車や電子機器をはじめとしたさまざまな分野への応用が盛んに検討されている．

従来型のアクリル-ウレタン系塗膜とSRM塗膜に対し，先端径10 μmの金属針によって連続的に荷重を増加させながら引っかき傷をつけ，その回復過程を調べる試験を行った．図12-2は，引っかいた直後の様子を比較した顕微鏡像である．従来塗膜には，肉眼ではほとんど目立たないうっすらと細くて白い筋程度だが，顕微鏡で見ると，くっきりとした傷痕が残っている(図12-2 上)．従来塗膜は移動する針の先端で削り取られており，引っかいた部分は完全に破壊されているため，傷はもとには戻らない．一方，SRM塗膜の観察像では顕微鏡で見ても傷が残っていない．塗膜を引っかく過程を観察したところ，金属針が接触したときには塗膜が変形し，周囲に応力を分散している様子が見られた．つまりSRM塗膜では，引っかいても塗膜自身の破壊が起こることなく，ただ単に変形するのみであり，時間が経過すると変形が回復し，傷痕は残らない．

メラミン系やアクリル系などの従来塗膜は，化学的な共有結合により架橋点が固定された高分子のネットワークでできており，架橋点間分子量は一般に不均一である．外力が加わると短い高分子の部分に力が集中するため，そこから破壊が進行し，結局，材料は高分子の強度をすべて生かし切ることなく破壊してしまう．一方SRM塗膜では，外部から力が加わっても，滑車効果により力が一部分に集中することなく高分子鎖に均等に分散される．すなわち，材料内の高分子鎖の強度を最大限に生かせる構造となっているため，柔軟性に優れ，壊れにくい．外力によって変形はするが，破壊や塑性変形に至るほどでなければ，時間の経過とともにもとの形状に回復する．

以上のように，SRMでは材料内部にかかる応力を分散する仕組みを，超分子ネットワーク構造を導

入することによって実現しており、それによって耐傷性や自己修復性が発現される。

4 おわりに

環動ゲルの材料としての最大の特徴は、構成成分がほとんど液体でありながら液体を保持し固体（弾性体）として振る舞う点である。従来の化学ゲルの材料設計では、高い液体分率と機械強度は相反するベクトル軸を形成していた。これに対して環動ゲルは、可動な架橋点を導入することで高分子を最大限に効率よく利用することにより、従来のゲル材料では実現不可能であった高い液体分率と機械強度を両立させることが可能である。以上のような理由から、環動ゲルの応用先としては、ゲルのさまざまな分野に及ぶと考えられている。

とくにポリエチレングリコールとシクロデキストリンから成る環動ゲルは、生体に対する安全性が高く、生体適合材料・医療材料分野や化粧品分野への応用が期待されている[13]。

◆ 文 献 ◆

[1] A. Harada, J. Li, M. Kamachi, *Nature*, 356, 325 (1992).

[2] Y. Okumura, K. Ito, *Adv. Mater.*, 13, 485 (2001).

[3] P. G. de Gennes, *Physica A*, 271, 231 (1999).

[4] J. Araki, C. Zhao, K. Ito, *Macromolecules*, 38, 7524 (2005).

[5] J. Araki, K. Ito, *Soft Matter*, 3, 1456 (2007).

[6] K. Kato, H. Komatsu, K. Ito, *Macromolecules*, 43, 8799 (2010).

[7] K. Ito, *Poly. J.*, 44, 38 (2011).

[8] K. Kato, K. Ito, *Soft Matter*, 7, 8737 (2011).

[9] K. Mayumi, M. Tezuka, A. Bando, K. Ito, *Soft Matter*, 8, 8179 (2012).

[10] X. Chen, M. A. Dam, K. Ono, A. Mai, H. Shen, S. R. Nutt, K. Sheran, F. Wudl, *Science*, 295, 1698 (2002).

[11] T. L. Sun, T. Kurokawa, S. Kuroda, A. B. Ihsan, T. Akasaki, K. Sato, M. A. Haque, T. Nakajima, J. P. Gong, *Nat. Mater.*, 12, 932 (2013).

[12] A. Harada, R. Kobayashi, A. Hashizume, H. Yamaguchi, *Nat. Chem.*, 3, 34 (2011).

[13] K. Mayumi, K. Ito, K. Kato, "Polyrotaxane and Slide-Ring Materials," Royal Society of Chemistry (2015).

Chap 13

水素結合を活用した超分子材料の合成と機能
Syntheses and Functionalization of Hydrogen-Bonded Supramolecular Materials

加藤 隆史　山口 大輔
(東京大学大学院工学系研究科)

Overview

生体のシステムは，分子間の相互作用を巧みに利用し，多様な分子が互いに協調し合うことにより，動的かつ柔軟な超分子秩序構造をつくり出し，きわめて高い機能を発揮している．これらのシステムの構造や仕組みを人工分子に取り入れようとして，超分子化学は1960年代後半から溶液系において発展し，新たな超分子材料の化学として結晶，さらには液晶，高分子へと展開していった．本章では，近年の超分子材料や超分子ポリマー研究の源流となった水素結合を活用する材料設計が提案・展開されはじめたころ，とくに1980年代後半から2000年代初頭における超分子集合体および超分子材料の化学を中心に述べる．

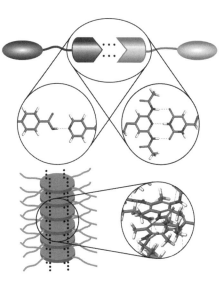

▲超分子ポリマーの分子間水素結合様式の例：クローズド型とオープン型

■ **KEYWORD** 📖マークは用語解説参照

- 水素結合(hydrogen bonding)
- 非共有結合(non-covalent bonding)
- 分子間相互作用(intermolecular interaction)
- 自己集合(self-assembly)
- 超分子集合体(supramolecular assembly)
- 相分離(phase separation)📖
- 液晶(liquid crystal)
- ゲル化剤(gelator)

はじめに

人類は長年，生物が生み出す高分子であるセルロースなどを，その結晶性・配列性を利用して繊維として衣服などに活用してきた．また近代に入ると，共有結合から成る三次元網目構造を形成するメラミン樹脂などを安定な絶縁性電子材料として用いるようになった．このような構造材料は，分子が共有結合でつながった高分子である．これと対極にあるのが，非共有結合が決定的な役割を果たす生体システムである．

1950 年代の DNA の二重らせんの発見により，生命現象の分子レベルでの理解がはじまり，1960 年後半以降，超分子化学の考えが興り発展してきた．生命現象を分子で語ることができるようになり，化学と生命の融合領域が広がってきた．その一つが 1987 年にノーベル賞が与えられた高選択的に構造特異的な相互作用を示す超分子の開発と応用である．それ以降，さまざまな系が報告されている．初期は主として，溶液系や結晶系において，その分子間での相互作用の研究が進められてきた．材料化学に展開したパイオニアの例として，加藤および Fréchet[1] や Lehn ら[2] による超分子液晶・超分子ポリマー，原田および蒲池らによる超分子ポリマー[3] が挙げられる．これらの研究では，非共有結合を巧みに利用することで，これまでの分子材料では成し得なかった機能や構造・配列を実現する可能性を示し，大きな注目を集めた．

ここでは，おもに筆者らの初期の研究について，現在の超分子材料の基盤となっている，1980 年代から 2000 年代初頭における，水素結合を利用した選択的で指向性の高い相互作用の設計と超分子秩序構造の構築のいくつかの例について述べる．

1 超分子集合体の合成と階層的秩序構造の形成

分子間水素結合を積極的に分子設計に取り入れることで，柔軟でダイナミックな機能発現が見いだされている．図 13-1 に二つの水素結合様式を示した．特異的で指向性の高い少数の分子から成るクローズド型〔図 13-1（a）〕[1,2,4,5]と，多数の分子が一次元状につながったりネットワークを構築したりするオープン型〔図 13-1（b）〕[6] である．

1989 年に加藤および Fréchet，Lehn らにより独立に報告された超分子液晶が挙げられる[1,2]．たとえば，図 13-1(a)に示したような組み合わせの異種分子を混ぜ合わせると，選択的かつ相補的な超分子構造 **1** が形成され，それぞれ単独のときとはまったく異なる相挙動を示す物質をつくり出すことができる（クローズド型）[1]．また，松永らにより開発されたフェニルアミド **2** が連続的な水素結合を形成する液晶材料は，オープン型のパイオニア的な仕事といえる〔図 13-1（b）〕[6]．このような超分子的な分子設計をソフトマテリアル設計に組み込むと，動的性質，すなわち，結合のオンとオフや組み換えが可能となり，材料化学と超分子化学を融合する試みが進められた[7]．

クローズド型の水素結合を使った超分子ポリマー

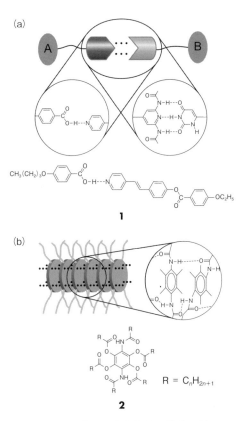

図 13-1 分子間水素結合の様式の例
(a)クローズド型, (b)オープン型

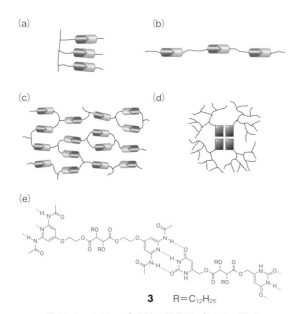

図 13-2　クローズド型の超分子ポリマー様式
(a)側鎖型，(b)主鎖型，(c)ネットワーク型，(d)デンドリマー型，(e)主鎖型超分子ポリマー．

として，側鎖型[4]，主鎖型[5]，ネットワーク型，デンドリマー型などのタイプが報告されている〔図13-2(a-d)〕[7]．分子間の相互作用による超分子構造は，適切に分子設計を行い，複数の分子を有効に組み合わせることで，その構造を安定化させることができる．たとえば，Lehnらによる主鎖型の超分子ポリマー **3** は，異なる分子を混ぜ合わせるだけで自発的に1本の高分子のような超分子ポリマーを形成し，秩序をもった構造をつくる〔図13-2(e)〕[5]．これらの超分子液晶構造は室温から高温まで安定に維持される．共有結合(約 400 kJ/mol)より弱い水素結合のような非共有結合(約 10〜50 kJ/mol)も，分子のおかれた環境により，安定な秩序をもった超分子構造を自己組織化プロセスにより形成させることができる．

この発展形として，Meijerらは，希薄溶液中およびバルク中での主鎖型の超分子ポリマーの形成を報告している[8]．オープン型の超分子ポリマーについては，英らにより分子間水素結合を鎖状に形成してナノファイバーを形成するゲル化剤が開発されている[9]．英らはアミノ酸やシクロヘキサン骨格をもつゲル化剤や2成分型のゲル化剤など多様な水素結合様式の一次元状集合体を先駆的に報告している．これらの研究を契機に水素結合性超分子ポリマーの研究が溶液系にも拡大され，さまざまな機能性ナノファイバーの研究が進められているが，本章では初期の研究紹介にしぼるため，割愛させていただく．

2　超分子集合構造の動的制御

安定な超分子秩序構造の発現に加え，さらに適当な条件に従って可逆的に複合化したり解離したりする初期の例を紹介する．図13-3に示した，層状の液晶秩序をもつ超分子ポリマーネットワーク **4** は，昇温・降温の繰り返しにより，水素結合の一部が可逆的に形成・解離して，層状の秩序構造とランダムな無秩序構造とを可逆的に転移させることができる[10]．このようなネットワーク構造が共有結合から成る場合，系は不溶不融となり，このような可逆的な構造変化を示すことはない．これは水素結合の動的な特性を利用して，熱的に構造のオン・オフを制御した例である．最近では，Broerなどにより，水素結合で架橋された超分子ポリマーを用いた，湿度や光に応答してダイナミックに変形する，アクチュエータやセンサーとして期待される超分子フィルムや，超分子水素結合を鋳型に利用したナノサイズの穴をもつ材料の開発が行われている[11]．

さらに，二つの安定な異なる水素結合状態を，分子や環境などの外的な刺激への応答により動的に変化させることも，新たな機能性超分子材料における

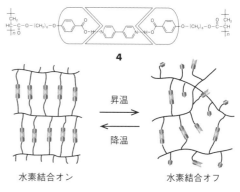

図 13-3　熱による水素結合のオン・オフによる動的な超分子ネットワーク

| Part II | 研究最前線 |

✦ COLUMN ✦

★いま一番気になっている研究者

矢貝 史樹
（日本・千葉大学 教授）

　矢貝教授は，初期に先駆者らにより報告されたπ共役分子や色素分子に多重の相補的水素結合を組み合わせ，階層的な自己組織化構造を形成させることで，ユニークなナノ構造体や液晶などのソフトマテリアル開発を行っている．メラミン誘導体とバルビツール酸誘導体をおもに活用した超分子構造体に関する研究を 2000 年代中盤から報告している〔*Chem. Eur. J.*, **12**, 3984 (2006), *Angew. Chem., Int. Ed.*, **47**, 4691 (2008), 総説；*Chem. Commun.*, **53**, 9663 (2017)〕．相補的な分子間水素結合から成る会合体がおりなす超分子集合構造を，一つ一つ丁寧に紐解きながら，その階層構造を分子レベルまで解明していくことで，その分子デザインを精緻化している．その結果，リング状のナノ会合体やナノコイルなど，独特な構造体を作製することに成功している．さらに，近年では光に応答してナノコイルがほどけたり，ナノリングが開いて伸びたりと，ダイナミックにナノ構造体が変化する分子材料を生み出している〔*Acc. Chem. Res.*, **52**, 1325 (2019)〕．一つの分子システムをとことん追求し，深く掘り下げていくことで新しい現象を見つけ出そうとする研究スタイルとその継続によって，独自の分野となりつつある．

強力なアプローチの一つとなっている．筆者らが目をつけたのは，生体分子である葉酸である．葉酸はDNA などと相互作用することができ，細胞分裂に必須のビタミンとして知られている．葉酸の興味深い特性として，水素結合が直線的に連なったリボン状と円形に閉じたディスク状との 2 通りの水素結合パターンを形成できる点が挙げられる．この二つの状態を外部からの異なる刺激により形成させた，すなわち分子全体の超分子集合構造を制御した例を紹介する．葉酸のグルタミン酸部位に 4 本の長鎖アルキル基を導入した葉酸誘導体 **5a–c** を設計・合成した〔図 13-4(a)〕[12,13]．**5b** は単体ではリボン状の水素結合パターンから成る層状の集合構造を形成する．ここで，分子刺激としてナトリウム塩（$NaOSO_2CF_3$）を存在させたところ，混合体はディスク状四量体からなるカラム状集合体を形成した〔図 13-4(b)〕．一方，より長いアルキル鎖をもつ **5c** はイオン添加なしでカラム状集合体を形成し，より短いアルキル鎖をもつ **5a** はイオンを添加してもリボン状から成る層状構造を維持した．**5b** の場合は，ナトリウムイオンと**5b** のカルボニル基などとのあいだのイオン–双極子相互作用が駆動力となり，ディスク状構造へと変化したと考えられる．分子間水素結合やイオン–双極子相互作用，アルキル鎖同士の疎水性相互作用などをトータルとして理解・制御していくことが，分子の集合状態を自在に操るために必要であるといえる．連続的な水素結合パターンについては Whitesidesらの例が代表的である[14]．水素結合を利用した階層的な超分子ポリマー構造と刺激応答性については，最近，矢貝らにより研究されている[15,16]．

③ 超分子集合体のダイナミックな機能の制御

　分子間相互作用を制御することにより，超分子集合体のねじれ（キラリティ）をダイナミックに制御した筆者らの初期の研究を紹介する[17]．生体は右手と左手のような鏡像の関係であるキラリティを厳密に制御することで，さまざまな機能を発現している．キラリティの認識やキラルな構造体の構築は，新たな材料開発において重要な課題の一つである．筆者らはイオン添加刺激と溶媒環境を検討し，分子間のイオン–双極子相互作用と疎水性相互作用を操ることで，超分子キラリティを制御することに成功している〔図 13-4(a, c)〕．葉酸部位にさらに L 体と D 体のグルタミン酸をそれぞれ階層的に結合させた立体構造の異なる分子 **6a–c** は，極性溶媒のクロロホ

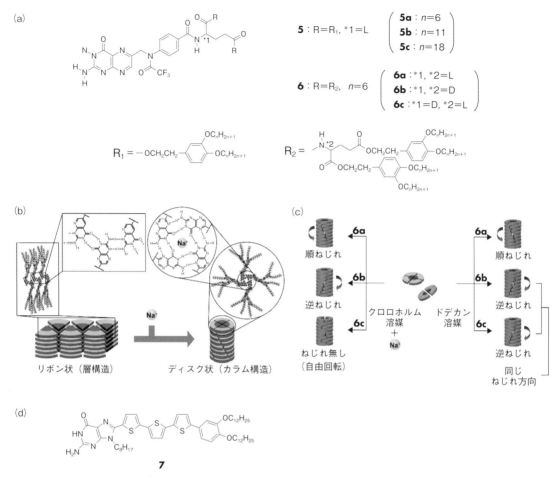

図13-4 葉酸誘導体の分子構造(a)，**5b** の分子刺激による水素結合パターンの動的な変化と集合構造制御(b)，分子刺激と溶媒環境による超分子ねじれ構造の制御(c)，グアニン誘導体の分子構造(d)

ルム溶媒中ではどれも超分子ねじれを生じないが，イオンを加えることで，**6a** と **6b** は互いに逆向きの超分子ねじれ構造を形成する．一方，**6c** はイオンの添加後も超分子キラリティを発現しない．とろが，溶媒を非極性の炭化水素系溶媒であるドデカン($C_{12}H_{26}$)に変えると，化合物 **6a–c** はすべて，イオン添加なしで超分子ねじれ構造もつカラム状集合体を形成する．これは溶媒と化合物の疎水性相互作用が，水素結合部位同士の相互作用を強め，安定で密なカラム構造の形成を促すためである．さらに，**6c** は **6b** と同じ方向の超分子ねじれ構造を形成しており，これらの分子はともに内側にD体のグルタミン酸部位をもつから，この系では，より内側のキラル情報がカラム全体の超分子キラリティを決定しているという知見も得られている．一次元状分子集合体の溶媒環境と超分子キラリティの関係は，Meijerらによって近年盛んに研究されている[18]．分子レベルのキラリティをつくり分ける合成手法開発だけでなく，分子集合体の超分子キラル構造を外界からの刺激や環境により精密につくり分け，さらに動的に変化させる手法開発はさまざまな可能性をもつ．

外部刺激による超分子構造の変化は，分子間相互作用の変化を伴うことが多い．分子材料の機能，とくに光・電子機能は，わずかな分子の重なりの変化に鋭敏に応答する．最近，筆者らはグアニン誘導体

7について，カリウム塩の添加によって水素結合様式が切り替わり，発光色の変化を伴いながら超分子構造が変化することを報告している〔図13-4(d)〕[19]．また，松永らや英らのオープン型の水素結合を発展させることで[6,9]，機械的刺激や熱的刺激により分子間水素結合の変化とともに集合構造が変化し，発光色が変化する例も報告している[20]．このように，さまざまな分子間相互作用が競合するなかで，外界からの刺激による超分子構造の動的な組み換えを行うことで，ほかにも電荷輸送特性などのさまざまな機能を制御・切り替えることが可能である[16]．

4 液晶分子と水素結合性ファイバーの複合化による自己組織化システムの構築

これまで，分子間の相互作用を活用して超分子集合体の構造・機能を制御した一相系の例を示してきた．これに対して生体は，複数の超分子システムが複雑に相互作用することで高度な機能を発現している．つまり異なる超分子材料を複合化することで，相乗効果によりさらなる機能を発揮させることができる．ここでは機能性材料である液晶を溶媒環境として活用して，超分子集合体の複合的な機能の開発を試みた成果を示す[21]．

筆者らは，英らにより報告されているシクロヘキサン骨格をもつ低分子ゲル化剤 8 [9] を基盤に，光に応答して構造を変えるアゾベンゼン部位を導入したキラルなゲル化剤分子 9 を設計し，液晶分子 10 と複合化した〔図13-5(a)〕[22]．ゲル化剤分子 9 を液晶 10 中で加熱後冷却すると，水素結合を介して一次元状の超分子構造となり，繊維状の集合体を形成する〔図13-5(b)左上→右上〕．この複合体に光を照射すると，アゾベンゼン部位の構造変化により繊維状集合体が解離し，ゲル化剤分子がキラル剤として働くことで，光照射した部位のみ選択的に相転移を誘起し，らせん秩序をもつ液晶相を生じる〔図13-5(b)右下〕．この状態は室温で安定に維持することができた〔図13-5(b)左下〕．さらに昇温による液晶相と繊維状集合体の無秩序化によりもとの状態に戻せる〔図13-5(b)左下→左上〕ことから，光と熱により情報の書き換えと記憶が可能な素子といえる．光刺

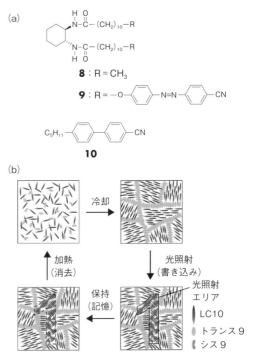

図13-5 ゲル化剤分子と液晶分子の構造式(a)，液晶とゲル化剤の複合体からなる光と熱によるメモリー機能(b)

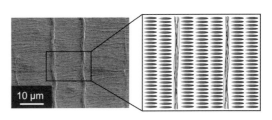

図13-6 液晶テンプレート効果による超分子ファイバーの異方的分子集合

激を用いた繊維状集合体中の水素結合の動的な制御によって，液晶の秩序構造を制御した一例である．一方，層状の秩序構造をもつ液晶中でゲル化剤を集合させると，液晶がテンプレート効果を発揮して，繊維状の集合体が向きを揃えて配向する（図13-6）[21]．一般的に向きを揃えて集合体を並べるのは容易ではないが，異方的な場において動的相分離構造形成プロセスを使うと自己組織的に得ることができる．発光性のゲル化剤からなる繊維状集合体を並べれば，新たに偏光発光材料となる[23]．筆者らは

電荷輸送ファイバーの配向化[24]などにも成功しており，液晶という分子材料を利用して超分子ファイバーの構造と機能を制御できることを示している．

5 まとめと今後の展望

水素結合を用いる超分子ポリマー材料研究は，異種分子間の非共有結合を用いた超分子液晶の開発を皮切りに，1990年代から急速に拡大し続けている．特異的で指向性の高いビルディングブロックが数多く開発され，高次・精密組織構造の設計が可能となってきている．この分子デザイン戦略は高度に設計されたソフトマテリアル，たとえば，ナノファイバー・ポリマー・液晶・単分子膜など幅広い材料領域での応用の可能性を秘めており，現在も盛んに研究が進められている．水素結合による動的な分子間相互作用は，刺激によりナノスケールからマクロスケールまで大きな構造・機能のスイッチング・チューニングが期待でき，従来の共有結合性の高分子材料にはない，柔軟で動的な材料開発への重要な設計指針の一つとなる．また，液晶分子と水素結合性分子を用い，異なる超分子材料を複合化して集合構造を相互に制御し合った例を示した．分子間の水素結合のみならず多様な相互作用を用いて，総合的に超分子システムをデザインしていくことが，さらなる革新的なソフトマテリアル開発へとつながるはずである[25]．

◆ 文 献 ◆

[1] T. Kato, J. M. J. Fréchet, *J. Am. Chem. Soc.*, **111**, 8533 (1989).

[2] M.-J. Brienne, J. Gabard, J.-M. Lehn, I. Stibor, *J. Chem. Soc., Chem. Commun.*, **24**, 1868 (1989).

[3] A. Harada, J. Li, M. Kamachi, *Nature*, **356**, 325 (1992).

[4] T. Kato, J. M. J. Fréchet, *Macromolecules*, **22**, 3818 (1989).

[5] C. Fouquey, J.-M. Lehn, A.-M. Levelut, *Adv. Mater.*, **2**, 254 (1990).

[6] Y. Kobayashi, Y. Matsunaga, *Bull. Chem. Soc. Jpn.*, **60**,

3515 (1987).

[7] T. Kato, N. Mizoshita, K. kishimoto, *Angew. Chem., Int. Ed.*, **45**, 38 (2006).

[8] R. P. Sijbesma, F. H. Beijer, L. Brunsveld, B. J. B. Folmer, J. H. K. K. Hirschberg, R. F. M. Lange, J. K. L. Lowe, E. W. Meijer, *Science*, **278**, 1601 (1997).

[9] K. Hanabusa, M. Yamada, M. Kimura, H. Shirai, *Angew. Chem., Int. Ed.*, **35**, 1949 (1996).

[10] T. Kato, H. Kihara, U. Kumar, T. Uryu, J. M. J. Fréchet, *Angew. Chem., Int. Ed.*, **33**, 1644 (1994).

[11] D. J. Broer, C. M. W. Bastiaansen, M. G. Debije, A. P. H. J. Schenning, *Angew. Chem., Int. Ed.*, **51**, 7102 (2012).

[12] T. Kato, *Science*, **295**, 2414 (2002).

[13] K. Kanie, T. Yasuda, S. Ujiie, T. Kato, *Chem. Commun.*, **19**, 1899 (2000).

[14] J. C. MacDonald, G. M. Whitesides, *Chem. Rev.*, **94**, 2383 (1994).

[15] S. Yagai, T. Kinoshita, M. Higashi, K. Kishikawa, T. Nakanishi, T. Karatsu, A. Kitamura, *J. Am. Chem. Soc.*, **129**, 13277 (2007).

[16] B. Adhikari, X. Lin, M. Yamauchi, H. Ouchi, K. Aratsu, S. Yagai, *Chem. Commun.*, **53**, 9663 (2017).

[17] Y. Kamikawa, M. Nishii, T. Kato, *Chem. Eur. J.*, **10**, 5942 (2004).

[18] P. A. Korevaar, C. Schaefer, T. F. A. de Greef, E. W. Meijer, *J. Am. Chem. Soc.*, **134**, 13482 (2012).

[19] K. P. Gan, M. Yoshio, T. Sugihara, T. Kato, *Chem. Sci.*, **9**, 576 (2018).

[20] Y. Sagara, T. Kato, *Angew. Chem., Int. Ed.*, **47**, 5175 (2008).

[21] T. Kato, Y. Hirai, S. Nakaso, M. Moriyama, *Chem. Soc. Rev.*, **36**, 1857 (2007).

[22] M. Moriyama, N. Mizoshita, T. Yokota, K. Kishimoto, T. Kato, *Adv. Mater.*, **15**, 1335 (2003).

[23] Y. Hirai, S. S. Babu, V. K. Praveen, T. Yasuda, A. Ajayaghosh, T. Kato, *Adv. Mater.*, **21**, 4029 (2009).

[24] T. Kitamura, S. Nakaso, N. Mizoshita, Y. Tochigi, T. Shimomura, M. Moriyama, K. Ito, T. Kato, *J. Am. Chem. Soc.*, **127**, 14769 (2005).

[25] T. Kato, J. Uchida, T. Ichikawa, T. Sakamoto, *Angew. Chem., Int. Ed.*, **57**, 4355 (2018).

Chap 14

人工オルガネラとしての超分子ポリマー
Supramolecular Polymers as Artificial Organelles

吉井 達之　　浜地 格
（名古屋工業大学大学院工学研究科）（京都大学大学院工学研究科）

Overview

真核生物の細胞中に存在するオルガネラは，非共有結合で形成した超分子ポリマーと多くの共通点をもち，天然の超分子ポリマーと見なすことができる．これらのオルガネラ間での役割分担や情報伝達によって，複雑かつ精密にコントロールされた細胞の機能が発現される．一方で，人工分子を用いてオルガネラのような高次の機能を発現することができれば，センサーや薬剤放出材料など，さまざまな応用が期待される．本章では，人工分子を用いて作成され，オルガネラに似た機能をもつ超分子ポリマーについて最新の研究例を紹介する．

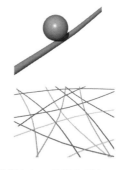

▲オルガネラのような機能をもつ超分子ポリマー
［カラー口絵参照］

■ **KEYWORD** 　　マークは用語解説参照

- ■細胞（cell）
- ■オルガネラ（organelle）
- ■共焦点レーザー走査顕微鏡（confocal laser scanning microscope, CLSM）
- ■セルフ-ソーティング（self-sorting）
- ■直交性（orthogonality）
- ■アクチン（actin）
- ■チューブリン（tubulin）
- ■光褪色後蛍光回復法（fluorescence recovery after photobleaching：FRAP）

はじめに

真核生物の細胞は，核，ミトコンドリア，ゴルジ体といった機能的，空間的に分かれた複数の区画から構成されており，これらを細胞内小器官（オルガネラ）と呼ぶ．オルガネラはそれぞれに特有の役割をもちつつも，それぞれのオルガネラ間で情報伝達を行うことで，細胞はわずか数 10 μm というサイズであるのにもかかわらず，精密かつ多様な機能をもつ．オルガネラは脂質膜で覆われたものやタンパク質の集合体など，形態はさまざまであるが，共通していえるのは，いずれも多数の分子が非共有結合を介して形成する集合体すなわち超分子ポリマーであるということである（図14-1）．興味深いことに，これらの超分子ポリマーは比較的弱い非共有結合で形成しているにもかかわらず，混ざり合わずに，すなわち"直交性"を保ったまま存在することができる．一方で必要がある場合には，小胞輸送のように，膜同士が融合するなど，動的な性質ももつ．このような直交性や動的な性質は細胞内に存在するさまざまなタンパク質によって調節，担保されている．したがって，このようオルガネラの機能を少ない構成成分かつシンプルな人工分子で再現するのはチャレンジングな課題であるが，実現できればスマートマテリアルの設計につながる．筆者らを含め，最近では分子量 500 程度の小分子が形成する超分子ポリマーを用い，人工オルガネラとも呼べる材料開発研究が進められている[1]．本章では，その詳細について述べる．

1 流動性な超分子ポリマー

細胞内には，チューブリンと呼ばれるタンパク質が重合してできた微小管という超分子ポリマーが，細胞骨格として，また小胞輸送のレールとして機能している．そこで筆者らは一次元の超分子ポリマーが動的な性質をもっていれば，"分子レール"として微小管のように物質を輸送できるのではないかと着想した（図14-2）．これまでに筆者らは，両親媒性の分子が水中で形成する超分子ポリマーの研究を行ってきており，さまざまな分子をライブラリーとして保持している．そのライブラリー中の分子**1**は，水中に分散させると，自発的に繊維状の超分子ポリマーを形成する〔図14-2(a)〕[2]．また，この分子は，蛍光修飾することで，共焦点レーザー顕微鏡で構造体を観察することができる．そこで，超分子ファイバーの流動性を光褪色後蛍光回復法（FRAP）を用いて検証したところ，興味深いことに，一度褪色させた蛍光は十分な回復を示し，この超分子ポリマー中のモノマー分子**1**はファイバー内を運動している〔拡散係数（D）：0.12 ± 0.03 μm^2/sec〕ことが明らかとなった．一方で，疎水部にシクロヘキサンをもつ分子**2**では蛍光は回復せず，この超分子ファイバーに流動性はないことが示された．これらは，疎水部の結晶性が流動性に関与していることを示唆している．つづいて，流動的な超分子ポリマーをレールに見立て，物質の輸送を試みた．**1**の疎水部と共通の骨格に，リンカーを介してビオチンを修飾した分子**3**を超分子ポリマーに組み込み，積み荷のモデルとしてアビジン修飾マイクロビーズを混合した〔図14-2(b)〕．その結果，ビーズはファイバーに沿ってブラウン運動することが明らかとなった．現状ではこのファイバー上での動きはベクトル的ではないが，方向性をコントロールすることができれば，情報伝達デバイスやマイクロリアクターといった応用が期待される．

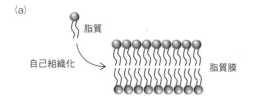

図14-1 細胞内における超分子ポリマーの概念
(a)脂質が自己組織化することにより細胞やオルガネラの膜として働く．(b)アクチンやチューブリンなどのタンパク質は細胞内で重合し，細胞骨格として働く．

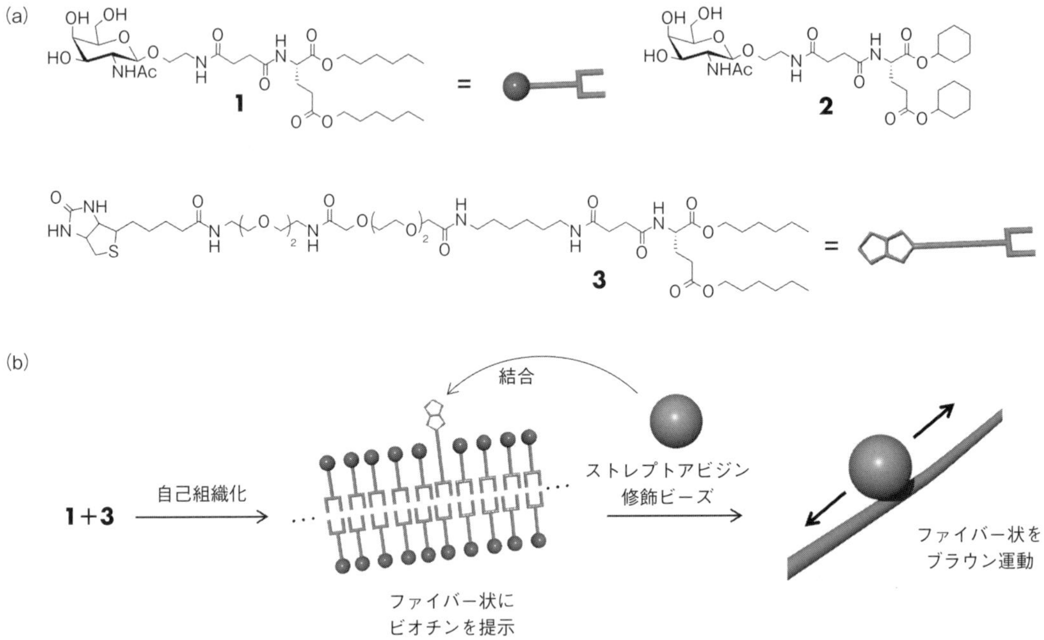

| Part Ⅱ | 研究最前線 |

図 14-2 流動性超分子ポリマーによる分子レールの構築

この実験系の優れたところは，ウェットな状態(溶液の状態)を保持しながら，リアルタイムにその場(*in situ*)観察できる点である．TEM などの電子顕微鏡では乾燥などのプロセスを経るため，同一サンプルの経時変化をその場で観察することは困難である．

2 超分子ポリマーと他成分との共存

オルガネラを超分子ポリマーと見立てたときに興味深いのは，異なる機能や構造をもったものが細胞内において直交的に存在することにある．超分子ポリマーは比較的弱い非共有結合性の相互作用で形成されているため，ほかの成分が混じり合うことなく共存できるかどうかは，添加する際に超分子ポリマーに摂動を与えないことが前提となる．このような課題はあるものの，工夫をこらし，超分子ポリマーと独立した物質を共存させることで，ユニークな機能を創出する研究が近年報告されつつある．

筆者らは，過酸化水素応答性超分子ポリマーと酵素(オキシダーゼ)を共存させることで，さまざまなバイオ分子に対するセンシング系を構築した[3, 4]．まず，化学反応性をもつ超分子ポリマーとして，Xu らの先駆的な研究[5]をヒントに，N 末端にBPmoc 基をもつペプチドを設計，合成した．BPmoc 基は過酸化水素と反応することが知られている保護基である．ライブラリー合成とスクリーニングの結果，フェニルアラニンを 3 残基もつ

BPmoc-FFF が超分子ポリマーを形成し，それが過酸化水素添加によって崩壊することが明らかとなった．また，酸化酵素であるグルコースオキシダーゼ共存下で形成させた BPmoc-FFF 超分子ポリマーは，グルコース添加によって崩壊した．これは，グルコースオキシダーゼがグルコースを酸化する際に副生する H_2O_2 が BPmoc-FFF と反応したためである．基質酸化に伴う H_2O_2 の副生はほかのオキシダーゼにも共通であり，共存させる酵素を変えるだけで，一つの超分子ポリマーにさまざまなバイオマーカー(尿酸，サルコシン，コリン)に対する応答性を付与することができた．

これらの結果は，超分子ポリマーと別の分子を共存させることで，単独では得られない機能が創出できることを示している．そこで筆者らは，さらに超分子ポリマーを一つの孤立した環境場として捉え，これと直交的な場を共存させることを着想した．新たな独立場として，メソポーラスシリカ(MCM-41)を採用し，超分子ポリマーとのあいだで，分子を輸送するシステムを構築した(図 14-3)．アミノ基を

160

COLUMN

★いま一番気になっている研究者

Stephen Mann
（イギリス・ブリストル大学 教授）

　Stephen Mann 教授はマンチェスター工科大学で学士取得後，オックスフォード大学で博士の学位を取得した．その後バース大学で講師・教授を歴任し，現在はブリストル大学で教授を務める傍ら，Centre for Organized Matter Chemistry, Centre for Protolife Research の所長も務める．現在までに 480 報以上の論文を出版し，数多くの受賞を受けるなど，精力的に活動している．彼のキャリアの前半はバイオミネラリゼーションがおもな研究対象であったが，現在では，分子集合体を中心とし，人工細胞，プロトセル，人工オルガネラに関する研究に注力している．これらの研究のモチベーションは"生命の起源"にあるようだが，多成分から構成されるシステムを対象とする彼の研究から得られる知見は，基礎的な超分子化学や材料開発にも有用であると考えられる．

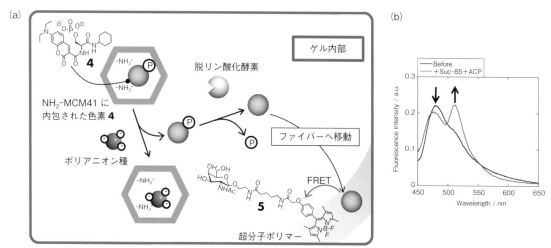

図 14-3　超分子ポリマーと MCM41 の間の物質輸送によるポリアニオンセンシング
(a) 概念図．(b) オクタ硫酸スクロース (Suc-8S) 添加前後での蛍光スペクトル変化．

修飾した MCM-41 は水中ではプロトン化され，空孔内は正電荷を帯びる〔図 14-3(a)〕．そのため，アニオン性のリン酸基を修飾した蛍光色素 **4** を空孔内に内包する．この色素内包 MCM-41 と超分子ポリマーとを共存させたヒドロゲルに，ポリアニオンを添加すると，イオン交換によって蛍光色素 **4** は空孔から放出される．その後，あらかじめ系内に内包された脱リン酸化酵素によって **4** のリン酸基は切断され，疎水的になった色素部分は超分子ファイバーへと取り込まれる．ここで超分子ファイバーに組み込んであった別の色素 **5** と **4** が近接すると蛍光エネルギー移動 (FRET) が起こり，コンドロイチン硫酸などのポリアニオン種を蛍光スペクトルおよび色調変化で検出できることが明らかとなった〔図 14-3(b)〕．これは，超分子ファイバーが関与するカスケード型物質移動センサーと考えることができる．同様に，アニオン性の層状無機材料モンモリロナイトにカチオン性色素を導入し，超分子ポリマーと共存させることで，ポリアミンなどの多価カチオン種に応答した物質輸送系の構築とセンシングにも成功した[6]．

　このように，酵素などの分子や安定な無機材料を

| Part II | 研究最前線 |

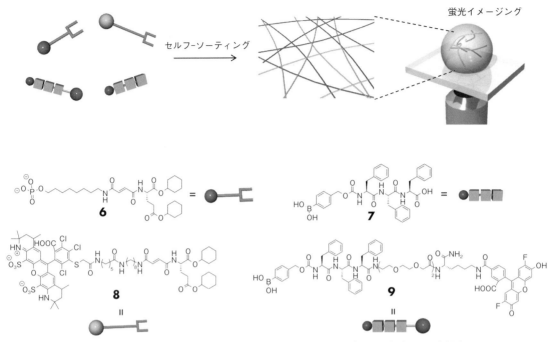

図14-4 水中での超分子ポリマーのセルフ-ソーティングのその場（*in situ*）観察

超分子ポリマーと共存させることで新しい機能創出が可能となってきた．一方，超分子ポリマーと別の分子集合体を直交的に共存させることは難しい．先駆的な例はvan Eschによる酵素を内包したリポソームと超分子ポリマーを共存させた系の構築である[7]．このリポソームは温度に応答して内部の酵素を放出し，放出された酵素は超分子ポリマーの構成成分を加水分解し，薬剤モデル分子を放出する．加熱時間を変えることで，放出速度を制御することのできるスマートマテリアルの作製が報告されている．

3 異なる超分子ポリマーの共存（セルフ-ソーティング）

細胞内ではアクチンフィラメントや微小管など，タンパク質から成る超分子ポリマーが複数種，独立に存在している．このような自己認識，他者排除によって自己組織化する現象をセルフ-ソーティング（self-sorting）というが，これを水中において人工分子で実現することは難しい．最近Adamsらは，水中での超分子ポリマーのセルフ-ソーティング現象について報告している．彼らは，ペプチド型モノマー分子のカルボン酸部位のpK_aの違いに着目し，pHをゆっくりと変化させることで超分子ポリマーをセルフ-ソーティングさせることに成功した[8, 9]．

超分子ポリマーのセルフ-ソーティングはNMRや円二色性（CD）などの分光学的手法で系全体のデータから議論されてきた．これに対して最近筆者らは，水中で超分子ポリマーがセルフ-ソーティングしている現象をウェットな状態で，かつリアルタイムに観察することに成功した（図14-4）[10]．具体的には，両親媒性の骨格をもつ分子**6**とペプチド型の分子**7**はCDスペクトルからセルフ-ソーティングが予想されたが，それぞれを選択的に染色できるプローブ分子**8**，**9**を開発することによって，二つの異なる超分子ファイバーが入り組んだ状態の直接イメージングを実現した．それぞれのファイバーをFRAP解析したところ，**6**の超分子ポリマーは流動性が高く，**7**の超分子ポリマーは流動性が低いことが明らかとなった．

リアルタイムイメージングにより，ファイバーの形成過程の追跡も可能となった．興味深いことに，超分子ポリマー**7**のタネ（seed）を添加すると，ファ

イバーが添加したタネを中心に成長する様子が見られた．その際，タネの表面にはもう一方のファイバーが吸着するものの，成長過程で排除されることも明らかとなった．一方，ファイバー **6** ではタネを添加してもファイバーの成長は加速されず，ファイバー形成機構が超分子ポリマー **7** とは異なることが示唆された．なお，STED(Stimulated Emission Depletion)を用いた超解像イメージングでは，ナノメートルサイズでのファイバーの可視化も可能である．

4 まとめと今後の展望

　本章では，オルガネラ様超分子ポリマーに関して最近の進歩を紹介した．超分子ポリマーの動的な性質や複数ドメインによる機能創出は今後さまざまな材料に応用できると期待される．一方で，単一の成分から成る超分子ポリマーや共重合体と比べて，直交性をもつ超分子ポリマーの作製は難しく，現状の分子設計指針としては"似た者同士が集まる"といった表現のように至極曖昧なものしかない．超分子ポリマーをつくるといったところから一歩進んで，直交性超分子ポリマーや共重合体を自由につくり分けることは，機能展開において重要な課題である．そのためには，分子間相互作用のさらなる理解やイ

メージングなどの観察・測定技術の発展が不可欠であると考えられる．

◆ **文　献** ◆

[1] S. Shigemitsu, I. Hamachi, *Acc. Chem. Res.,* **50**, 740 (2017).

[2] S. Tamaru, M. Ikeda, Y. Shimidzu, S. Matsumoto, S. Takeuchi, I. Hamachi, *Nat. Commun.,* **1**, 1018(2010).

[3] M. Ikeda, T. Tanida, T. Yoshii, I. Hamachi, *Adv. Mater.,* **23**, 2819(2011).

[4] M. Ikeda, T. Tanida, T. Yoshii, K. Kurotani, S. Onogi, K. Urayama, I. Hamachi, *Nat. Chem.,* **6**, 511(2014).

[5] Z. Yang, G. Liang, L. Wang, B. Xu, *J. Am. Chem. Soc.* **128**, 3038(2006).

[6] M. Ikeda, T. Yoshii, T. Matsui, T. Tanida, H. Komatsu, I. Hamachi, *J. Am. Chem. Soc.,* **133**, 1670(2011).

[7] J. Boekhoven, M. Koot, T. A. Wezendonk, R. Eelkema, J. H. van Esch, *J. Am. Chem. Soc.,* **134**, 12908(2012).

[8] L. Morris, L. Chen, J. Raeburn, O. R. Sellick, P. Cotanda, A. Paul, P. C. Griffiths, S. M. King, R. K. O'Reilly, L. C. Serpell, D. J. Adams, *Nat. Commun.,* **4**, 1480(2013).

[9] E. R. Draper, E. G. Eden, T. O. McDonald, D. J. Adams, *Nat. Chem.,* **7**, 848(2015).

[10] S. Onogi, H. Shigemitsu, T. Yoshii, T. Tanida, M. Ikeda, R. Kubota, I. Hamachi, *Nat. Chem.,* **8**, 743(2016).

Chap 15

巨視的レベルでの超分子組織体形成
Functional Materials Formed by Macroscopic Supramolecular Assemblies

大﨑 基史　髙島 義徳　原田 明
(大阪大学大学院理学研究科)　(大阪大学高等共創研究院／大学院理学研究科)　(大阪大学産業科学研究所)

Overview

生体において，種々の分子やその複合体は自己組織化され，組織の強固な接着や外傷の自己修復，筋肉の伸縮運動などの多くの魅力的な機能を実現している．

人工系においては，自己組織化され機能をもった超分子錯体が多数発見されているが，多くは微視的な分子挙動の観測にとどまっており，超分子形成によって巨視的な材料として物性や機能の発現例は少数である．

筆者らはおもにホスト-ゲスト相互作用を用いた機能性高分子材料を研究しており，分子認識による材料間接着法や自己修復材料，柔軟かつ強靭な新材料，刺激を受けて高速駆動するアクチュエーターなどを見いだしてきた．本章ではこれらの超分子材料について，その設計と機能，応用について紹介する．

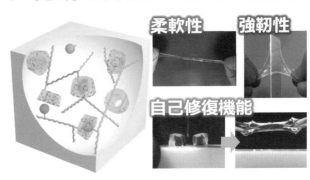

▲超分子錯形成挙動の巨視的な物性・機能への展開
[カラー口絵参照]

■ **KEYWORD** マークは用語解説参照

- 分子認識 (molecular recognition)
- 可逆性架橋 (reversible crosslinking)
- 可動性架橋 (movable crosslinking)
- 接着 (adhesion)
- 自己修復性 (self-healing)
- 刺激応答性 (stimuli-responsiveness)
- 挿し違い二量体 ([c2]daisy chain)

はじめに

生体組織の形成において，種々の生体分子やその複合体は各階層で緻密な「分子認識」によって自己組織化されている．このような高次構造の形成では，生体高分子鎖間の可逆的な結合形成，解離挙動が，構造形成の根幹を成す．また，組織体の形相や力学的特性の制御のみならず，細胞接着や傷の修復，筋肉の伸縮運動などといった生体機能の発現においても，分子認識は中心的な役割を果たしている．

人工系においては，分子認識を介して機能を発現する超分子錯体がこれまでに多数発見されている．しかしながら，多くの研究例はミクロスケールで媒体中に孤立した分子の挙動を解析したものであり，超分子形成によってマクロスケールの材料として物性変化や機能発現に至った研究例は限られる．仮に，生体の超分子構造体のように，合成高分子に分子認識ユニットを導入し高次構造を形成できれば，高分子材料に分子認識を利用した機能を付与できる可能性がある．

筆者らはホスト－ゲスト相互作用に着目し，とりわけ可逆性架橋や可動性架橋を形成するユニットとして有用な環状多糖のシクロデキストリン（CD）をホスト分子としておもに選択し，さまざまな分子設計の機能性高分子材料を研究してきた．図15-1に示すように，CDの超分子錯体を用いた高分子鎖間の架橋としては，おおよそ三つの基本分子設計が挙げられる．すなわち(1)可逆性架橋のホストゲスト錯体を可逆性架橋として用いる方法，(2)可動性架橋の高分子主鎖を包接したCDを架橋点とし，架橋点が主鎖に沿って自由に動くことができる方法，(3) [c2]Daisy chain架橋の一対のホストゲスト複合体が挿し違い型に組み上がった二量体（[c2]Daisy chain）を架橋点として用いる方法である．これらのそれぞれの架橋方法にて，図に示したようなさまざまな機能を発現させる分子を設計することが可能であり，巨視的な分子認識や自己修復，筋肉のような伸縮変形など，多様な機能を備えた超分子による機能性材料とできる．本章では，大きな発展を遂げつつあるこれらの超分子材料について，その設計と機能，応用について紹介する．

1 可逆性架橋を利用した超分子材料

ホスト－ゲスト相互作用などの動的な非共有結合を用いた機能性超分子材料の作製際して，その可逆性架橋の高分子架橋構造としての利用は有用な手段の一つである．たとえばホスト基とゲスト基を高分子側鎖に修飾し，高分子鎖間でホスト－ゲスト包接錯体を形成させると，これは可逆的な結合となる（ホスト－ゲスト結合）．この高分子鎖同士は動的な架橋でつながっているため，外部からの応力に対して柔軟な応答を示すことになる．さらに，動的非共有結合の特徴を生かし，自己修復性や刺激応答性などの新たな機能を材料に付与することも可能である[1～3]．以下では，ホスト－ゲスト結合を利用した高分子材料を中心に，超分子を用いた構造体や機能性材料について概説する．

1-1 可逆性架橋を用いた分子接着材料

筆者らは，分子間相互作用を巨視的な現象・機能へと増幅する例として，まず接着に着目した．二つの材料を用意し，一方の表面に接着因子を化学修飾し，もう一方の表面にその相補的な結合因子を修飾して，これにより両材料を分子間相互作用で接着するのである．

図15-2(a)に示したように，ポリアクリルアミド

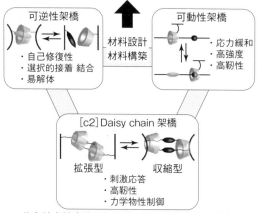

図15-1 ホスト－ゲスト相互作用を利用した超分子材料の分子設計

| Part II | 研究最前線 |

図 15-2　ホスト-ゲスト相互作用を利用した材料間接着

(a)ホストゲルおよびゲストゲルの化学構造，およびゲル間の選択的接着による自己組織化．(b)ホストゲルおよびゲスト基板の化学構造，およびゲルと基板の異種材料間接着の模式図．競争阻害剤，酸化還元剤などの化学種の添加，あるいは光照射などの外部刺激によって，接着性を制御できる．

ゲルのポリマー鎖の側鎖に CD 残基を修飾したゲル（α-CD ゲル，β-CD ゲル）とゲスト残基を修飾したゲル（Ad ゲル，nBu ゲル，tBu ゲル）を作製した．β-CD ゲルと Ad ゲルを水中で振盪したところ，これらは自発的に集合し，β-CD ゲルと Ad ゲルが完全に交互に連なった集合体となった．さらに，α-CD ゲル，β-CD ゲル，nBu ゲル，tBu ゲルの 4 種のゲルを同様に振盪すると，相補性のあるホストとゲストの組み合わせのゲル同士（α-CD ゲルと nBu ゲル，β-CD ゲルと tBu ゲル）で選択的に接着・自己組織化した．ホスト-ゲスト相互作用が物質間の接着という巨視的なレベルでその機能を示したのである[4〜6]．

材料の接着，接合の実際を考えたとき，硬質材料の接着や異種材料間の接着は重要なテーマである．そこで筆者らは，ホスト-ゲスト相互作用を利用してゲル-ガラス間の異種材料間接着を試みた．図 15-2(b)に示したように，同じくポリアクリルアミドゲルに CD 残基を導入したホストゲル（α-CD ゲル，β-CD ゲル），および種々のゲスト分子を修飾し

たガラス基板であるゲスト基板（Ad Sub, Fc Sub, Azo Sub）をそれぞれ作製した．β-CD ゲルを Ad Sub 上に載せると，ホストゲスト相互作用によって両者は接着した．この接合面に競争阻害剤の低分子ゲスト化合物（アダマンタンアミン）溶液を塗布すると，β-CD ゲルと Ad Sub 間の錯体形成が阻害され，接着挙動を示さなくなった．つまり異種材料間の接合においても，材料間のホスト-ゲスト相互作用で接合が起こっているといえる．

ホスト-ゲスト相互作用を利用したこの接着法では，接合面にさまざまな機能を与えることが可能である．フェロセンを修飾した Fc Sub では，酸化剤，還元剤の添加でフェロセン残基の酸化状態を可逆的に変化させることができる．電気的に中性な還元状態のフェロセンは疎水性分子で β-CD と包接錯体を形成するが，酸化されたフェロセニウムカチオンは電荷に由来する静電的不安定性から β-CD とは包接錯体を形成しない．Fc Sub は還元状態で β-CD ゲルと接着挙動を示すが，酸化させると β-CD ゲルと接着しなくなった．このとき，還元剤を加えて Fc

Chap. 15 巨視的レベルでの超分子組織体形成

+ COLUMN +

★いま一番気になっている研究者

Nicolas Giuseppone
（フランス・ストラスブール大学 教授）

Nicolas Giuseppone 教授は，フランスのオルセー大学で H. B. Kagan 教授のもとで博士号を取得した後，有機合成の分野で研究生活を続けていた．その後，ストラスブールのフランス国立科学研究センターにて J.-M. Lehn 教授のもとで教員となり，彼のライフワークとなる超分子化学の世界に足を踏み入れた．2008 年よりストラスブール大学 SAMS 研究所にて准教授となり独立．2013

年には同所の教授職に就いており，有機合成化学，超分子化学の分野で精力的に研究を行っている．

超分子化学分野における第一人者として，動的コンビナトリアル化学，システム化学，機能性自己集合材料，刺激応答性材料，超分子マシン，超分子ポリマー，超分子エレクトロニクスなどに積極的に取り組んでおり，分子モーターの集積化による機能性材料などミクロな分子挙動による巨視的な物性・機能発現において独創的な成果を残してきている．動的秩序形成をテーマに自己組織化系の構築にも展開しており，超分子化学の"次"を見据えた研究を今後も牽引していくであろう．

Sub を還元状態に戻すと再び接着性を示した．これは酸化還元化学種の刺激に応答する接着の制御の例といえる．

また，フォトクロミック分子のアゾベンゼンは，紫外光($\lambda = 365$ nm)の照射によりトランス体からシス体へと異性化し，可視光($\lambda = 430$ nm)の照射や加熱でもとのトランス体に戻る．水溶液中において，トランスアゾベンゼンは α-CD と包接錯体を形成する一方で，かさ高いシス-アゾベンゼンは α-CD とほとんど相互作用をしない．アゾベンゼンを修飾した Azo Sub を紫外光照射処理すると，表面のアゾベンゼンがシス化し，α-CD gel とは接着挙動を示さない．しかし，可視光を照射してアゾベンゼンをトランス体に戻すと，Azo Sub は α-CD ホストゲルとの接着能を示すようになった．この接着性のスイッチングは，紫外光と可視光の照射で何度も繰り返すことが可能である[7]．

このように，ミクロな分子間力の一種であるホスト–ゲスト相互作用は，材料間の接着・接合というマクロスコピックなレベルでその挙動を示すことがわかった．ホスト–ゲスト相互作用を用いた接着・接合系では，静電相互作用などの他種の非共有結合を利用した選択的・特異的な接着も可能であり，複数の外部刺激に応答する自己組織化システムなどの

構築も可能である[8]．

1-2　可逆性架橋を利用した自己修復材料

損傷を受けたときに自らを修復する性質は，あらゆる材料に求められる夢の機能である．すでに述べたように，ホスト–ゲスト相互作用は可逆的である．筆者らはこれを利用した自己修復材料の作製を試みた．高分子側鎖にホスト基とゲスト基をそれぞれ修飾し，ポリマー鎖間にできるホストゲスト錯体を架橋として高分子材料をつくるのである．

自己修復性材料への第一のアプローチとして，筆者らは，β-CD を側鎖に修飾したポリアクリルアミド，およびフェロセンを側鎖に導入したポリアクリルアミドをそれぞれ合成した．両者の水溶液を混合したところ，β-CD 残基とフェロセン残基がホストゲスト相互作用して，流動性のない安定なゲルを形成した．この超分子ゲルをナイフで切断してから，切断面同士を再び接触させて静置したところ，ゲルは切断前の 84% まで材料強度が回復した．切断，再接着の過程では，破断面で包接錯体の解離と再形成が起こっているものと考えられる．

この自己修復挙動は，フェロセンの酸化還元を利用することでコントロールが可能である．ゲルの切断面に酸化剤を塗布するとゲルの再接着挙動は見られなくなったが，ここへ続けて還元剤を塗布すると，

167

(a)

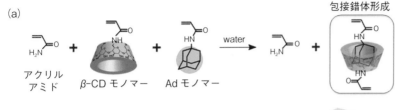

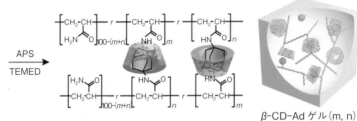

(b)

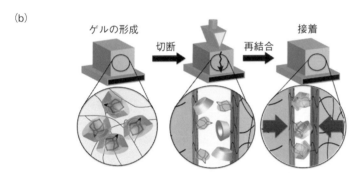

図15-3 ホスト–ゲスト架橋と自己修復
(a) ホスト–ゲストゲル β-CD-Ad ゲルの合成法, (b) ホスト–ゲスト架橋した超分子材料の自己修復挙動の模式図.

ゲルは再度自己修復機能を示すようになった. このように，ホスト–ゲスト相互作用を用いることでスイッチング可能な自己修復機能を実現することができた[9].

これらの超分子ゲルは，別々に合成したホストポリマーとゲストポリマーの混合によって作製したが，高分子鎖上のホスト基とゲスト基をさらに効率よく錯形成させるには，事前にビニル基などの重合基と結合したホスト分子（ホストモノマー）と重合基修飾ゲスト分子（ゲストモノマー）の包接錯体を形成させ，その状態で重合させる方法が有効と考えられる.

自己修復性材料作製の第二のアプローチとして，筆者らは図15-3(a)に示す超分子ポリマーを合成した. ホストモノマーである β-CD 修飾アクリルアミドとゲストモノマーのアダマンタン修飾アクリルア

ミドを水溶液中で加熱，攪拌することで，両者の包接錯体を形成させた. その水溶液に主鎖モノマーとしてアクリルアミドを加え，ペルオキソ二硫酸アンモニウム（APS）と N,N,N',N'-テトラメチルエチレンジアミン（TEMED）を加えてラジカル共重合させた. 重合反応の進行とともに溶液は流動性を失い，超分子ヒドロゲル（β-CD-Ad ゲル）を得た.

得られたゲルを二つに切り分け，切断面を再接触させたところ，接触後5秒以内に切断片の再接着が確認された. 切断面同士を合わせて24時間静置した時点で，もとのゲルの99％まで材料強度が定量的に回復していた.

興味深いことに，この自己修復は面選択的に進行することもわかった. 切断したβ-CD-Adゲルの切断面と非切断面を接触させても，再接着は確認されなかった. もちろん，非切断面同士を接触させても，再接着は起こらなかった. 切断面同士を接触させた場合のみ，再接着が確認された. この面選択的な自己修復は，材料の狙いの部分同士でのみ修復させたい場合などにとくに有用である. 図15-3(b)に示したように，このホスト–ゲスト材料では，通常はホストとゲストのほとんどが包接錯体を形成しているが，破壊が起こることで包接錯体が解離し，破壊面にのみホスト基とゲスト基がむき出しになる. そのため，この自己修復は破壊面においてのみ面選択的に発現したものと考えられる[10].

β-CD-Ad ゲルは自己修復機能をもつだけでなく，非常に強靭で柔軟な高分子材料を与えることもわかった. β-CD 修飾アクリルアミド／アダマンタン

修飾アクリルアミド/アクリルアミド = 2/2/96 の比率で，モノマー総濃度を 2 mol/kg として重合すると，透明なヒドロゲルが得られた．この超分子ゲルは高い破断応力値をもち，かつ 1000% を超える伸長歪みを与えても破断しないことがわかった．材料の研究開発では一般的に，堅い材料を求めるとその柔軟性を失い，その結果として材料が脆くなってしまい，柔軟性と強靱性を両立させるのは困難である．しかしながら，この超分子ゲルは柔軟でありながら高い破壊エネルギー値を示し，優れた靱性も備えていた[11]．可逆的なホスト-ゲスト架橋構造のネットワークが，材料に加えられた応力を分散する機構として働き，材料の破壊を抑えているものと考えられた．また，このゲルは金属やガラスなどの表面に塗工した状態で得ることが可能であり，引っかき傷に対して自己修復性を示す塗膜にできる．

ともすれば，非共有結合から成る材料は共有結合性化合物と比べて強度で劣ると捉えられかねないが，このようにホスト-ゲスト化学に基づく高分子架橋は従来の高分子材料にない強靱かつ柔軟な性質を生み出すことができるのである．

1-3 刺激応答性の可逆性架橋を利用したアクチュエーター

ホスト-ゲスト相互作用をマクロな物性として増幅することができるのであれば，材料の体積やひずみ状態，内部応力の変化を誘起することも可能であろう．たとえば，高分子ゲルの作製にあたり，共有結合による架橋とホスト-ゲスト相互作用による架橋を共存させれば，ホスト-ゲスト架橋部の形成と解離は，ゲル材料中の架橋点密度の増減，ひいてはゲルの収縮，膨潤を引き起こすはずである．このアイデアをもとに，筆者らはホスト-ゲスト相互作用を利用したアクチュエーターの作製を試みた．

ポリアクリルアミドを化学架橋したゲルに対して，その高分子側鎖にホスト(α-CD)および光刺激応答性ゲスト(アゾベンゼン)を導入し，ホスト-ゲスト架橋を組み込んだゲルを合成した(図 15-4)．得られたヒドロゲルは水中では収縮したが，CD のホスト-ゲスト相互作用が発現しないジメチルスルホキシド(DMSO)中に浸すと大きく膨潤した．また，水

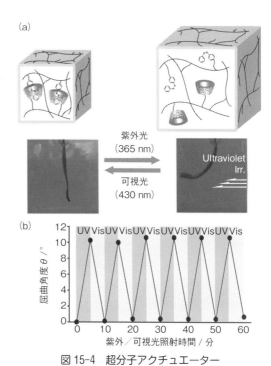

図 15-4 超分子アクチュエーター
(a) α-CD とアゾベンゼンを用いた光刺激応答性の超分子アクチュエーターの模式図と短冊状ゲルが屈曲する様子．(b) 紫外光・可視光を交互に照射した際のゲルアクチュエーターの屈曲角度 θ の変化．

中に戻すとゲルはもとのサイズへと収縮した．α-CD とアゾベンゼンのホスト-ゲスト架橋点の解離と形成がゲルの膨潤，収縮を引き起こしたのである．

このヒドロゲルに対して水中で紫外光を照射し，アゾベンゼンゲストを α-CD と錯体形成しないシス異性体に変換したところ，ゲルの膨潤が観測された．さらに同じゲルに可視光を照射してアゾベンゼンをトランス体に戻すと，ゲルのサイズは紫外光照射前の状態に戻った．アゾベンゼンの光異性化に伴って α-CD との包接錯体が解離・再形成することで，超分子架橋点の数が変化し，ゲルの体積変化が引き起こされたものと考えられる．これはまさに，光刺激をゲルの膨潤と収縮の挙動としてアウトプットするアクチュエーターである．

図 15-4 に示したように，このヒドロゲルを短冊状に成型し，水中でクリップに吊るし，片方から紫外光を照射したところ，ヒドロゲルは光源と反対方向に大きく屈曲した．光照射した面側が膨潤し，ゲ

| Part II | 研究最前線

ル片が屈曲したのである．さらに，この状態で可視光を照射するともとの形状に戻った．ゲルの初期状態からの屈曲角度 θ をモニターしたところ，紫外光と可視光を交互に照射することで，少なくとも数サイクルにわたって可逆的な屈曲が可能であることが明らかとなった．光エネルギーを駆動力として，人間の腕のような曲げ伸ばし運動を人工の超分子材料において実現できたのである[12]．

ホスト–ゲスト架橋として β-CD とフェロセンの包接錯体を用いたアクチュエーターも作製可能である．前述のように，この包接錯体はフェロセンの酸化と還元に伴って β-CD との包接錯体を解離，再形成させることが可能である．そのため，このアクチュエーターは，酸化剤と還元剤の化学種に応答して超分子架橋点数が増減し，サイズを変化させるこ

とができる[13]．この酸化還元反応は，ゲルへの電位の印加でも引き起こすことができ，外部からの電気信号に応答して機能する材料としても利用が可能である．

2 可動性架橋を利用した刺激応答性アクチュエーター

ここまで紹介した材料はホスト–ゲストの可逆性架橋を利用したものである．本節では別のアプローチとして，ロタキサンなどのインターロック構造を架橋とした機能性高分子材料について述べる．

前節のアクチュエーターは架橋点密度の変化を駆動力としているが，分子マシンの伸縮挙動をアクチュエーターの駆動力として利用する方法も有効である．この方法では，ポリマー鎖の変形が直接的に

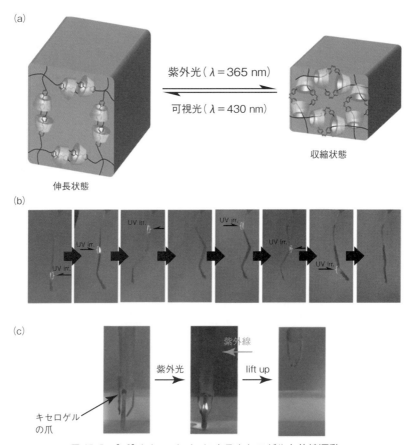

図 15-5 [c2]daisy chain によるキセロゲルと伸縮運動
(a) [c2]daisy chain で架橋されたキセロゲル，(b) キセロゲルの紫外光に対する収縮挙動，(c) アクチュエーターの伸縮運動を利用して物体をつかんでもち上げるデモンストレーション．

材料形状の変化を引き起こすため，高速応答，高速変形が可能であり，また溶媒を必要としないというメリットもある．以下では，可動性架橋を利用することによって，架橋点間の距離を制御して駆動するアクチュエーターを紹介する．

2-1　[2] Daisy chain 分子を利用した光応答性アクチュエーター

アゾベンゼンとα-CDの挿し違い二量体（[c2] Daisy chain）は，光刺激に応答して錯体形成，解離を起こす分子マシンである．この[c2] Daisy chainを高分子鎖間に導入すると，アゾベンゼンが光刺激を受けたときにα-CDがアゾベンゼンから抜け出し，ポリマー鎖へとスライド運動していく．ポリマー鎖はα-CDユニットがスライド運動をするレールである．この過程で[c2] Daisy chainが縮み，高分子鎖間の架橋点間距離が変化するため，材料の変形を起こせると期待できる〔図15-5(a)〕．

アゾベンゼンとα-CDの[c2] Daisy chain，および，4官能性の星形分岐ポリエチレングリコール（PEG）を活性エステル法にて縮合反応させることで，[c2] Daisy chainを架橋部位にもつポリマーネットワークを形成した．この架橋構造体において，ポリマー鎖同士は共有結合では直接結合していない．[c2] Daisy chainのトポロジー構造にて機械的に結びついているのみである．

作製した[c2] Daisy chainで架橋されたポリマーに対して，水中で紫外光（λ = 365 nm）を照射したところ，ヒドロゲルは収縮した．また，収縮したヒドロゲルに可視光（λ = 430 nm）を照射すると，ヒドロゲルは膨潤し，もとの大きさに戻った．この挙動は，前節までの架橋密度の増減を駆動力とするゲルアクチュエーターとは対照的である．紫外光刺激を受けて，上述のように[c2] Daisy chainの全長が縮み，その結果，ゲル全体が収縮したのである．

[c2] Daisy chain架橋のゲルの伸縮挙動は，ヒドロゲルの状態だけではなく，乾燥したキセロゲルの状態でも観察された〔図15-5(b)〕．前節のホスト-ゲスト架橋密度変化を利用するゲルアクチュエーターでは，その膨潤と収縮には溶媒の出入りが必要なため，乾燥状態では応答しない．それに対してこ

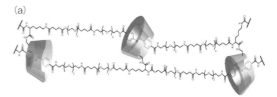

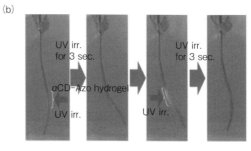

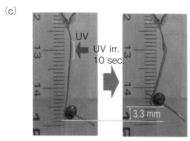

図15-6　[2]ロタキサン型の超分子アクチュエーター
(a)超分子の構造，(b)紫外光に対する屈曲挙動，(c)アクチュエーターの収縮によりおもりをもち上げ，光エネルギーを力学的仕事に変換する様子．

の[c2] Daisy chainで架橋されたキセロゲルでは，溶媒の出入りが駆動機構にほとんど影響しないため，乾燥下でも伸縮挙動を示したものと考えられる．駆動に溶媒の出入りが無用であるということは，アクチュエーターの運動が時間のかかる溶媒分子の拡散過程に依存しないことを示唆する．実際，このキセロゲルは秒単位の非常に早い応答を示した[14]．筋繊維ではサルコメア中のアクチンフィラメントとミオシンフィラメントのスライド運動が筋伸縮の原動力となっている．この[c2] Daisy chain型のアクチュエーターはそのような生体の機能を彷彿とさせる．

さらにフォトクロミック分子として，[c2] Daisy chainの光異性化速度がアゾベンゼンの60倍であるスチルベンを利用して，[c2] Daisy chain型のアクチュエーターを作製したところ，このゲルアクチュエーターはさらに速い変形挙動を示した．すな

| Part II | 研究最前線 |

わち，分子マシンの駆動速度がアクチュエーターの変形速度に直接依存していたのである．スチルベンを用いたものも，乾燥したキセロゲルの状態で速い屈曲速度を示しており，[c2]Daisy chain 型のアクチュエーターの優位性がうかがえる[15]．

2-2 [2]ロタキサン分子により架橋された光応答性アクチュエーター

[2]ロタキサンを架橋点とする高分子ネットワークは，柔軟で強靭な材料を与える．耐久性の高い構造は，高出力のアクチュエーターの作製に有利である．また，前節の[c2]Daisy chain と比べて，その合成が比較的容易でもある．

筆者らは，[2]ロタキサン構造を骨格とした新しいタイプの刺激応答性高分子アクチュエーターを作製した．それぞれの末端に縮合基をもつ PEG とアゾベンゼン，二官能性の α-CD 誘導体の 3 種類を水中で縮合反応することで，図 15-6(a)のポリマー架橋体を得た．このポリマー鎖同士も直接に共有結合による架橋はしておらず，[2]ロタキサン構造を介してのみつながっている．

このヒドロゲルは化学架橋ゲルの 50 倍の 2800% もの高い破断強度値を示した．[2]ロタキサン架橋のスライド効果が働き，応力がゲルネットワーク全体に分散され高い強靭性を示したものと考えられる．

興味深いことに，このゲルは一軸伸長させてネットワーク鎖を配向させてやることが可能である．この状態で乾燥させてキセロゲルとすると，非常に速い光応答を示した〔図 15-6(b)〕．紫外光（λ = 365 nm）の照射に対して，引き伸ばしたキセロゲル片は 6.0 °/s と速い屈曲速度を示した．[2]ロタキサン構造と一軸伸長が応答，変形に大きく寄与したのである．

この[2]ロタキサン架橋キセロゲルの短冊片におもりを取り付け，キセロゲルに紫外光と可視光（λ = 430 nm）を交互に照射すると，ゲルは伸長・収縮を繰り返し，おもりに対して力学的仕事がなされた〔図 15-6(c)〕．このように分子マシンを介して，光エネルギーを巨視的な力学的エネルギーへ変換できることも明らかとなった[16]．

3 まとめと今後の展望

本章では超分子形成を利用した，巨視的なレベルで機能を発現する組織体を紹介した．非共有結合による架橋構造体が優れた機械的物性を示す例として，ホスト–ゲスト相互作用を用いた接着法や自己修復材料を示したが，これらはあらゆる相補性のある分子の組み合わせに応用可能な材料設計の基礎概念である．また，分子マシンのミクロな分子運動をマクロな材料の変形，運動として取り出す例として，ホスト–ゲスト相互作用を利用したアクチュエーターを示した．とくに[c2]Daisy chain や[2]ロタキサンを利用した高分子アクチュエーターは，変形量，応答速度で優れた結果を示し，超分子材料の高いポテンシャルを示唆するものといえる．

動的，可逆な非共有結合を制御してミクロスケールで分子複合体構造を形成し，スイッチングするといった，分子の挙動についての研究は数多く報告されているが，ホスト–ゲスト相互作用によってマクロスケールでのモルフォロジーや物性を発現，制御した例は少ない．今回紹介した超分子材料は，生体系における刺激応答や自己修復といった魅力的な機能の人工系での実現例であり，高分子科学，材料科学の双方にとって非常に意義深い成果であると考える．

◆ 文 献 ◆

[1] M. Nakahata, Y. Takashima, H. Yamaguchi, A. Harada, *Nat. Commun.*, **2**, 511 (2011).

[2] "Supramolecular Polymer Chemistry," ed. by A. Harada, Wiley-VCH (2012).

[3] M. Nakahata, Y. Takashima, A. Harada, *Macromol. Rapid Commun.*, **37**, 86 (2016).

[4] A. Harada, R. Kobayashi, Y. Takashima, A. Hashidzume, H. Yamaguchi, *Nat. Chem.*, **3**, 34 (2011).

[5] A. Harada, R. Kobayashi, Y. Takashima, A. Hashidzume, H. Yamaguchi, *Nat. Commun.*, **3**, 603 (2012).

[6] Y. Zheng, A. Hashidzume, Y. Takashima, H. Yamaguchi, A. Harada, *Nat. Commun.*, **3**, 831 (2012).

[7] Y. Takashima, T. Sahara, T. Sekine, T. Kakuta, M. Nakahata, M. Otsubo, Y. Kobayashi, A. Harada, *Macromol. Rapid Commun.*, **35**, 1646 (2014).

[8] M. Nakahata, Y. Takashima, A. Harada, *Angew. Chem.*

Int. Ed., **53**, 3617 (2014).

[9] M. Nakahata, Y. Takashima, H. Yamaguchi, A. Harada, *Nat. Commun.,* **2**, 511 (2011).

[10] T. Kakuta, Y. Takashima, M. Nakahata, M. Otsubo, H. Yamaguchi, A. Harada, *Adv. Mater.,* **25**, 2849 (2013).

[11] M. Nakahata, Y. Takashima, A. Harada, *Macromol. Rapid Commun.,* **37**, 86 (2016).

[12] Y. Takashima, S. Hatanaka, M. Otsubo, M. Nakahata, T. Kakuta, A. Hashidzume, H. Yamaguchi, A. Harada, *Nat. Commun.,* **3**, 1270 (2012).

[13] M. Nakahata, Y. Takashima, A. Hashidzume, A. Harada, *Angew. Chem. Int. Ed.,* **52**, 5731 (2013).

[14] K. Iwaso, Y. Takahsima, A. Harada, *Nat. Chem.,* **8**, 625 (2016).

[15] S. Ikejiri, Y. Takashima, M. Osaki, H. Yamaguchi, A. Harada, *J. Am. Chem. Soc.,* **140**, 17308 (2018).

[16] Y. Takashima, Y. Hayashi, M. Osaki, F. Kaneko, H. Yamaguchi, A. Harada, *Macromolecules,* **51**, 4688 (2018)

Part III

役に立つ
情報・データ

A P P E N D I X

PartⅢ 📖 **役に立つ情報・データ**

この分野を発展させた
革新論文 38

❶ 合成二分子膜

T. Kunitake, Y. Okahata, "A totally synthetic bilayer membrane," *J. Am. Chem. Soc.*, **99**, 3860 (1977).

ジドデシルジメチルアンモニウムブロミドという非常にシンプルな合成分子が，生体膜のような二分子膜を形成することを報告した論文．わずか1ページ，参考

文献3件という構成は，本研究がいかに根源的なコンセプトを提示したかということを如実に示している．

❷ 水素結合したグラフト鎖によって安定化される液晶相

T. Kato, J. M. J. Fréchet, "Stabilization of a liquid–crystalline phase through noncovalent interaction with a polymer side chain", *Macromolecules*, **22**, 3818 (1989).

水素結合により側鎖が導入された超分子グラフトポリマーの最初の論文．液晶性高分子であるポリアクリル酸エステルにスチルベンが水素結合すると，中間相が大きく安定化し，新たな液晶性超分子グラフトポリマーを生成することを示した．ポリマー材料の物性改変には共有結合による化学修飾が有効な手段であるが，

非共有結合による化学修飾でもポリマーの物性改変に十分に効果があることを明らかにした．超分子ポリマーの概念ができる前に高分子鎖と側鎖分子のあいだに働く分子間相互作用の重要性を述べた先導的な研究である．

❸ 水素結合による超分子メソゲンのデザイン

T. Kato, J. M. J. Fréchet, "A new approach to mesophase stabilization through hydrogen bonding molecular interactions in binary mixturess", *J. Am. Chem. Soc.*, **111**, 8533 (1989).

芳香族カルボン酸とピリジン誘導体が水素結合により複合化することで，広い温度範囲で超分子液晶を形成することを初めて示した論文．液晶温度範囲が13℃のカルボン酸誘導体と48℃のピリジン誘導体の1：1

混合物の液晶温度範囲は102℃まで上昇した．非共有結合により，超分子ポリマーにも通ずるバルク系ソフトマター（液晶）が形成されることを示した重要な論文である．

❹ 超分子ポリマーという新しいポリマーの誕生

C. Fouquey, J.-M. Lehn, A.-M. Levelut, "Molecular recognition directed self-assembly of supramolecular liquid srystalline polymers from complementary chiral components", *Adv. Mater.*, **2**, 254 (1990).

超分子ポリマーの合成を最初に報告した論文．ウラシルと2,6-ジアセチルアミノピリジンの三重水素結合によりモノマーが逐次会合することで，一次元に構造制御された超分子ポリマーができることを初めて示した．繰り返し単位が共有結合でつながった分子量の大きい

分子をポリマーと考えていた当時，分子集合体もポリマーと呼んだこの論文は革新的である．この発見を機に，モノマーが特異的な分子間相互作用により一次元に無限に並んだ分子構造を超分子ポリマーと呼ぶようになった．

APPENDIX

5 自己組織化を用いたポリロタキサンの高収率合成

A. Harada, J. Li, M. Kamachi, "The molecular necklace: a rotaxane containing many threaded α-cyclodextrins," *Nature*, **356**, 325 (1992).

自己組織化現象を巧みに利用することでポリロタキサンと呼ばれるネックレス構造の超分子を高収率で合成できることを報告した論文である．環状分子であるα-シクロデキストリン（CD）と線状高分子であるポリエチレングリコール（PEG）を水中で混合させると複数のCDをPEGが貫いた包接錯体が自発的に形成され，そ

の後PEGの末端に嵩高い末端基を結合させるとCDがPEG上で拘束されたポリロタキサンが得られる．CDとPEGの包接錯体形成は高効率で進行することから，この手法を用いるとポリロタキサンを高収率で合成することが可能であり，ポリロタキサンを実材料へと応用展開するうえでの礎となった．

6 アミロイドの一次元結晶化のシーディング：アルツハイマー病やスクレーピーの病原メカニズムだろうか？

J. T. Jarrett, P. T. Lansbury, Jr., "Seeding "one-dimensional crystallization" of amyloid: a pathogenic mechanism in Alzheimer's disease and scrapie?" *Cell*, **73**, 1055 (1993).

20年ほど前に狂牛病や羊スクレーピーという伝染性の病気が日本でも社会問題となった．一方で，同じ頃にアルツハイマー病で見られるアミロイドβペプチドのアミロイド線維がタンパク質結晶と同じように核形成依存的に形成されることや病原性タンパク質が溶解度を超えているが析出せずに溶解している"過飽和状態"

で蓄積しているというメカニズムが明らかになりつつあった．スクレーピーの原因が正常なタンパク質の異常凝集化であることがわかり，また多くの類似した病気の伝播に関するメカニズムを説明するものと考えられた．この論文はこのようなメカニズムを解説した代表的な論文である．

7 ペプチドナノチューブ

M. R. Ghadiri, J. R. Granja, R. A. Milligan, D. E. McRee, N. Khazanovich, "Self-assembling organic nanotubes based on a cyclic peptide architecture," *Nature*, **366**, 324 (1993).

環状ペプチドによる有機ナノチューブの自己組織化的作製に関する論文である．著者らは *cyclo*[-(D-Ala-L-Glu-D-Ala-L-Gln)$_2$-]で表される環状オクタペプチドが，酸性水溶液中で積層し，ナノチューブ構造を構築することを見いだしている．また析出した結晶の透過電子顕微鏡観察，電子線回折および赤外分光分析により，このナノチューブは平面性の高い環状ペプチドがβ-

シート型の水素結合によりアンチパラレルに積層して形成されていることを確認している．後の論文ではこれらのナノチューブの膜内でのイオンチャンネル特性や，それに基づく細菌の細胞死などが多く報告されている．超分子的アプローチによるナノチューブ作製の代表的研究であり，また水素結合による超分子ポリマー形成の初期の報告例として極めて重要である．

8 光応答性超分子ゲル

K. Murata, M. Aoki, T. Suzuki, T. Harada, H. Kawabata, T. Komori, F. Ohseto, K. Ueda, S. Shinkai, "Thermal and light control of the sol-gel phase transition in cholesterol-based organic gels. Novel helical aggregation modes as detected by circular dichroism and electron microscopic observation," *J. Am. Chem. Soc.*, **116**, 6664 (1994).

剛直な分子骨格をもつコレステロールは，液晶や単分子膜，分子集合体などを設計するためのビルディングブロックとして有用である．本論文は，アゾベンゼンを修飾したコレステロール誘導体が繊維状の分子集合体を形成し有機溶媒をゲル化すること，さらにアゾベ

ンゼンのシス-トランス光異性化に伴ってゾルゲル相転移が引き起こされることを報告している．刺激応答性を示す超分子ソフトマテリアルのさきがけとして代表的な研究である．

| Part Ⅲ | 役に立つ情報・データ |

ＡＰＰＥＮＤＩＸ

⑨ トランス–1,2–ジアミノシクロヘキサン由来のアルキルアミドの優れたゲル化能とキラルな凝集

K. Hanabusa, M. Yamada, M. Kimura, H. Shirai, "Prominent gelation and chiral aggregation of alkylamides derived from *trans*-1,2-diaminocyclohexane," *Angew. Chem., Int. Ed.*, **35**, 1949 (1996).

シクロヘキサン環骨格から成る分子間水素結合を利用した低分子ゲル化剤の最初の報告論文であり，非常に広範な溶媒をゲル化している．1990年代に著者から報告されたアミノ酸を基盤とする水素結合性の低分子ゲル化剤の開発や，分子間で鎖状の相補的な水素結合を形成する2成分から成るナノファイバーの最初の報告などとともに，関連分野に広く影響を与えた．

⑩ Polycaps：可逆的に形成されるポリマーカプセル

R. K. Castellano, D. M. Rudkevich, J. Rebek, Jr., "Polycaps: reversibly formed polymeric capsules," *Proc. Natl. Acad. Sci. U.S.A.*, **94**, 7132 (1997).

アッパーリム（上縁部）にウレア基を導入したカリックス[4]アレーンは二分子で水素結合により会合し，カプセル構造を構築することが著者らの先行研究により以前に明らかにされていた．本論文で著者らは同様のカリックス[4]アレーンをローワーリム（下縁部）側でリンカーにより結びつけることでカリックス[4]アレーン二量体を合成し，これを用いて超分子ポリマー作製を行った．溶液中でこれらは自発的に連鎖構造を構築する様子が確認されたほか，ゲストとして*p*–ジフルオロベンゼンを添加することで，連鎖会合が促進されることが示された．"Polycap"の名の通り，超分子重合により連続的に包接空間を内包した高分子化合物の作製が達成されており，また特定の因子（ゲスト）によって重合挙動が制御されるなど，超分子ポリマーに期待される様々な要素が盛り込まれた示唆的な論文である．

⑪ 四重水素結合を用いた熱可逆的なポリマーの形成

R. P. Sijbesma, F. H. Beijer, L. Brunsveld, B. J. B. Folmer, J. H. K. Ky Hirschberg, R. F. M. Lange, J. K. L. Lowe, E. W. Meijer, "Reversible polymers formed from self-complementary monomers using quadruple hydrogen bonding," *Science*, **278**, 1601 (1997).

多点水素結合を利用することで，超分子ポリマーが共有結合性ポリマーと類似した高分子物性を示すことを実証した論文．「高い分子量をもつ共有結合性ポリマーの機械的物性は，弱い相互作用である水素結合では実現できない」という従来の常識を覆した研究結果である．四重水素結合を介した2–ウレイド–4–ピリミドンのダイマー構造（会合定数 $K_{dim} > 10^6 \ \mathrm{M}^{-1}$）のX線単結晶構造が報告され，溶液中における超分子ポリマーの平均分子量や粘度特性が濃度・温度に大きく依存することが示された．この論文を契機として，多点水素結合の利用は超分子ポリマー材料の研究分野における中心的な存在となった．

⑫ 人工分子筋肉：ロタキサン二量体の伸長収縮運動

M. C. Jiménez, C. Dietrich-Buchecker, J.-P. Sauvage, "Towards synthetic molecular muscles: contraction and stretching of a linear rotaxane dimer," *Angew. Chem. Int. Ed. Engl.*, **39**, 3284 (2000).

環状分子と直鎖分子を共有結合でつないだ分子は，2分子が互いに互いを包接しあうことで対象構造のロタキサン二量体（[c2]daisy chain）を形成することができる．著者らは，フェナントロリンとターピリジン，クラウンエーテルおよび金属イオンを巧みに組み合わせたロタキサン二量体を作製した．金属イオン種の交換によって，ロタキサン二量体の最安定構造が変化し，それに伴い分子全体が互いにスライド運動して，ロタキサン二量体の全長（直鎖分子軸方向の末端間距離）を変化させることに成功した．これは単分子の収縮・伸長が可能な直線状モジュールであり，この分子運動は化学刺激で制御することができる．生体の筋肉に匹敵する伸長率を分子マシンで実現した先駆的な研究例であり，超分子化学者たちを人工分子筋肉の研究へと駆り立てることになった重要な報告である．

APPENDIX

⓭ 架橋点がスライドするゲル

Y. Okumura, K. Ito, "The polyrotaxane gel: a topological gel by figure-of-eight cross-links," *Adv. Mater.*, **13**, 485 (2001).

高分子鎖同士を環状分子によって架橋することで架橋点がスライド可能な高分子ゲルを実現した論文である。原田らによって合成されたCDとPEGからなるポリロタキサン〔A. Harada, J. Li, M. Kamachi, *Nature*, **356**, 325 (1992)〕に着目し、このポリロタキサン中にはCDにのみ水酸基が存在することから、水酸基と反応する架橋剤をポリロタキサン溶液に加えると、PEGは架橋されず、CDのみが連結されたネットワーク構造が形成される。CD 2個がつながった8の字型の架橋点はナノスケールの滑車のようであり、高分子鎖上をスライドすることで高分子鎖にかかる応力を均一化する効果が期待された。本研究はトポロジカル架橋という新しい高分子架橋の概念を提案し、またポリロタキサンをバルク材料に応用する道を開いたという点において重要である。

⓮ 動的共有結合化学

S. J. Rowan, S. J. Cantrill, G. R. L. Cousins, J. K. M. Sanders, J. F. Stoddart, "Dynamic covalent chemistry," *Angew. Chem. Int. Ed. Engl.*, **41**, 898 (2002).

そうそうたる顔ぶれが著者に並び、超分子化学に代表される可逆的な分子間相互作用と類似点の多い「動的共有結合」にスポットを当て、その概念を一般化した論文である。共有結合であっても平衡状態になり可逆性を発現するものは古くより知られていたが、平衡系の共有結合を活用する化学のことを、「動的共有結合化学」と呼ぶことを提唱している。本論文を契機として、動的共有結合化学の概念は急速に一般化され、さまざまな分野で脚光を浴びるようになった。

⓯ アルツハイマー病のアミロイド線維の立体構造

A. T. Petkova, Y. Ishii, J. J. Balbach, O. N. Antzutkin, R. D. Leapman, F. Delaglio, R. Tycko, "A structural model for Alzheimer's β-amyloid fibrils based on experimental constraints from solid state NMR," *Proc. Natl. Acad. Sci. U.S.A.*, **99**, 16742 (2002).

タンパク質の立体構造決定はタンパク質の物性や機能を明らかにするために重要であることは言うまでもないが、その多くがX線結晶回折や溶液NMRを用いたものであり、結晶化や溶液中への溶解が大前提となり、不溶性高分子複合体であるアミロイド線維への適用はきわめて困難である。それまでアミロイド線維構造に関してはX線線維回折によってクロス β 構造をとること がわかっていた。Tyckoらは固体NMRを用いて、アルツハイマー病のアミロイド β ペプチドがつくるアミロイド線維の構造モデルを報告した。それ以来われわれはアミロイド線維の構造を具体的にイメージできるようになった。現在では電子顕微鏡などの技術も組み合わせ、さまざまなタンパク質がつくるアミロイド線維の構造解析が進んでいる。

⓰ 双極子相互作用で形成される超分子ポリマー

F. Würthner, S. Yao, U. Beginn, "Highly ordered merocyanine dye assemblies by supramolecular polymerization and hierarchical self-organization," *Angew. Chem. Int. Ed.*, **42**, 3247 (2003).

双極子相互作用で超分子ポリマー化するメロシアニン色素二量体に関する優れた論文。柔軟な側鎖で連結された二量体は双極子反発により分子内フォールディングが起こらないように設計されている。ハロアルカン溶媒中ですでにH会合型ダイマーの形成を示す吸収スペクトルのブルーシフトが観察され、超分子ポリマー鎖の形成が示唆された。アルカン溶媒中では、さらに積層したH会合体の形成を示す大きなブルーシフトが観察され、超分子ポリマー鎖がさらに高次に集積していることが示唆された。クライオTEMにより、繊維状の構造が観察され(のちにAFMによってらせん構造が確認された)、溶液濃度を上げると粘度が上昇し、最終的にゲルが得られた。双極子モーメント17Dを誇るメロシアニン色素の会合を超分子重合に巧みに利用した革新的研究である。

Part Ⅲ｜役に立つ情報・データ

A P P E N D I X

⑰ 超分子ヒドロゲルの Wet な環境を利用したバイオセンサーアレイチップ

S. Kiyonaka, K. Sada, I. Yoshimura, S. Shinkai, N. Kato, I. Hamachi, "Semi-wet peptide/protein array using supramolecular hydrogel," *Nat. Mater.*, 3, 58 (2004).

バイオ化合物を基盤に配列させたマイクロアレイチップは，ハイスループットな分析に必須な技術であるが，タンパク質は乾燥した環境において容易に変性・失活してしまうため，そのアレイチップを作成することは困難である．浜地らは，超分子ポリマーからなるヒド

ロゲルの wet な環境を利用することで，タンパク質の三次元構造・活性を保持したまま多量に担持できるユニークな超分子ゲルアレイチップを開発した．このゲルアレイチップにより酵素活性や阻害剤のハイスループットアッセイに成功している．

⑱ エピトープを高密度担持した超分子ポリマーによる選択的神経分化誘導

G. A. Silva, C. Czeisler, K. L. Niece, E. Beniash, D. A. Harrington, J. A. Kessler, S. I. Stupp, "Selective differentiation of neural progenitor cells by high-epitope density nanofibers," *Science*, 303, 1352 (2004).

幹細胞・前駆細胞を細胞種選択的に分化させる技術は再生医療への応用が期待される．Stupp らは，神経突起伸長を促す IKVAV 配列を末端にもつ両親媒性ペプチドから成る超分子ポリマーを作成した．この超分子ポリマーから成るゲル中にて神経前駆細胞を培養した

ところ，選択的に神経細胞へと分化誘導できることを明らかとした．この選択的分化誘導には超分子ポリマー表面でのエピトープ高密度配置が重要であると示唆されている．超分子ポリマーの再生医療材料への応用の可能性を示した先駆的な一例である．

⑲ ヘキサベンゾコロネンからなる超分子カーボンナノチューブ

J. P. Hill, W. Jin, A. Kosaka, T. Fukushima, H. Ichihara, T. Shimomura, K. Ito, T. Hashizume, N. Ishii, T. Aida, "Self-assembled hexa-*peri*-hexabenzocoronene graphitic nanotube," *Science*, 304, 1481 (2004).

1991 年に飯島らによって発見されたカーボンナノチューブ（CNT）はその特異な物性により材料科学に大きなインパクトを与えた．超分子化学の分野でも自己組織化によるナノチューブ形成が報告され始めていたが，CNT のように電気物性が期待される超分子ナノチューブの報告は当時皆無であった．著者らはヘキサベンゾコロネンと呼ばれる巨大 π 共役分子の両サイド

に疎水性・親水性側鎖をそれぞれ導入することで，CNT ように π 電子に覆われた超分子ナノチューブの自己組織化に成功した．TEM 観察により超分子ナノチューブの直径ならびにチューブ壁の厚さが精密に制御されていることを明らかにすると同時に，酸化処理により電流値が飛躍的に上昇することを明らかにした．

⑳ シクロデキストリンを用いた交互共重合型超分子ポリマー

M. Miyauchi, A. Harada, "Construction of supramolecular polymers with alternating α-, β-cyclodextrin units using conformational change induced by competitive guests," *J. Am. Chem. Soc.*, 126, 11418 (2004)

シクロデキストリン（CD）を利用した高分子合成に関する著者らの一連の研究のなかで，超分子ポリマー作製へと展開した初期の報告の一つである．ホスト部位である α-，および β-シクロデキストリンにそれぞれ対応するゲスト部位（Boc シンナモイル基およびアダマンチル基）を交差的に導入した 2 種類のモノマー（アダマンチル-α-CD および Boc シンナモイル-β-

CD）を用いて水溶液中で超分子ポリマー形成を試みたところ，それぞれのモノマー単独では重合しなかったが，これらを等量混合することで，交互重合体を形成することが見出された．ホスト-ゲスト会合体形成を利用した超分子ポリマー作製の代表例であり，その後の同様の戦略による超分子ポリマー作製研究に大きな影響を与えた論文である．

㉑ 架橋高分子の光誘起可塑性

T. F. Scott, A. D. Schneider, W. D. Cook, C. N. Bowman, "Photoinduced plasticity in cross-linked polymers," *Science*, 308, 1615 (2005).

三次元架橋高分子は，優れた機械的特性や溶媒耐性を

もっているが，不溶不融であるため，構成している分

APPENDIX

子鎖の切断なしにその形状を変換することはできない. この論文は, 光を駆動力とした共有結合の組み換え反応を利用することで, ネットワーク構造の再編成ができる新しいタイプの架橋高分子を初めて提案した. 光照射により, 高分子マトリクス中に残存する光開始剤よりラジカルを発生させ, 架橋構造中にあるアリルス

ルフィドへの付加–開裂型の連鎖移動機構による結合の組み替え反応をドミノ的に進行させている. 全体として化学構造を変えることなく, ネットワーク構造を再編成し, 物性を維持したままの応力緩和や形状変換を達成している先駆的な論文である.

22 溶媒に依存した核生成過程の検出

P. Jonkheijm, P. van der Schoot, A. P. H. J. Schenning, E. W. Meijer, "Probing the solvent-assisted nucleation pathway in chemical self-assembly," *Science*, **313**, 80 (2006).

温度可変の分光測定からπ共役分子の自己集合における核形成過程を解析した論文. 本論文で適用された核形成–伸長メカニズムは, 多くの自己集合系に適用できる超分子モデルであることが主張されている. 円二色性スペクトルの温度変化を熱活性化平衡ポリマーモデルを用いて解析することで, 核を構成する分子数が決定されている. 超分子伸長の臨界温度や核を構成す

る分子数が直鎖炭化水素溶媒の鎖長に依存することから, 溶媒分子の構造が核の安定性に大きな影響を与えることが議論されている. この論文をきっかけに「どのようなプロセスを経由して超分子構造が形成されるか」という超分子形成プロセスに関する研究領域が急速に発展した.

23 円筒状ミセルの長さと構造の制御

X. Wang, G. Guerin, H. Wang, Y. Wang, I. Manners, M. A. Winnik, "Cylindrical block copolymer micelles and co-micelles of controlled length and architecture", *Science*, **317**, 644 (2007).

ポリフェロセニルシラン(PFS)の高い結晶性を利用し, 円筒状ミセルの長さと構造の制御に初めて成功した論文. PFSとポリイソプレン(PI)を組み合わせたブロック共重合体(PFS-PI)を低極性溶媒中で自己集合させ, 超音波処理により250 nm程度の円筒状ミセルを調製した. この溶液に対し, 良溶媒に溶解させたPFS-PI

を添加すると, 添加量に比例して円筒状ミセルが成長することを明らかにした. またPIの代わりにポリジメチルシロキサン(PDMS)を導入したブロック共重合体(PFS-PDMS)も, 同様にPFS-PI円筒状ミセルの末端から自己集合することを見いだし, 円筒状ブロックミセルの調製に成功した.

24 超分子集合体による自己修復性・熱可逆性ゴム

P. Cordier, F. Tournilhac, C. Soulié-Ziakovic, L. Leibler, "Self-healing and thermoreversible rubber from supra-molecular assembly," *Nature*, **451**, 977 (2008).

共有結合などで形成される高分子ネットワークは強固であるが流動性・柔軟性に乏しい. 著者らは, 二官能性あるいは三官能性の水素結合基を有する脂肪酸誘導体を合成し, これらの形成する直鎖構造と架橋構造によって分子ネットワークをつくり上げた. この材料は負荷を加えるとゴム様の大きな伸びを示すと同時に, 切断されても破壊面を合わせることで傷が回復する自己修復性も示す. 破断・修復は何度も繰り返すことができ, もとの物性を維持し続ける. それまでの自己修

復材料は, 破壊によってモノマーを放出するカプセルを材料に仕込むものや, 光熱で材料を軟化させ再接合を狙うものなど, 応急処置の域にとどまっていたが, 本報告では分子レベルでの構造の再形成をほぼ完全に達成しており, 動的結合を利用した自己修復材料研究の嚆矢といえよう. 自己修復材料を実現したことのみならず, 水素結合などの非共有結合を材料の分子構造・機能の主体として利用可能であることを示した点でも意義深い論文である.

25 ピラー[5]アレーンの合成とホスト–ゲスト相互作用

T. Ogoshi, S. Kanai, S. Fujinami, T. Yamagishi, Y. Nakamoto, "para-Bridged symmetrical pillar[5]arenes: their Lewis acid-catalyzed synthesis and host–guest property," *J. Am. Chem. Soc.*, **130**, 5022 (2008).

ピラーアレーンの初めて単離, 単結晶構造解析, 錯体 | 形成が報告されたピラーアレーン分野の先駆けとなっ

| Part III | 役に立つ情報・データ |

A P P E N D I X

た論文．ルイス酸触媒下で短時間の反応により，ピ
ラーアレーンを得ている．ピラーアレーンの基本とな
る結晶構造やピリジニウム塩，ビオロゲンとの錯形成

を報告している．この論文が10年で600法を超える
ピラーアレーンを用いた研究の出発点である．

㉖ 水溶性ピラー[5]アレーンの合成

T. Ogoshi, M. Hashizume, T. Yamagishi, Y. Nakamoto, "Synthesis, conformational and host–guest properties of water-soluble pillar[5]arene," *Chem. Commun.*, **46**, 3708（2010）.

有機溶媒で高い溶解性を示していたピラーアレーンの
置換基変換により，水溶性のホスト分子へと変換した
報告．三臭化ホウ素で全てヒドロキシ化したピラーア
レーンへ，カルボン酸やアミンを導入し，アニオン化，

カチオン化することで実現している．水溶性を付与す
ることで，工業的だけでなく，バイオ分野への進出も
可能にした．

㉗ アルカンジアミンを包接する一置換ピラーアレーン

N. L. Strutt, R. S. Forgan, J. M. Spruell, Y. Y. Botros, J. F. Stoddart, "Monofunctionalized pillar[5]arene as a host for alkanediamines," *J. Am. Chem. Soc.*, **133**, 5668（2011）.

一置換ピラーアレーンの合成に関する報告．クリック
反応による官能基化できる一置換アジドピラーアレー
ンは，さまざまな一置換ピラーアレーンを合成する際
の鍵化合物となっている．論文ではピレンを一つもつ

ピラーアレーンの合成を行っており，アルカンジアミ
ンがピラーアレーンに包接されるとピレンの発光が消
光し，ピラーアレーンの蛍光分子センサーとしての展
開を示した．

㉘ 永久有機ネットワークからのシリカ様可鍛性材料

D. Montarnal, M. Capelot, F. Tournilhac, L. Leibler, "Silica-like malleable materials from permanent organic networks," *Science*, **334**, 965（2011）.

この論文では，熱硬化性樹脂に代表されるエポキシ樹
脂において，エステル交換反応による共有結合の組み
換えを利用することで，優れた機械特性を損なうこと
なくネットワーク構造の再編成を達成している．触媒

の存在により穏和な加熱条件でエステル交換反応を駆
動させており，架橋高分子は強靭な物性を維持したま
ま，優れた再成形性や応力緩和特性を発現している．

㉙ 超分子重合における経路の複雑性

P. A. Korevaar, S. J. George, A. J. Markvoort, M. M. J. Smulders, P. A. J. Hilbers, A. P. H. J. Schenning, T. F. A. de Greef, E. W. Meijer, "Pathway complexity in supramolecular polymerization", *Nature*, **481**, 492（2012）.

低極性溶媒中においてπ共役系オリゴマーが一次元に
自己集合する過程を速度論的に評価し，競合する二種
類の経路を明らかにした論文．円二色性測定および理
論的解析から，準安定な右巻きのらせん構造が速度論
的に形成し，ついで熱力学的に安定な左巻きのらせん
構造に転移することがわかった．また，キラル酒石酸

存在下では右巻きのらせん超分子ポリマーが選択的に
得られることを見いだし，キラル酒石酸を除くと，時
間の経過に伴い，らせん方向が反転する現象が確認さ
れた．この論文を皮切りに，複数の経路が競合する自
己集合の研究が盛んになった．

㉚ リビング超分子重合の実現

S. Ogi, K. Sugiyasu, S. Manna, S. Samitsu, M. Takeuchi, "Living supramolecular polymerization realized through a biomimetic approach," *Nat. Chem.*, **6**, 188（2014）.

高分子化学では，リビング重合によって高分子の分子

量を制御することが可能であり，高分子の精密設計や

この分野を発展させた革新論文 38

APPENDIX

高機能化につながっている．一方，超分子ポリマーの重合と解重合は可逆的に起こるため，（高分子化学で"分子量"に相当する）超分子ポリマーの長さを制御することは非常に困難であると考えられていた．著者らは，準安定状態を経由する速度論支配の自己集合プロセスを利用して，超分子ポリマーをリビング重合的に合成し，その長さをそろえることに成功した．超分子ポリマーの精密合成が可能となった今，さまざまな新物質の合成が期待されている．

31 オストワルド熟成がジペプチドの超分子ポリマーの構造転移と形態を決める

A. Levin, T. O. Mason, L. Adler-Abramovich, A. K. Buell, G. Meisl, C. Galvagnion, Y. Bram, S. A. Stratford, C. M. Dobson, T. P. J. Knowles, E. Gazit, "Ostwald's rule of stages governs structural transitions and morphology of dipeptide supramolecular polymers," *Nat. Commun.*, **5**, 5219 (2014).

ポリマー科学において注目度の高い非共有結合型超分子ポリマーは，放射光設備や電子顕微鏡などの発展によりその構造や形態に関する知見はかなり蓄積してきたが，構造形成に関する速度論的あるいは熱力学的な理解はまだ進んでいない．この論文ではジフェニルアラニンペプチドがつくる複合体の形成過程を"オストワルド熟成"という概念を用いて説明した論文である．オストワルド熟成は結晶核形成過程が多段階であり時間がかかる反応である場合に，熱力学的に再安定な構造でなくても速度論的に有利な構造体が先に蓄積し，その後に熱力学的に安定な状態へと構造転移していく反応である．筆者らはジペプチドでこの現象が球状，線維型，チューブ型と進んでいくのを実際に観察した．

32 光駆動分子モーターの集積によるゲルの巨視的収縮

Q. Li, G. Fuks, E. Moulin, M. Maaloum, M. Rawiso, I. Kulic, J. T. Foy, N. Giuseppone, "Macroscopic contraction of a gel induced by the integrated motion of light-driven molecular motors," *Nat. Nanotechnol.*, **10**, 161 (2015).

分子マシンの巨視的機能発現についての代表的な研究報告である．本論文では，B. L. Feringa らの第二世代分子モーター（光エネルギーを照射することで二重結合部分を軸に回転運動をする分子マシン）を結節点として用い，分子マシン駆動機構を組み込んだポリマーネットワークのゲルを形成させた．光照射によって分子モーターが回転することで，ネットワークのポリマー鎖がよじれていき，ついにはポリマー鎖の収縮へと至る．その結果，ゲルの収縮という巨視的現象を引き起こすことに成功した．分子マシン単独の運動を集積させて変位を増幅するアイデアは実に見事であり，分子マシンの化学の新たな地平を切り拓く報告である．

33 超分子連鎖重合を実現するための合理的戦略

J. Kang, D. Miyajima, T. Mori, Y. Inoue, Y. Itoh, T. Aida, "A rational strategy for the realization of chain-growth supramolecular polymerization," *Science*, **347**, 646 (2015).

重合はポリマーの長さを制御できる連鎖重合と，制御できない逐次重合に大きく分類される．超分子ポリマーは 1980 年代にその概念が提案・実証されてから重合度の制御が困難とされてきたが，これは超分子重合が逐次重合機構で進行するからである．本研究ではお椀状π共役分子コランニュレンを用いることで，連鎖超分子重合を実現するための分子設計指針を提案・実証することに成功した．革新論文 30 と比較すると，超分子ポリマーの長さを制御するという同じ目的に対し，両者のアプローチの違いがそれぞれの著者らの研究経歴と関連しているようで興味深い．

34 過渡的に生成する分子集合体

J. Boekhoven, W. E. Hendriksen, G. J. M. Koper, R. Eelkema, J. H. van Esch, "Transient assembly of active materials fueled by a chemical reaction," *Science*, **349**, 1075 (2015).

アクチンフィラメントや微小管など，生命分子システムに見られる超分子ポリマーは，ATP などの加水分解反応と共役してダイナミックに重合・脱重合する．van Esch らは，このように化学エネルギーを消費しながら過渡的に生成する分子集合体を人工的に再現することに成功した．共焦点レーザー顕微鏡によってリア

| Part III | 役に立つ情報・データ |

A P P E N D I X

ルタイムで撮影された重合・脱重合プロセスは一見の価値がある（Supplementary Movies）．生命分子システムのような非平衡系を指向した超分子化学は，今後ますます発展していくと考えられる．

35　共焦点蛍光顕微鏡による自己認識・他者排除した超分子ポリマーのその場観測

S. Onogi, H. Shigemitsu, T. Yoshii, T. Tanida, M. Ikeda, R. Kubota, I. Hamachi, "In situ real-time imaging of self-sored supramolecular nanofibres," *Nat. Chem.*, **8**, 743 (2016).

複数の刺激応答性超分子ポリマーを自己認識・他者排除（self-sort）できれば，多様な応答性を示す魅力的なマテリアルを合理的に創出できる．しかし超分子ポリマーの self-sort 現象を評価することは困難である．浜地らは，超分子ポリマーを選択的に蛍光染色できるプローブを精密設計することで，共焦点蛍光顕微鏡により溶液中で self-sort した超分子ポリマーをその場で観察できることを実証した．超分子ポリマーの形成・分解を実時間観測することにも成功している．この手法は多成分系の超分子マテリアルを評価する優れた手法になると期待される．

36　ABC 型三元周期共重合超分子ポリマー

T. Hirao, H. Kudo, T. Amimoto, T. Haino, "Sequence-controlled supramolecular terpolymerization directed by specific molecular recognitions", *Nat. Commun.*, **8**, 634 (2017).

ABC の繰り返し構造をもつ三元周期共重合超分子ポリマーのはじめての論文．共重合体のなかでも 3 種類のモノマーの順序を精密に制御した ABC 型三元周期共重合体の合成は，重合反応に高い特異性が要求されるため，その成功例はきわめて少ない．灰野らは，自身の開発したホスト分子とゲスト分子が示す特異的会合を利用して，ABC の繰り返し構造をもつ三元共重合体の合成に初めて成功した．この研究は，分子認識の特異性を巧みに利用することで，超分子ポリマーの配列構造を自在に制御できることを示した画期的な論文である．

37　ポリカテナンの合成

Q. Wu, P. M. Rauscher, X. Lang, R. J. Wojtecki, J. J. de Pablo, M. J. A. Hore, S. J. Rowan, "Poly[*n*]catenanes: Synthesis of molecular interlocked chains," *Science*, **358**, 1434 (2017).

まるで鎖のような構造をもつポリカテナンは，幾何学的な連結様式（トポロジカル結合）に由来した特異な物性が期待されていた．しかしながら，環化反応（低濃度条件で有利）と重合反応（高濃度条件で有利）の両方を収率よく行うことは困難であるため，その合成は長年達成されていなかった．著者らは，Sauvage らによって確立されたフェナントロリンと亜鉛イオンとの錯体形成，および Grubbs 触媒によるメタセシス環化反応を経由して，収率 70% 以上でポリカテナンを合成することに成功した．

38　タンパク質に似た高次構造へと自発的に折りたたまれる超分子ポリマー

D. D. Prabhu, K. Aratsu, Y. Kitamoto, H. Ouchi, T. Ohba, M. J. Hollamby, N. Shimizu, H. Takagi, R. Haruki, S. Adachi, S. Yagai, "Self-folding of supramolecular polymers into bioinspired topology," *Sci. Adv.*, **4**, eaat8466 (2018).

超分子ポリマーに高次構造の概念の導入を試みた論文．バルビツール酸をもつ π 電子系分子を低極性溶媒中で冷却すると，水素結合による環状六量体の形成を経て超分子重合し，らせん二次構造とランダムコイル二次構造が同一主鎖内で混在した超分子ポリマーが速度論的に形成される．この超分子ポリマーを溶液中で熟成すると，数日かけてランダムコイル二次構造が減少し，らせん構造が何重にも折りたたまれた熱力学的に安定な超分子ポリマーへと組織化した．急冷によって調製したランダムコイル構造のみからなる超分子ポリマーは時間発展性を示さないことから，らせん構造が鋳型となってランダムコイル構造が折りたたまれていくメカニズムが提唱された．AFM によって可視化されたらせん構造が美しい．

APPENDIX

Part III 📖 役に立つ情報・データ

覚えておきたい
★
関連最重要用語

ABC トリブロックコポリマー
A，B，C それぞれ異なる 3 種類の高分子鎖を連結させた高分子のことを指し，通常合成法にかかわりなく共重合体（コポリマー）と呼ぶ．連結様式はいくつか可能で，高分子の末端を単純に直線的につなげた A-B-C 線状や 3 本の高分子鎖を 1 点でつないだ ABC 星形が一般的であるが，高分子鎖の末端ではなく途中で連結させた分岐型なども可能である．線状や分岐構造では連結順序や様式によりさらに多様な構造が可能となるが，そうした一つひとつの構造毎に異なる物性を示すため，AB ジブロックコポリマーを中心としてモルフォロジーや物性に関する研究は非常に盛んである．

C−H/π 相互作用
炭素に結合した水素と π 電子系のあいだに働く引力のこと．水素はアルキル基や芳香環に存在しているもので，分極したものである必要はない．

アクチン
細胞骨格タンパク質の一つ．らせん状に多量化（重合）してアクチンフィラメントを形成する．細胞の運動や筋収縮に深くかかわる．

アミロイドーシス
タンパク質のミスフォールディングによりできた凝集体が引き起こす病気のうち，アミロイド線維がかかわる病気のこと．アルツハイマー病や II 型糖尿病など，30 種類以上もの疾患が確認されている．

安定ラジカル
ラジカルとは不対電子をもつ原子あるいは分子種を指す．一般的にほかの原子や分子から電子を奪い取る能力が高いため，ラジカル種同士で反応して共有結合をつくる場合が多い．多くのラジカル種は反応活性が高く不安定であるが，ある種のラジカルは非常に安定であり安定ラジカルと呼ばれる．

エネルギー移動
励起状態の D 分子のエネルギーが A 分子に無輻射的に移動する過程であり，励起エネルギーが長距離（〜10 nm）相互作用である電子の共鳴により移動する Förster 型と，電子交換を介して移動する Dexter 型がある．

エネルギーマイグレーション
π 電子系発色団が高密度に配列した場合，その励起状態（一重項，三重項）は励起エネルギーを失うことなく同一の発色団分子間を移動，伝搬することができる．これをエネルギーマイグレーションと呼ぶ．

エネルギーランドスケープ
横軸に分子のコンフォメーションや分子間の配向・距離などの座標を，縦軸にそれぞれのギブズエネルギーを表したもの．タンパク質のフォールディングや超分子自己集合のメカニズムを理解するうえで有用．

エントロピー弾性
弾性には金属などに代表されるエンタルピーに由来するものと，気体の圧力やゴムに代表されるエントロピーによるものの 2 種類が存在する．エントロピー弾性の特徴として弾性率が温度に比例するので，ゴムは高温で硬くなる．

過飽和
溶質が溶解度を超えてもなお溶液として溶けている状態，あるいは飽和蒸気圧以上に気体として存在している状態であり，準安定状態である．結晶を析出させるうえでは過飽和を制御することが粒子径制御や粒度分布制御などに重要である．

環状高分子
文字通り環状構造の高分子で，鎖末端はない．高分子の末端構造はその性質に大きく影響するため，末端をもたない環状高分子の物性・機能に近年注目が集まっている．その合成は，高希釈条件下での同一分子の鎖末端の連結による方法が一般的であるが，低分子の環状分子合成に比べてかなり難しく，純粋な環状高分子を得ることは近年までできなかった．現在では高希釈条件を要しない方法などさまざまな効果的合成法が報告され，純粋な環状高分子が比較的大量に合成できるようになりつつある．線状高分子との物性の違いはいくつか報告されているが，おもな物性研究はこれからである．

三元周期共重合体
3 種類のモノマー A，B，C から成るポリマーを三元共重合体という．なかでも，モノマーの配列構造が周期的であるものは三元周期共重合体と呼ばれる．共有結合から成るポリマーにおいても報告例は少ない．

185

| Part III | 役に立つ情報・データ |

A P P E N D I X

シクロデキストリン
D-グルコースから構成される環状分子. 6 員環(α-), 7 員環(β-), 8 員環(γ-)が市販されている. 内部が疎水性, 外部が親水性になっているため, 疎水的な低分子を環の内部に取り込む包接という性質がある.

自己修復
材料に疲労・破壊が生じた際に, 材料自身がおのずとその構造を回復する性質. 材料内部に修復剤のカプセルを内包したものや, 熱や光の外部刺激によって破断面を軟化させ再接着するものなどの応急処置を狙ったもののほかに, 近年は, 材料内部の非共有結合を動的・可逆的に再形成し, 損傷を分子レベルで回復するものの研究も急速に広がりつつある. これらでは, 水素結合やホストゲスト相互作用などのさまざまな相互作用が利用されている.

自己組織化
熱力学的平衡あるいはその近傍において, 自律的に秩序をもつ分子集合構造が自発的に形成される現象であり, 化学分野においては DNA 二重らせん構造の形成, 二分子膜や超分子, (MOF をはじめとする)金属有機構造体などの, 熱力学的に安定な分子組織集合構造が自発的に形成される現象を指す.

自己包接
一つの分子内に存在するホスト分子とゲスト分子が, 互いに引きつけあい, 包接錯体を形成する挙動のこと. 立体的制限がない場合, 濃度や会合定数により生じる確率が変化する.

準安定状態
真に安定な状態ではないが, 急冷などの操作によって一時的に生じた状態. 外部から刺激を加えると最安定状態へと変化する. 0 ℃以下の水や, ダイヤモンドなどが準安定状態としてよく知られている.

スピロボラート
二つの環が一原子のみを共有する二環式化合物をスピロ化合物と呼び, 共有される原子がホウ素である四配位ホウ素化合物をスピロボラートという.

セルフ-ソーティング
自己を認識し, 他者を排除する現象. 超分子ポリマーにおいては複数種類のモノマー分子が存在する際に, 混じり合うことなく重合することを指す.

相分離構造
混ざり合わない異なる物質がそれぞれの物質だけで集合して形成する構造. 分子の大きさ(ナノメートルスケール)や高分子鎖程度の大きさ(マイクロメートルスケール)で生じるものを, それぞれ, ナノ相分離構造, ミクロ相分離構造という. 熱力学的に全体が一相から成る場合と, 複数の相から成る場合がある. 自己組織的な秩序構造形成に利用される.

相補的な水素結合
DNA をはじめとする塩基対などでは, 分子が互いに特異的で指向性の高い分子間水素結合を形成することにより, 決まった超分子構造を設計することが可能である. 多重の水素結合を利用すると, 安定で, 可逆的かつ動的な材料開発が期待できる.

チューブリン
細胞内に存在するタンパク質であり, 円筒状に重合することで微小管や中心体を形成する. 小胞輸送は微小管をレールとして起こる. またチューブリンは細胞分裂においても重要な役割を果たす.

超分子キラリティ
単分子のキラリティだけでなく, 分子が多数集合してつくる構造のキラリティ. 多くの場合, 構成成分のキラリティに依存するが, アキラルな分子が超分子キラル構造を形成したり, 外部刺激で左右が反転したりすることもある.

動的共有結合
その形成と解離が可逆的である共有結合を動的共有結合と呼ぶ. とくに触媒や水素イオン濃度, 熱, 光など, 特定の要因によって可逆性をコントロールしうるものは合成化学的に有用であり, 大環状分子や高分子, 共有結合性有機構造体(Covalent Organic Frameworks, COF)など, さまざまな分子性高次構造体の構築に利用されている. 代表的なものとして, イミン形成反応, ボロン酸エステル形成反応, ジスルフィド交換反応などがある.

トポロジー
日本語では位相幾何学と訳されており, 変形しても保たれている性質に焦点を当てた数学のこと. 環と紐ではトポロジーが異なる. このような形状の分子から構成される超分子は, トポロジカル超分子と呼ばれている.

ネットワークポリマー
ポリマーを構成するモノマーに分岐構造を導入することで, 一次元の鎖状ポリマーではなく二次元・三次元のネットワーク状の構造をもったポリマーが生成する. 鎖状ポリマーとは異なる物性を示すことから注目を集めている.

APPENDIX

ピーポッド
単層カーボンナノチューブ内にフラーレンが取り込まれたフラーレンピーポッドが 1998 年に Smith らの電子顕微鏡観察によって発見された．構造がさやえんどうのかたちに類似していることからこの名称が付けられた．

フォトン・アップコンバージョン
低エネルギー（長波長）の光をより高いエネルギー（短波長）の光に変換する技術．限られた波長範囲の光しか利用できない太陽電池や光触媒の光感度域を広げ，その効率を高めることや，バイオイメージングなどへの応用が期待されている．

フォールディングとミスフォールディング
タンパク質はアミノ酸が直鎖状に連なった高分子であるが，正しく機能するためには正しい構造をとる必要がある．タンパク質が構造をとることをフォールディングというが，間違った構造をとる現象をミスフォールディングといい生体内でしばしば見られ病気を引き起こすこともある．

分子システム化学
分子組織化系のエネルギーランドスケープを制御することによって，分子間の共同効果などに基づき有用な仕事をする仕組み（＝分子システム）をデザイン・創製するための化学．

分子接合
分子接合という用語は接着分野や電極間の単分子架橋技術において用いられているが，ここでは一つのホスト分子によって二つの分子同士が貼り合わされるように会合する分子認識現象を指す．またこのような会合能をもつホスト分子を分子接合素子と定義する．

分子認識
水素結合などの弱い分子間相互作用によって二つの分子が相補的に組み合わさる現象．生体内においては酵素反応などでよく見られる．人工分子においては，精密にデザインされた多くの分子認識ペアが開発されている．

ホスト−ゲスト相互作用
環状やカップ状，かご状などの空孔・空隙をもつホスト分子が，小さなゲスト分子を内部に取り込む際に働く相互作用．ファンデルワールス相互作用や水素結合，配位結合，疎水性相互作用などの組み合わせによる一種の分子間力である．ホスト分子とゲスト分子のあいだには一般的に相補性があり，両者は選択的・特異的にホストゲスト包接錯体を形成する．ホストには筒状，層状，格子状などの空間的に広がった連続構造をもつものも存在する．

メカノクロミックポリマー
刺激応答性高分子の一種で，力学的な刺激によって光学物性（吸収・発光）が変化する高分子の総称である．近年，さまざまな種類の力学的刺激（粉砕，延伸，圧縮，摩擦など）に対して応答して，光学物性が変化する高分子が精力的に研究開発されている．

面不斉
固定されたベンゼン環で，表と裏の区別ができる状態の時に生じる不斉のこと．不斉面に最も近い面外原子から見て，左回りが S，右回りが R になる．

リビング超分子重合
高分子化学において，連鎖移動反応や停止反応が起こらない連鎖重合をリビング重合と呼ぶ．この際，開始反応速度が成長反応速度よりも大きければ，得られる高分子の分子量を制御することができる．類似のメカニズムによって，リビング超分子重合では超分子ポリマーの長さを制御できる．

励起子
結晶などの規則構造における，励起された電子・正孔のクーロン束縛状態を指し，Wannier 型と Frenkel 型の 2 種類に分類される．Frenkel 励起子は，結晶の単位胞のなかに励起子が閉じ込められた状態であり，有機分子結晶の励起子はその典型例である．

ロタキサン
環状成分とその内孔を貫通する線状成分から成る分子を総称してロタキサン，高分子中にその構造をもつポリマーをポリロタキサンという．線状成分に内孔よりかさ高い基を導入し，内孔から抜けなくしたロタキサン構造に対し，内孔への出入りが可能な構造を擬ロタキサンと呼ぶ．構成成分の数を名称の前に付けるため，たとえば構成成分が合わせて 3 の場合は，[3]ロタキサンとなる．構成成分間に化学結合がないため，各成分の運動性あるいは運動の自由度は高い．この特性を利用して，分子スイッチやさらに高度化した分子機械としての活用が盛んである．なお超分子として分類されることがあるが，構成成分に分解するには共有結合を切断する必要がある．

APPENDIX

Part III 役に立つ情報・データ

知っておくと便利！関連情報

  おもな本書執筆者のウェブサイト (所属は2019年4月現在)

相田　卓三
理化学研究所創発物性化学研究センター
http://park.itc.u-tokyo.ac.jp/Aida_Lab/aida_laboratory/index.html

秋根　茂久
金沢大学理工研究域物質化学系　錯体化学研究分野
（錯体化学・超分子化学）
http://chem.s.kanazawa-u.ac.jp/coord/

池田　俊明
東海大学
https://www.u-tokai.ac.jp/staff/detail/ODUyMDEw/MzE0OTM0

伊藤　耕三
東京大学大学院新領域創成科学研究科物質系専攻
http://www.molle.k.u-tokyo.ac.jp/

浦川　理
大阪大学理学研究科高分子科学専攻　高分子物理化学研究室
www.chem.sci.osaka-u.ac.jp/lab/inoue/

大城　宗一郎
名古屋大学大学院理学研究科　物質理学専攻化学系機能有機化学研究室
http://orgreact.chem.nagoya-u.ac.jp/

大塚　英幸
東京工業大学　物質理工学院　応用化学系
http://www.op.titech.ac.jp/polymer/lab/otsuka/index.html

生越　友樹
京都大学大学院工学研究科　合成・生物化学専攻機能化学研究室
http://www.sbchem.kyoto-u.ac.jp/ogoshi-lab/

河合　英敏
東京理科大学理学部第一化学科
http://www.rs.tus.ac.jp/kawaih/index.html

吉川　佳広
産業技術総合研究所電子光技術研究部門
https://unit.aist.go.jp/esprit/mol-assy/index.html

君塚　信夫
九州大学大学院工学研究院　応用化学部門・分子システム科学センター
http://www.chem.kyushu-u.ac.jp/~kimizuka/

後藤　祐児
大阪大学蛋白質研究所
http://www.protein.osaka-u.ac.jp/physical/yoeki.html

杉安　和憲
物質・材料研究機構機能性材料研究拠点
http://www.nims.go.jp/macromol/

髙島　義徳
大阪大学高等共創研究院
http://www.chem.sci.osaka-u.ac.jp/lab/takashima/

高田　十志和
東京工業大学物質理工学院
http://www.op.titech.ac.jp/polymer/lab/takata/japanese/index-j.html

檀上　博史
甲南大学理工学部機能分子化学科
http://www.chem.konan-u.ac.jp/SOC/

西原　寛
東京大学大学院理学系研究科
https://www.chem.s.u-tokyo.ac.jp/~inorg/

灰野　岳晴
広島大学大学院理学研究科
https://home.hiroshima-u.ac.jp/orgchem/home-j.html

浜地　格・窪田　亮
京都大学大学院工学研究科　合成・生物化学専攻
http://www.sbchem.kyoto-u.ac.jp/hamachi-lab

原田　明
大阪大学産業科学研究所
http://www.chem.sci.osaka-u.ac.jp/lab/harada/index.html

廣瀬　崇至
京都大学化学研究所　物質創製化学研究系　構造有機化学領域
http://www.scl.kyoto-u.ac.jp/~kouzou/member/hirose.html

APPENDIX

前田　大光
立命館大学生命科学部応用化学科　超分子創製化学研究室
http://www.ritsumei.ac.jp/lifescience/achem/maeda/

矢貝　史樹
千葉大学グローバルプロミネント研究基幹
http://chem.tf.chiba-u.jp/yagai/index.html

吉井　達之
名古屋工業大学グローバル領域
http://tsukijilab.web.nitech.ac.jp/index.html

❷ 読んでおきたい洋書・専門書

[1] J. M. Lehn "**Supramolecular Chemistry: Concepts and Perspectives**", John Wiley & Sons（1995）.
[2] A. Ciferri, "**Supramolecular Polymers**", CRC Press（2000）.
[3] 有賀克彦，国武豊喜『岩波講座 現代化学への入門〈16〉超分子化学への展開』，岩波書店（2000）.
[4] 中嶋直敏『超分子科学―ナノ材料創製に向けて』，化学同人（2004）.
[5] F. Würthner, "**Supramolecular Dye Chemistry**", Springer（2005）.
[6] W. Binder, "**Hydrogen Bonded Polymers**", Springer（2007）.
[7] 西尾元宏『新版　有機化学のための分子間力入門』，講談社（2008）.
[8] J. W. Steed, J. L. Atwood, "**Supramolecular Chemistry**", Wiley（2009）.
[9] A. Harada, "**Supramolecular Polymer Chemistry**", Wiley-VCH（2012）.
[10] 菅原正，木村榮一編『超分子の化学』，裳華房（2013）.
[11] 平岡秀一『溶液における分子認識と自己集合の原理―分子間相互作用』，サイエンス社（2017）.
[12] "**Kinetic Control in Synthesis and Self-Assembly**," ed. by M. Numata, S. Yagai, T. Hanuma, Academic Press（2018）.

❸ 厳選総説

[1] L. Brunsveld, B. J. Folmer, E. W. Meijer, R. P. Sijbesma, "Supramolecular polymers," *Chem. Rev.*, **101**, 4071（2001）
[2] L. J. Prins, D. N. Reinhoudt, P. Timmerman, "Noncovalent synthesis using hydrogen bonding," *Angew. Chem. Int. Ed. Engl.*, **40**, 2382（2001）.
[3] S. J. Rowan, S. J. Cantrill, G. R. Cousins, J. K. Sanders, J. F. Stoddart, "Dynamic covalent chemistry," *Angew. Chem. Int. Ed. Engl.*, **41**, 898（2002）.
[4] G. M. Whitesides, B. Grzybowski, "Self-assembly at all scales," *Science*, **295**, 2418（2002）.
[5] F. J. M. Hoeben, P. Jonkheijm, E. W. Meijer, A. P. H. J. Schenning, "Supramolecular assemblies of π-conjugated systems," *Chem. Rev.*, **105**, 1491（2005）.
[6] T. Kato, N. Mizoshita, K. Kishimoto, "Functional liquid-crystalline assemblies：self-organized soft materials", *Angew. Chem. Int. Ed. Engl.*, **45**, 38（2005）.
[7] T. F. de Greef TF, E. W. Meijer, "Supramolecular polymers," *Nature*, **453**, 171（2008）.
[8] S. D. Bergmana, F. Wudl "Mendable Polymers," *J. Mater. Chem.*, **18**, 41（2008）.
[9] S. Yagai, A. Kitamura, "Recent advances in photoresponsive supramolecular self-assemblies," S. Yagai et al., *Chem. Soc. Rev.*, **37**, 1520（2008）.
[10] T. F. de Greef, M. M. Smulders, M. Wolffs, A. P. Schenning, R. P. Sijbesma, E. W. Meijer, "Supramolecular polymerization," *Chem. Rev.*, **109**, 5687（2009）.
[11] A. Harada, A. Hashidzume, H. Yamaguchi, Y. Takashima, "Polymeric rotaxanes," *Chem. Rev.*, **109**, 5974（2009）.
[12] Z. Chen, A. Lohr, C. R. Saha-Möllera, F. Würthner, "Self-assembled π-stacks of functional dyes in solution:

structural and thermodynamic features," *Chem. Soc. Rev.*, **38**, 564（2009）.

[13] B. M. Rosen, C. J. Wilson, D. A. Wilson, M. Peterca, M. R. Imam, V. Percec, "Dendron-mediated self-assembly, disassembly, and self-organization of complex systems," *Chem. Rev.*, **109**, 6275（2009）.

[14] L. Fang, M. A. Olson, D. Benítez, E. Tkatchouk, W. A. Goddard III, J. F. Stoddart, "Mechanically bonded macromolecules," *Chem. Soc. Rev.*, **39**, 17（2010）.

[15] R. J. Wojtecki, M. A. Meador, S. J. Rowan, "Using the dynamic bond to access macroscopically responsive structurally dynamic polymers," *Nat. Mater.*, **10**, 14（2011）.

[16] G. R. Whittell, M. D. Hager, U. S. Schubert, I. Manners, "Functional soft materials from metallopolymers and metallosupramolecular polymers," *Nat. Mater.*, **10**, 176（2011）.

[17] T. Aida, E. W. Meijer, S. I. Stupp, "Functional supramolecular polymers," *Science*, **335**, 813（2012）.

[18] T. Haino, "Molecular-recognition-directed formation of supramolecular polymers," *Polym. J.*, **45**, 363（2013）.

[19] X. Yan, F. Wang, B. Zhenga, F. Huang, "Stimuli-responsive supramolecular polymeric materials," *Chem. Soc. Rev.*, **41**, 6042（2012）.

[20] Y. Yanga, M. W. Urban, "Self-healing polymeric materials," *Chem. Soc. Rev.*, **42**, 7446（2013）.

[21] S. S. Babu, V. K. Praveen, A. Ajayaghosh, "Functional π-gelators and their applications," *Chem. Rev.*, **114**, 1973（2014）.

[22] P. A. Korevaar, T. F. A. de Greef, E. W. Meijer, "Pathway complexity in π-conjugated materials," *Chem. Mater.*, **26**, 576（2014）.

[23] E. Mattia, S. Otto, "Supramolecular systems chemistry," *Nat. Nanotechnol.*, **10**, 111（2015）.

[24] X. Du, J. Zhou, J. Shi, B. Xu, "Supramolecular hydrogelators and hydrogels: from soft matter to molecular biomaterials," *Chem. Rev.*, **115**, 13165（2015）.

[25] S. Yagai, "Supramolecularly engineered functional π-assemblies based on complementary hydrogen-bonding interactions," *Bull. Chem. Soc. Jpn.*, **88**, 28（2015）.

[26] L. Yang, X. Tan, Z. Wang, X. Zhang, "Supramolecular polymers: historical development, preparation, characterization, and functions," *Chem. Rev.*, **115**, 7196（2015）.

[27] J. F. Lutz, J. M. Lehn, E. W. Meijer, K. Matyjaszewski, "From precision polymers to complex materials and systems," *Nat. Rev. Mater.*, **1**, 1（2016）.

[28] M. J. Webber, E. A. Appel, E. W. Meijer, R. Langer, "Supramolecular biomaterials," *Nat. Mater.*, **15**, 13（2016）.

[29] E. Krieg, M. M. Bastings, P. Besenius, B. Rybtchinski, "Supramolecular polymers in aqueous media," *Chem. Rev.*, **116**, 2414（2016）.

[30] A. Sorrenti, J. Leira-Iglesias, A. J. Markvoort, T. F. A. de Greef, T. M. Hermans, "Non-equilibrium supramolecular polymerization," *Chem. Soc. Rev.*, **46**, 5476（2017）.

[31] T. Ogoshi, T. Yamagishi, Y. Nakamoto, "Pillar-shaped macrocyclic hosts pillar[*n*]arenes: new key players for supramolecular chemistry," *Chem. Rev.*, **116**, 7937（2016）.

[32] K. Sato, M. P. Hendricks, L. C. Palmerab, S. I. Stupp, "Peptide supramolecular materials for therapeutics," *Chem. Soc. Rev.*, **47**, 7539（2018）.

❹ 有用 HP およびデータベース

日本化学会
http://www.chemistry.or.jp/

高分子学会
http://www.spsj.or.jp/

日本化学会　生体機能関連化学部会
http://seitai.chemistry.or.jp/

高分子学会　超分子研究会
http://main.spsj.or.jp/c12/gyoji/supramolecules.php

APPENDIX

ホスト-ゲスト・超分子化学研究会
http://www.chem.tsukuba.ac.jp/hgsupra/

International Symposium on Macrocyclic and Supramolecular Chemistry (ISMSC)
https://ismsc2019.eu/

Gordon Research Conference "Supramolecular Chemistry and Self-Assembly"
https://www.grc.org/self-assembly-and-supramolecular-chemistry-conference/2019/

5 関連の動画

本文に関連する動画の二次元バーコードで紹介します．スマートフォンなどでかざしてご覧ください．

ホスト-ゲスト相互作用による巨視的自己組織化
http://www.chem.sci.osaka-u.ac.jp/lab/harada/jp/research/04-1.html

TEDxBrainport-Bert Meijer
https://www.youtube.com/watch?v=9ee5Ld8nTRQ

超分子アクチュエーター
http://www.chem.sci.osaka-u.ac.jp/lab/harada/jp/research/06-1.html

SPring-8 東京大学 相田卓三先生インタビュー
https://www.youtube.com/watch?v=rm7F4vHNMJU

柔軟・強靭な自己修復性マテリアル
http://www.chem.sci.osaka-u.ac.jp/lab/harada/jp/research/10.html

索　引

●英数字

[2]Daisy chain	171
18-crown-6	14
ABC トリブロックコポリマー	142, 186
AFM	39, 52, 80, 115
C–H/π 相互作用	92, 186
CLSM	46, 159
Cooperative モデル	29, 42, 115
DLS	78, 122
DOSY	31, 78, 108, 122
equal K モデル	29
Förster エネルギー移動	130
FRAP	48, 159
GPC 分析	80
Grubbs 触媒	80
Hamilton 型水素結合ペア	111
HDX MS	42
head–to–tail 型超分子ポリマー	107
HOPG	40
H 会合	68
ICP 発光分析	80
Isodesmic モデル	29, 35, 42, 115
J 会合	68
LCST	77
Maxwell モデル	53, 55
NMR	28, 78, 108, 133, 162
Pathway Complexity	43
PBI	50
PDI	123
Ring–Chain モデル	29
SAXS	73
SEC	122
SPM	39
Stokes–Einstein 式	32
STORM	42, 118
X 線小角散乱	73
π–π スタッキング	107, 116
π 電子系化合物	50

●あ

アクチュエーター	169
アクチン	159, 186
アゾベンゼン	70
網目構造	60
アミロイドーシス	133, 186
アミロイド線維	133
アモルファス凝集	134
アルコキシアミン	83
アレニウスの式	55
安定ラジカル	83, 186

イオン交換	161
イオン–ダイポール相互作用	24
異種材料間の接着	166
一次元構造	95
一重項分裂	52
雲母	40
液液界面合成法	99, 100
液-液相分離	135
エキシマー発光	52
液晶	152, 156
エネルギー	
──移動	127, 186
──マイグレーション	128, 186
──ランドスケープ	116, 127, 186
エントロピー	147
──弾性	148, 186
円二色性	162
──スペクトル	52, 133
応力集中	144
オープン型	152
オルガネラ	159
温度応答性ゲル化挙動	77
温度可変吸収スペクトル測定	115

●か

会合体割合	36
会合定数	20, 22, 28, 34
会合のタイムスケール	28
可逆結合	57
可逆性架橋	165
架橋	57
──高分子	83, 88, 147
──密度	59
核形成	70
拡散係数	31
核磁気共鳴	28, 78
核生成過程	35, 37
核生成 – 伸長モデル	35
確率的光学再構築顕微鏡	42
滑車効果	147
活性化エネルギー	55
過飽和	134, 135, 186
ガラス転移	148
過冷却	136
環拡大重合	140
環状高分子	85, 140, 141, 186
カンチレバー	39
環動ゲル	150
気液界面合成法	99, 100
機械的結合	140

192

基底状態	50
共重合体	106, 163
共焦点レーザー顕微鏡	46, 159
強靭性	59, 144
協同性パラメータ	36
共有結合型架橋	143
許容遷移	51
キラリティ	154, 187
亀裂進展試験	57
禁制遷移	51
クラウンエーテル	12, 15, 24
グラフト共重合体	106
クローズド型	152
クロス β 構造	133
蛍光イメージング	46, 162
蛍光顕微鏡	42, 46
蛍光色素	161
蛍光染色	46
蛍光プローブ	47
結合寿命	55
結晶化	114, 134
ゲル	57
——化剤	156
ゲル浸透クロマトグラフィー分析	80
原子間力顕微鏡	39, 52, 80, 115
交換反応	84
交互配列構造をもつ共重合体	106
高次構造	67, 95
酵素	160
高配向グラファイト	40
高分子の構造再編成	86, 87
高分子反応	83
ゴム弾性	148
コランニュレン	121

●さ

再加工性	83
サイズ排除クロマトグラフィー	31, 122
さやえんどう型構造	80
酸／塩基型スイッチ	141
三元周期共重合	110
三次元構造体	94
三次元ベシクル構造	96
三重項-三重項消滅	127
シクロデキストリン	14, 92, 147, 165, 186
刺激応答性	86, 113, 120, 139, 142, 165
次元性	14
自己集合	14, 114
——錯体	14
自己修復	83, 88, 120, 113, 165, 187
——材料	26, 149, 167
自己相補的な相互作用	107
自己組織化	125, 127, 153, 165, 187

自己認識	162
自己包接	93, 187
ジスルフィド結合	86
重合速度解析	115
重合度	20, 22, 28, 30, 37, 122
終端緩和	53
準安定	115, 134, 187
人工オルガネラ	159
伸長過程	70
水素結合	12, 14, 22, 154, 155, 187
水素-重水素交換質量分析	42
水素発生反応	101
スピロオルトカルボナート	78
スピロボラート	76, 187
スピンキャスト法	40
生体適合材料	150
正多角柱構造	96
セルフ-ソーティング	162, 187
精密重合	125
遷移双極子モーメント	51
センサー	161
走査型トンネル顕微鏡	68
走査型プローブ顕微鏡	39
相分離	156, 187
相補的	106, 152, 165, 187
速度論	72, 114
——的トラップ	70, 72
ソフトマテリル設計	152

●た

耐傷性	149
耐剥離性	149
タイムラプスイメージング	48
多光子励起	48
他者排除	162
多色イメージング	48
多分散度	123
弾性率	59
逐次重合	120
チューブリン	159, 187
超音波	136
超解像顕微鏡	49
超伝導	101
超分子	
——架橋剤	143
——キラリティ	154, 187
——交互共重合体	24
——錯体	165
——ねじれ構造	155
——ポリマー形成過程	34
——ポリマーネットワーク	53
——ランダム共重合体	26
直交性	159

193

デュアルエネルギーマイグレーション	130
電荷移動錯体	24
電荷移動相互作用	107
電極触媒	101
動的共有結合	76, 83, 187
動的光散乱法	78, 122
導電性	99
ドーマント種	83
トポロジー	67, 139, 142, 171, 187
——変換	85, 141, 142
トポロジカル絶縁体	100
トリブロックコポリマー	43, 142
ドロップキャスト法	40

●な

ナノシート	44, 99
ナノチューブ	80
ナノリング	68
二光子励起	48
二次元シート	96
二相界面	100
ネットワークポリマー	109, 187
熱力学モデル	34
粘弾性緩和時間	53
粘弾性体	58

●は

配列構造	106
配列制御	106
破壊エネルギー	58
破断エネルギー	143
ピーポッド	80, 187
光エネルギー移動	161
光応答性アクチュエーター	171
光制御	117
光褪色後蛍光回復法	48, 159
光定常状態	73
非共有結合	12, 14, 16, 20, 83
ビスカリックス[5]アレーン	108
ヒドロゲル	46
ピラー[n]アレーン	92
ピリジニウム基	80
ピリジル基	80
ファンデルワールス接触	77
ファンデルワールス相互作用	51
フォールディング	133, 188

フォトン・アップコンバージョン	127, 188
フラーレン C_{60}	108
ブロック共重合体	106
分岐構造	109
分子間相互作用	22
分子システム化学	131, 188
分子接合	76, 188
分子内環状水素結合	122
分子認識	12, 106, 165, 188
分子量	28, 32
分子レール	159
平坦域弾性率	53
ペリレンビスイミド	50
ホウ素アート錯体	76
保護／脱保護	141
ホスト–ゲスト錯体	108
ホスト–ゲスト相互作用	92, 165, 188
ポリエチレングリコール	147
ポリロタキサン	147
ポルフィリン	107, 116

●ま・や・ら

マイカ	40
ミクロブラウン運動	148
メカノクロミックポリマー	89, 188
面不斉	94, 188
モノマー交換プロセス	42
モルフォロジー	142
有機モル濃度	67
誘導結合プラズマ発光分析	80
溶解度	134
らせん構造	70, 72
ランダム共重合体	106
ランダムコイル構造	70
リサイクル性	83, 120
立体選択重合	124
リビング重合	44
リビング超分子重合	44, 113, 188
流体半径	32
励起三重項エネルギーマイグレーション	128, 131
励起子	131, 188
レオロジー	53
レプテーション運動	53
レプテーションモデル	148
連鎖重合	120, 122
ロタキサン	139, 172, 188

◆執筆者紹介◆

(敬称略, 50音順)

相田 卓三(あいだ　たくぞう)
東京大学大学院工学系研究科教授, 理化学研究所創発物性化学研究センター副センター長(工学博士)
1956年　大分県生まれ
1984年　東京大学大学院工学系研究科博士課程修了
〈研究テーマ〉「超分子化学」「機能性材料」

大城 宗一郎(おおぎ　そういちろう)
名古屋大学物質科学国際研究センター助教(博士(工学))
1984年　福岡県生まれ
2011年　筑波大学大学院数理物質科学研究科博士課程修了
〈研究テーマ〉「有機化学」「超分子化学」「π電子系化合物の精密超分子重合」

青木 大輔(あおき　だいすけ)
東京工業大学物質理工学院助教(博士(工学))
1983年　群馬県生まれ
2014年　東京工業大学大学院理工学研究科博士後期課程修了
〈研究テーマ〉「機能性高分子」「高分子合成」

大﨑 基史(おおさき　もとふみ)
大阪大学大学院理学研究科特任講師(博士(理学))
1981年　兵庫県生まれ
2009年　大阪大学大学院理学研究科博士後期課程修了
〈研究テーマ〉「高分子材料設計学」「超分子科学」「高分子合成化学」

秋根 茂久(あきね　しげひさ)
金沢大学ナノ生命科学研究所教授(博士(理学))
1972年　神奈川県生まれ
2000年　東京大学大学院理学系研究科博士課程修了
〈研究テーマ〉「応答性含金属ホスト化合物の創製」

大塚 英幸(おおつか　ひでゆき)
東京工業大学物質理工学院教授(博士(工学))
1969年　福岡県生まれ
1996年　九州大学大学院工学研究科博士後期課程修了
〈研究テーマ〉「高分子反応」「スマートポリマー材料設計」

池田 俊明(いけだ　としあき)
東海大学理学部特任講師(博士(理学))
1981年　鹿児島県生まれ
2009年　京都大学大学院理学研究科博士後期課程修了
〈研究テーマ〉「有機化学」「超分子化学」「機能物質化学」「高分子化学」

生越 友樹(おごし　ともき)
京都大学大学院工学研究科教授(博士(工学))
1976年　福井県生まれ
2005年　京都大学大学院工学研究科博士後期課程修了
〈研究テーマ〉「ピラーアレーンを基にした超分子形成」「長寿命リン光材料」

伊藤 耕三(いとう　こうぞう)
東京大学大学院新領域創成科学研究科教授(工学博士)
1958年　山形県生まれ
1986年　東京大学大学院工学系研究科博士課程修了
〈研究テーマ〉「高分子材料学」「超分子化学」「高分子の破壊」「架橋」「自己組織化」

角田 貴洋(かくた　たかひろ)
金沢大学理工学域助教(博士(理学))
1986年　福島県生まれ
2014年　大阪大学大学院理学研究科博士後期課程修了
〈研究テーマ〉
「超分子ゲル材料」「固体発光材料」

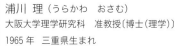

浦川 理(うらかわ　おさむ)
大阪大学理学研究科　准教授(博士(理学))
1965年　三重県生まれ
1994年　大阪大学博士後期課程

河合 英敏(かわい　ひでとし)
東京理科大学理学部第一部教授(博士(理学))
1972年　北海道生まれ
2000年　北海道大学大学院理学研究科博士課程修了
〈研究テーマ〉「ヒドリンダセン分子を利用した超分子の開発」「アロステリック効果を有する分子の開発とその応用」「アミド基の協同的水素結合能を利用した次元制御構造の構築」

〈研究テーマ〉「高分子材料の熱・力学物性」「分子間相互作用・構造・物性の相関」

執筆者紹介

加藤 隆史（かとう たかし）
東京大学大学院工学系研究科教授（工学博士）
1959年 広島県生まれ
1988年 東京大学大学院工学系研究科博士課程修了

〈研究テーマ〉「機能分子化学」「分子技術」

宗 正智（そう まさとも）
大阪大学蛋白質研究所助教（博士（理学））
1985年 長野県生まれ
2014年 大阪大学大学院理学研究科博士後期課程修了

〈研究テーマ〉「アミロイド線維形成機構の解明」

吉川 佳広（きっかわ よしひろ）
国立研究開発法人産業技術総合研究所 電子光技術研究部門 主任研究員（博士（工学））
1975年 高知県生まれ
2002年 東京工業大学大学院生命理工学研究科博士課程修了
〈研究テーマ〉「表面化学」

髙島 義徳（たかしま よしのり）
大阪大学高等共創研究院教授（博士（理学））
1974年 大阪府生まれ
2003年 大阪大学大学院理学研究科博士後期課程修了

〈研究テーマ〉
「高分子材料設計学」「超分子科学」

君塚 信夫（きみづか のぶお）
九州大学大学院工学研究院教授・分子システム科学センター長（工学博士）
1960年 福岡県生まれ
1984年 九州大学大学院工学研究科修士課程修了

〈研究テーマ〉「分子組織化学」「分子システム化学」

高田 十志和（たかた としかず）
東京工業大学物質理工学院教授（理学博士）
1953年 富山県生まれ
1981年 筑波大学大学院化学研究科博士課程修了

〈研究テーマ〉
「高分子化学」「超分子化学（インターロック分子を中心に）」

窪田 亮（くぼた りょう）
京都大学大学院工学研究科助教（博士（理学））
1985年 東京都生まれ
2013年 東京大学大学院理学系研究科博士課程修了
〈研究テーマ〉
「生命機能を制御・創出するための超分子化学技術の開発」

檀上 博史（だんじょう ひろし）
甲南大学理工学部教授（博士（理学））
1970年 大阪府生まれ
1999年 京都大学大学院理学研究科博士後期課程修了

〈研究テーマ〉
「分子接合素子による超分子ポリマー作製」「有機ナノチューブ作製」

後藤 祐児（ごとう ゆうじ）
大阪大学蛋白質研究所教授（理学博士）
1954年 広島県生まれ
1982年 大阪大学大学院理学研究科博士課程修了

〈研究テーマ〉
「タンパク質のフォールディングと凝集」

西原 寛（にしはら ひろし）
東京大学大学院理学系研究科教授（理学博士）
1955年 鹿児島県生まれ
1982年 東京大学大学院理学系研究科博士課程修了

〈研究テーマ〉「錯体化学」「電気化学」「光化学」

杉安 和憲（すぎやす かずのり）
物質・材料研究機構機能性材料研究拠点主幹研究員（博士（工学））
1977年 鹿児島県生まれ
2005年 九州大学大学院 物質創造工学専攻修了

〈研究テーマ〉
「共役系ポリマー」「超分子ポリマー」

灰野 岳晴（はいの たけはる）
広島大学大学院理学研究科教授（博士（理学））
1965年 兵庫県生まれ
1992年 広島大学大学院理学研究科博士課程後期単位取得退学

〈研究テーマ〉「超分子ポリマーの開発」「自己集合カプセルの機能創製」「超分子らせん積層体の機能化」「グラフェンの化学」

執筆者紹介

浜地 格（はまち いたる）
京都大学大学院工学研究科教授（工学博士）
1960年 福岡県生まれ
1988年 京都大学大学院工学研究科博士課程単位認定退学

〈研究テーマ〉
「生体夾雑系の化学」

眞弓 皓一（まゆみ こういち）
東京大学大学院新領域創成科学研究科特任講師〔博士（科学）〕
1983年 長崎県生まれ
2011年 東京大学大学院新領域創成科学研究科博士後期課程修了

〈研究テーマ〉「ソフトマター物理」「高分子物性」「超分子材料科学」「破壊力学」「量子ビームによるソフトマテリアルの構造・ダイナミクス解析」

原田 明（はらだ あきら）
大阪大学産業科学研究所特任教授（理学博士）
1949年 大阪府生まれ
1977年 大阪大学大学院理学研究科博士後期課程修了

〈研究テーマ〉「超分子科学」
「高分子合成化学」「生体高分子化学」

宮島 大吾（みやじま だいご）
理化学研究所創発物性科学研究センター上級研究員〔博士（工学）〕
1984年 埼玉県生まれ
2013年 東京大学大学院工学系研究科博士課程修了

〈研究テーマ〉
「超分子化学」「材料化学」

廣瀬 崇至（ひろせ たかし）
京都大学化学研究所准教授〔博士（工学）〕
1982年 大分県生まれ
2010年 九州大学大学院工学府博士後期課程修了

〈研究テーマ〉「超分子光化学」「物理有機化学」「キラルなπ電子系化合物の合成と機能の開拓」

矢貝 史樹（やがい しき）
千葉大学グローバルプロミネント研究基幹教授〔博士（理学）〕
1975年 山梨県生まれ
2002年 立命館大学大学院理工学研究科博士課程修了

〈研究テーマ〉「かたちのある超分子ポリマー」「刺激応答性超分子集合体」

前田 啓明（まえだ ひろあき）
東京大学大学院理学系研究科化学専攻 特任助教〔博士（理学）〕
1987年 富山県生まれ
2015年 東京大学大学院理学系研究科博士課程修了

〈研究テーマ〉「逐次的錯体形成反応を用いた電極表面上への錯体ワイヤの構築および電気化学的評価」「金属錯体ナノシートの創製」

山口 大輔（やまぐち だいすけ）
東京大学大学院工学系研究科（博士課程）
1992年 山口県生まれ
2019年 東京大学大学院工学系研究科博士後期課程在学中

〈研究テーマ〉「機能性自己組織化材料の開発」

前田 大光（まえだ ひろみつ）
立命館大学生命科学部教授〔博士（理学）〕
1976年 大阪府生まれ
2004年 京都大学大学院理学研究科博士後期課程修了

〈研究テーマ〉
「π電子系の合成と集合化」

吉井 達之（よしい たつゆき）
名古屋工業大学グローバル領域助教〔博士（工学）〕
1986年 奈良県生まれ
2014年 京都大学大学院工学研究科博士課程修了

〈研究テーマ〉「細胞と自己組織化について」「超分子化学」「ケミカルバイオロジー」

CSJ Current Review 33

超分子ポリマー
── 超分子・自己組織化の基礎から先端材料への応用まで

2019 年 8 月 25 日　第 1 版第 1 刷　発行

編著者　公益社団法人日本化学会
発行者　曽　根　良　介
発行所　株 式 会 社 化 学 同 人

検印廃止

〒600-8074　京都市下京区仏光寺通柳馬場西入ル
編集部　TEL 075-352-3711　FAX 075-352-0371
営業部　TEL 075-352-3373　FAX 075-351-8301
振　替　01010-7-5702
E-mail webmaster@kagakudojin.co.jp
URL　https://www.kagakudojin.co.jp
印刷・製本　日本ハイコム㈱

JCOPY 〈出版者著作権管理機構委託出版物〉

本書の無断複写は著作権法上での例外を除き禁じられています. 複写される場合は, そのつど事前に, 出版者著作権管理機構 (電話 03-5244-5088, FAX 03-5244-5089, e-mail: info@jcopy.or.jp) の許諾を得てください.

本書のコピー, スキャン, デジタル化などの無断複製は著作権法上での例外を除き禁じられています. 本書を代行業者などの第三者に依頼してスキャンやデジタル化することは, たとえ個人や家庭内の利用でも著作権法違反です.

Printed in Japan © The Chemical Society of Japan 2019　無断転載・複製を禁ず　ISBN978-4-7598-1393-7
乱丁・落丁本は送料小社負担にてお取りかえいたします.